直升机空气动力学丛书

先进旋翼设计空气动力学

招启军　赵国庆　王　清　徐国华　著

科学出版社

北　京

内 容 简 介

本书提出了旋翼气动性能的多层次设计思想、旋翼及翼型先进气动设计理论与方法。主要包括:研究了旋翼翼型静态和非定常动态气动特性,揭示了动态失速机理、后掠桨尖旋翼流动机理和旋翼气动外形参数对其气动及噪声特性的影响规律,阐述了旋翼及翼型气动外形的参数化与先进设计方法,提出了基于动态失速特性的旋翼翼型优化设计新思路和后掠桨尖设计新原理;介绍了国外具有代表性的先进旋翼气动设计原理,给出了融合高精度 CFD 分析方法与先进设计方法的 CLOR 系列旋翼设计历程,并推广至新构型直升机旋翼气动设计;探索并分析了合成射流、动态下垂前缘、后缘小翼、变转速旋翼、变直径旋翼、变扭转旋翼以及变翼型旋翼等主动控制技术在旋翼气动性能改善与未来设计方面的应用潜力。

本书可供直升机设计、涵道风扇设计、风力机设计、螺旋桨设计等专业的本科生、研究生及科研人员参考学习。

图书在版编目(CIP)数据

先进旋翼设计空气动力学/招启军等著. —北京:科学出版社,2020.7
(直升机空气动力学丛书)
ISBN 978-7-03-063985-1

Ⅰ. ①先… Ⅱ. ①招… Ⅲ. ①旋翼机-空气动力学-研究 Ⅳ. ①V211.52

中国版本图书馆 CIP 数据核字(2019)第 288540 号

责任编辑:惠 雪 乔丽维/责任校对:杨聪敏
责任印制:张 伟/封面设计:许 瑞

斜 学 出 版 社 出版
北京东黄城根北街 16 号
邮政编码:100717
http://www.sciencep.com
北京凌奇印刷有限责任公司印刷
科学出版社发行 各地新华书店经销
*
2020 年 7 月第 一 版 开本:720×1000 1/16
2022 年 2 月第二次印刷 印张:22 3/4 插页:4
字数:460 000
定价:179.00 元
(如有印装质量问题,我社负责调换)

丛 书 序

　　直升机具备垂直起降、悬停与优异的低空飞行性能，能够抵达任何地形区域遂行任务，在军民用领域均有不可替代的作用和广泛的应用前景。旋翼是直升机的核心部件之一，为直升机提供升力、纵横向拉力及操纵力矩，因此旋翼空气动力学特性是直升机设计的基础。然而，旋翼的运动特征十分复杂，不仅包含自身的旋转与随直升机的整体运动，还包含各片桨叶的变距、挥舞、摆振以及弹性变形运动，导致旋翼流场呈现出严重的非对称、非线性与非定常特性，进而引起旋翼特殊且复杂的气动问题，如前行桨叶的激波/附面层干扰与后行桨叶的动态失速等，这些气动问题是限制直升机飞行速度和机动性能的重要因素。与此同时，直升机旋翼空气动力学与其他学科又紧密耦合，而旋翼特殊的离心力场和非定常流动现象使旋翼气/弹耦合、气动噪声以及气/水/冰耦合的结冰等问题十分复杂。

　　随着直升机技术的快速发展，新型旋翼层出不穷，旋翼的气动、噪声、动力学等问题更为复杂，从而推动空气动力学新理论、新方法的发展，以更为深入地探索直升机旋翼新机理、新设计方向，促进直升机的高速化发展。经典的分析与设计理论已很难适应新型旋翼的发展，计算流体力学 (computational fluid dynamics, CFD) 理论可以从流场细节上揭示旋翼流动机理与气动特性，结合先进优化算法，有助于构建更为有效的直升机旋翼气动分析与设计体系。但是，目前国内外尚无系统介绍直升机空气动力学新方法、新应用、旋翼设计新理论的书籍出版。"直升机空气动力学丛书"拟构建直升机气动分析、应用与设计体系，为直升机气动新理论发展、新机理探索以及先进旋翼气动设计提供参考，也可作为直升机空气动力学相关专业学生的教材。

　　"直升机空气动力学丛书"将作者研究团队的研究成果与国内外的最新研究进展结合，从理论、方法、机理、设计、应用等方面着手，阐述直升机的气动特征与空气动力学理论 (《直升机空气动力学》)，详细介绍直升机 CFD 新理论、方法与旋翼流动机理、气动特性 (《直升机计算流体动力学基础》)，综合论述直升机 CFD 方法在旋翼气动噪声、气/弹耦合、结冰特性等分析中的应用 (《应用直升机计算流体动力学》)，系统阐明旋翼气动设计理论、方法与先进旋翼气动外形的设计历程 (《先进旋翼设计空气动力学》)，介绍旋翼气动噪声预估方法并揭示旋翼气动噪声发声机理与抑制方法 (《旋翼气动声学基础与控制》)，细致分析新构型倾转旋翼的基础气动问题与气动特性 (《倾转旋翼机空气动力学》)。

　　在直升机技术快速发展的黄金时期，撰写"直升机空气动力学丛书"并由科学出版社出版，将为直升机气动分析与设计提供非常有益的参考和借鉴，为直升机科学与技术的进一步发展、直升机人才培养贡献一份力量。希望相关科研人员与学生在遇到直升机气动或设计问题时，能够在丛书中找到答案或有所启发。

招启军

2020 年 1 月

序

　　直升机能垂直起降、悬停及往任意方向飞行，并可在复杂地形及严苛环境起降，在军民用领域有着不可替代的作用。旋翼是直升机的核心气动部件，其气动性能关系着直升机的飞行性能，翼型是旋翼的基本元素，其气动特性直接影响旋翼的气动性能。因此，高性能旋翼翼型及桨叶气动外形设计是直升机设计的核心技术。然而，与固定翼飞机机翼翼型的定常来流环境不同，旋翼桨叶剖面 (翼型) 来流速度具有明显的时变 (非定常) 特征，变来流与变距的耦合使旋翼 (翼型) 的流场与气动特性十分复杂，尤其是桨尖区域，激波、失速、桨尖涡等问题突出，而旋翼翼型及桨叶气动外形设计需要建立在旋翼非定常流动机理的基础上，这对旋翼气动设计提出了很大挑战。

　　传统的旋翼气动外形设计是在直升机空气动力学基础上，主要针对旋翼气动性能，结合设计者的经验，开展翼型配置和桨叶扭转分布设计等研究。而直升机空气动力学传统的滑流理论、叶素理论和涡流理论很难从流动细节上分析旋翼的气动特性，因此以往的旋翼气动设计方法已经很难适应当前新型桨尖以及新构型旋翼发展的需求。随着计算流体力学 (CFD) 方法及其在直升机空气动力学中应用的快速发展，现代的直升机先进旋翼气动外形设计趋向于将 CFD 方法与数值优化算法相结合，通过旋翼气动外形的参数化，依靠计算机优化设计满足气动性能、噪声水平等目标的旋翼最优气动外形。因此，现代的旋翼气动设计技术是将空气动力学、气动声学、结构动力学、计算机科学、智能算法、优化方法等结合的多学科交叉融合技术。

　　针对直升机旋翼特殊的气动环境与旋翼气动外形设计的难点，国内外学者展开了系统而深入的研究，提出了很多设计方法与旋翼外形方案，进而推动了直升机旋翼气动设计技术的发展。其中以徐国华教授和招启军教授为代表的学术团队研究成果斐然，自 20 世纪 90 年代年起，招启军教授团队在我国直升机学术泰斗王适存先生指导下，开发并逐步完善了旋翼 CFD 软件，发展了旋翼翼型及桨叶三维气动外形的优化设计方法，并发表了数十篇高水平论文。先后设计了具有新型桨尖的 CLOR 系列先进气动外形旋翼，涵盖了传统直升机、高速共轴直升机、倾转旋翼机、涵道风扇等多种旋翼飞行器。通过试验和模拟分析，这些旋翼设计水平已经达到了世界先进水平，得到了国际同行的高度评价。近五年，招启军教授团队创新性地提出了基于动态失速特性的旋翼翼型设计理念，并设计出能够大幅提升旋翼气动性能的系列翼型。

除了常规的旋翼气动外形设计外，招启军教授团队还积极开展主动流动控制技术在旋翼气动设计中应用的理论与探索性试验研究。主动流动控制技术具备灵活、实时控制、响应快等优势，可实现对旋翼的实时控制，在全工作范围内有针对性地改善旋翼气动性能，为提升旋翼气动性能提供了一种新思路。旋翼主动流动控制技术研究的突破将会在改善旋翼流场与提高直升机飞行性能方面做出革命性贡献。招启军教授团队针对目前最具发展潜力的合成射流、动态前缘、后缘小翼、旋翼变转速技术以及旋翼变体技术进行了研究，阐述了这些主动流动控制技术在提升旋翼气动性能方面的应用潜力。

尽管当前已经有诸多旋翼气动原理与设计理论、优化设计方法等方面的教材和专著出版，但是由于直升机旋翼气动外形及气动特性的复杂特征，全面提升旋翼气动性能的设计研究十分困难，因此目前国际上尚未出版系统性介绍直升机旋翼气动外形设计方法的专业书籍，招启军教授所著《先进旋翼设计空气动力学》的出版填补了该领域的空白。该书在系统介绍直升机旋翼及翼型气动外形设计方法的同时，详细展现了作者及其团队的诸多最新研究成果，如基于动态失速特性的旋翼翼型设计方法、新型桨尖设计方法、旋翼主动流动控制技术等，给出了具有自主知识产权的直升机旋翼 (CLOR 系列) 及翼型外形，并通过试验验证了所设计旋翼外形的先进性。

该书完整而全面地覆盖了旋翼气动外形设计的内容，又涵盖了国际前沿动态与新技术的应用探索，具有完善的学术体系，内容翔实、论述科学、结构严谨。全书将理论方法、国际动态、设计实例以及新技术应用有机结合，文笔流畅、层次分明，具有很高的可读性和借鉴性。该书对直升机旋翼设计、风力机叶片设计、螺旋桨设计以及涵道尾桨设计等相关研究人员有较大的参考价值。该书的出版将有效地推动我国直升机空气动力学和旋翼设计技术的发展与应用，也将为世界直升机旋翼设计空气动力学的发展和应用做出重要贡献! 因此，我向广大读者推荐此书。

2019 年 11 月

前　言

随着直升机的应用范围越来越广泛，以及军民用领域对直升机气动性能要求的逐步提高，传统的常规直升机旋翼气动设计理论已很难满足未来构型多样的先进直升机旋翼设计与应用。由于旋翼复杂的气动环境特征，固定翼飞机的翼型与机翼布局并不适用于直升机旋翼，美国、法国、英国、俄罗斯等航空强国均依据各自的直升机设计理念发展了旋翼专用翼型系列和旋翼气动外形系列，虽然我国一些研究机构已具备一定的翼型设计能力，如中国人民解放军军事科学院空气动力试验基地和西北工业大学等，但总体而言，旋翼专用翼型、旋翼气动外形的设计水平与国外仍有不小差距，目前尚无完全自主设计的旋翼专用翼型和桨叶非常规气动外形应用于直升机型号中。作者研究团队通过 20 多年在直升机旋翼空气动力学与高性能旋翼设计研究方面的不懈努力，形成了具有自主知识产权的旋翼翼型 (适合动态环境) 与桨叶非常规气动外形系列 (CLOR 系列)，多年的旋翼气动设计方法与设计流程的研究促成了本书的出版。作为"直升机空气动力学丛书"的重要组成，本书结合国外旋翼设计理念与作者团队的高性能旋翼设计经验积累，详细阐述了先进旋翼翼型及桨叶气动外形设计方法，力求为我国直升机型号中旋翼自主设计能力的提升贡献一份力量。

本书共 7 章。第 1 章分析直升机的应用潜力与发展方向，介绍旋翼设计的要素，并揭出直升机旋翼气动设计的层级与发展阶段；第 2 章作为设计的理论依据，主要分析旋翼基本组成元素即翼型在定常状态、动态失速状态、非定常来流状态以及旋翼复杂环境下的气动特性；第 3 章介绍旋翼翼型设计的发展历程与国外设计标准，分别阐述翼型气动外形的参数化表征方法，以及遗传算法、伴随方法、梯度算法、反设计方法等翼型外形设计方法，提出基于动态失速特性的旋翼翼型优化设计新思路；第 4 章揭示桨叶外形参数对旋翼气动及噪声特性的影响规律，阐述旋翼桨叶三维气动外形的设计方法，提出后掠桨尖设计新原理，给出常规旋翼、新构型共轴刚性旋翼与倾转旋翼桨叶气动外形的设计方法与设计方案；第 5 章着重介绍旋翼桨尖的设计方法，分别介绍国外几种具有代表性的先进直升机旋翼桨尖发展历程与作者团队自主设计的旋翼桨尖系列的设计历程；第 6 章与第 7 章主要介绍在旋翼气动设计方面具有很大应用潜力的合成射流控制技术、动态下垂前缘技术、后缘小翼技术，以及旋翼变转速、变直径、变扭转、变剖面翼型等主动流动控制技术。

直升机旋翼气动环境极为复杂，旋翼及翼型设计难度高，需要在宽马赫数、宽迎角范围内均具有优异的气动特性，并且不同类型直升机的设计指标不尽相同，不同构型直升机旋翼的设计理念更是具有很大差异。得益于直升机计算流体力学技术与优化方法的快速发展，现代旋翼及翼型外形设计克服了传统设计方法对经验参数的依赖，将旋翼及翼型的气动外形参数化，通过高精度的气动特性模拟与高可靠性的优化算法来实现旋翼及翼型外形的精准设计。国内外学者秉持严谨与坚持创新的研究精神，推动着高精度计算流体力学方法与优化算法的持续发展，使作者及其团队能够在复杂的旋翼设计中获得一些突破，在此表示感谢。

由于旋翼设计方法尚处于不断发展中，本书主要阐述旋翼及翼型气动外形的设计，受篇幅限制，未从多学科融合的角度阐述先进旋翼设计新理念，如旋翼气动/结构/噪声一体化设计、气动/结构/隐身一体化设计等方面，后续会在这些方面进行深入研究。此外，由于参考文献资料较多，且作者和研究生学习和参考的时间跨度较长，虽然在书中需要引用的部分已经基本注明，但如有疏忽或遗漏，请原创作者多多包涵，并请及时告诉我们，定将改进。

感谢南京航空航天大学直升机学科带头人高正教授对作者及其团队的指导和帮助。感谢中国直升机设计研究所倪先平研究员、吴希明研究员、陈平剑研究员和林永峰研究员等的指导和鼓励。

感谢我国著名直升机空气动力学家王适存教授的引路和指导，谨以本书献给王教授 93 周年诞辰。

本书的出版得到了江苏高校品牌专业建设工程一期项目、国家自然科学基金(10602024、11272150、11572156)、预研基金、国家级重点实验室基金等项目资助，以及中国直升机设计研究所等单位相关项目的支持和帮助。

在本书的撰写过程中，得到作者团队成员的大力支持，在此特别感谢他们。没有他们的创造性思维和辛勤劳动，本书很难付梓。他们分别是王博博士、陈希博士、张夏阳博士、史勇杰博士、李鹏博士、朱正博士、马砾博士研究生、马奕扬博士研究生、井思梦博士研究生、原昕博士研究生、曹宸恺博士研究生、吴榕硕士研究生、崔壮壮硕士研究生、尹江离博士研究生和吴琪硕士研究生等。此外，还要特别感谢科学出版社惠雪编辑为本书的出版付出的辛勤工作。

由于作者水平有限，书中难免存在不足之处，恳请读者及专家能够及时批评指正。

招启军

2020 年 1 月

目　　录

符　号　表

A	积分域/旋翼桨盘面积/当前翼型的截面积
A_0	优化前翼型的截面积
c	桨叶弦长
C_d	阻力系数
$C_{d,a}$	以声速为无量纲标准的阻力系数
C_l	升力系数
C_{l0}	基准翼型的升力系数
$C_{l,a}$	以声速为无量纲标准的升力系数
$C_{l\alpha}$	升力线斜率
$C_{l,max}$	最大升力系数
C_m	力矩系数
C_{m0}	零升力矩系数
$C_{m,a}$	以声速为无量纲标准的力矩系数
C_p	压强系数
$C_{p,a}$	以声速为无量纲标准的压强系数
C_p^{cal}	当前翼型的计算压强系数
C_p^{tar}	目标翼型的压强系数
C_Q	扭矩系数
C_T	拉力系数
C_μ	射流动量系数的脉动分量
$C_{\mu0}$	射流动量系数的定常分量
ds	积分路径微段
D_{a1}	下反起始位置
D_{a2}	下反量
D_{sb1}	后掠起始位置
D_{sb2}	后掠量
$D_{桨毂}$	桨毂废阻
$D_{全机}$	全机废阻
f	翼型迎角振动频率
FM	悬停效率

F^+	射流无量纲频率
G	直升机重量
h	射流出口宽度
k	缩减频率/斜率
k^*	动态前缘相对于翼型振荡频率的无量纲频率
K_P	型阻修正系数
L	旋翼升力
m	最大弯度
m_k	功率系数
Ma	自由来流马赫数
Ma_{tip}	桨尖马赫数
Ma_B	基准马赫数
Ma_{DD}	阻力发散马赫数
Ma_{DD0}	零升阻力发散马赫数
Ma_F	脉动马赫数
Ma_{CRIT}	临界马赫数
n	多项式的阶数/曲线的阶数/设计状态数
n_{jet}	射流方向矢量
N	一个振荡周期内的时间推进步数/积分求和时的微段个数
p	最大弯度的位置/桨盘载荷
P	旋翼功率
P_0	型阻功率
P_i	诱导功率
P_c	约束条件
P_{ideal}	旋翼理想功率
P_o	目标函数
P_{real}	实际功率
q	功率载荷
r	桨叶的展向位置
R	旋翼半径
Re	雷诺数
r/R	无量纲桨叶半径
SPL	声压级
t	时间
t^*	无量纲时间

T	旋翼拉力/翼型最大厚度
$T_{\max}$	翼型最大厚度
t/c	无量纲翼型厚度
U_0	定常射流速度
U_{jet}	激励电压
U_{m}	脉动速度幅值
v_1	桨盘平面的诱导速度
v_2	桨盘下方远场诱导速度
var	自定义变参
V	沿积分路径的流场速度
V_0	前飞速度
V_{B}	平均来流速度
V_{n}	矩形桨叶前缘法向来流速度
V_{ns}	桨尖后掠部分前缘法向来流速度
V_{t}	矩形桨叶前缘切向来流速度
V_{ts}	桨尖后掠部分前缘切向来流速度
V_{∞}	来流速度
x, y	翼型表面无量纲化坐标值
α	翼型迎角
α_0	翼型迎角平均值
α_{m}	翼型迎角振幅
β	Glauert 因子
Γ	涡环量
Γ_0	初始涡环量
δ	翼型前缘瞬时下垂角
δ_0	基准下垂角
δ_{m}	动态下垂前缘偏转幅值
Δz_u	翼型上表面后缘厚度比
Δz_l	翼型下表面后缘厚度比
η	翼型表面法线方向
$\theta_{0.7}$	总距
θ_{jet}	射流偏角
κ	涡的耗散系数/叶端损失因子
λ	无量纲脉动马赫数
Λ	后掠角

μ	前进比
$\mu_{\max}$	最大前进比
ξ	翼型表面切线方向
σ	旋翼实度
φ	相位差
φ_i	设计状态的权重系数
ψ	方位角/伴随算子
ω	翼型迎角振荡角频率/旋翼旋转角速度/来流速度的变化角频率
ω_{jet}	合成射流的角频率
Ω	旋翼旋转角速度
ω_{Z}	涡量

第1章 绪 论

1.1 直升机的应用与未来发展

直升机具有垂直起降和空中悬停等独特优势,对起降场地环境要求低,不受地形、地物限制,能够在车辆、固定翼飞机及其他器械无法到达的狭窄地区和非常严苛的条件下起降并遂行任务。与此同时,直升机低空机动性能好,可以充分利用地形采用贴地机动 (15m 以下高度) 方式规避雷达、红外、光学系统和目视等侦察手段的探测,实施低空突袭任务,大大提高了自身的隐蔽性、生存力和攻击的突然性,因此武装直升机已成为现代战争中地面部队主要的天敌之一。由于直升机在复杂环境下垂直起降及低空机动性强的显著优势,其在军用领域发挥着重要作用,并且有越来越广泛的应用前景,如战术打击、特种作战、预警通信、电子对抗、物资运输、人员输送、战场投放、敌后侦查与渗透、战场搜救、战场监视和搜潜反潜等。

直升机在现代战争中发挥着越来越重要的作用,越南战争中,直升机第一次应用于战争便显示出其优势,向世界证明了其是名副其实的 "坦克杀手",成为越南战争的一个标志性符号。美军曾以 2 架试验型 UH-1 直升机攻击、摧毁了越军 21辆坦克和 61 辆装甲输送车 (田勇, 2013), 图 1-1 给出了越南战争中正在执行救援、垂直打击作战任务的 UH-1 直升机。

图 1-1 UH-1 直升机在越南战争中的应用

海湾战争中,直升机已大规模应用于战场,其战术作用进一步凸显,多国部队参战军用直升机多达 1800 余架 (张劲挺和朱生利, 1991),目前世界上最先进的武装直升机 "阿帕奇"(AH-64, 图 1-2) 更是显示了 "坦克杀手" 的本色,在一次伊拉克南部巴士拉附近的坦克大战中，AH-64 武装直升机与美国坦克部队密切配合，只用几小时就全歼了伊军的近 300 辆 T-72 坦克。据统计，战争中美军共摧毁 3000 多辆坦克及数百辆装甲输送车和卡车，自己只有一架直升机被击落。

图 1-2 "阿帕奇" 武装直升机

作为 "低空杀手"，直升机在现代反潜作战中同样发挥着重要作用。相对于舰艇和潜艇，直升机具有速度快、机动性强、搜索范围广等突出优势，装备先进的探测设备后，能够大大提高反潜作战效能，令潜艇难以摆脱跟踪和攻击。1982 年的英、阿马岛战争中，英军的 HU-5 "威塞克斯" 直升机曾用深水炸弹攻击阿根廷海军 "圣菲" 号潜艇，"超级大山猫" 和 "黄蜂" 反潜直升机 (图 1-3) 曾联合用反舰导弹击穿了 "圣菲" 号潜艇，使其彻底丧失下潜能力 (田勇，2013)。

(a) "超级大山猫"反潜直升机   (b) "黄蜂"反潜直升机

图 1-3 搜潜反潜直升机

在特种作战方面，直升机由于其低空机动性强、难以被探测等优势，成为名副其实的 "树梢杀手"，在美军击毙本·拉登的行动中，直升机占据了主导地位。2011 年 5 月 1 日，经过隐身、消声改装后的两架 "黑鹰" 特战直升机奔袭近 300km 并突破防御，悄无声息地将 20 余名海豹突击队队员运送至本·拉登所在院落，并成功将本·拉登击毙，彰显了直升机在现代特种作战中的重要作用。图 1-4 为其中一架坠毁的隐身"黑鹰"特战直升机 (魏岳江，2011)。

图 1-4 "黑鹰"特战直升机

随着经济的快速发展和市场需求的日趋迫切，同时结合直升机能够快速到达水路、陆路甚至固定翼飞机等难以通达的复杂作业现场的特点，直升机的民用范围也在迅速扩大，可以广泛应用于人员与物资运输、搜索救援、观光游览、防火救火、警用警戒、空中指挥、巡逻控制、农林防护和资源探测等领域。图 1-5 给出了直升机在特殊环境下的救援等应用场景。2008 年 5 月 12 日发生的汶川地震中，在没有平整停机坪的情况下，飞行员驾驶直升机采用单轮着地的方式悬停在一处碎石坡上开展救援 (图 1-5(a)，妹子杨，2016)。2017 年 8 月 3 日，救援部队两架直升机也通过这种飞行方式将被困江中不足 $10m^2$ 鹅卵石堆的 2 人救起 (图 1-5(b))。

(a) 汶川地震中应用   (b) 洪水中救援应用

图 1-5 直升机抗震救灾时在复杂地形起降

虽然直升机在军民用领域具有巨大的应用潜力，但其性能仍有很大的提升空间，气动性能需最先考虑。图 1-6 给出了统计的直升机最大有效载荷与最大航程的关系 (Leishman，2007)。可以看出，目前直升机基本限定在最大有效载荷与最大航程成反比的一条边界内，载重最大的 Mi-12 直升机具有很小的航程，而航程较大的直升机又不具备大载重能力。由图可知，与 C-130J 固定翼运输机相比，直升机在航程和飞行速度上仍有很大差距，这在很大程度上限制了直升机的应用范围。与此同时，由图可以发现，目前直升机技术限制范围内仍有两个空白区域未见相关机型，即大航程/中等载重区域与大载重/中等航程区域，这或许是直升机未来发展需要重点关注的区域。

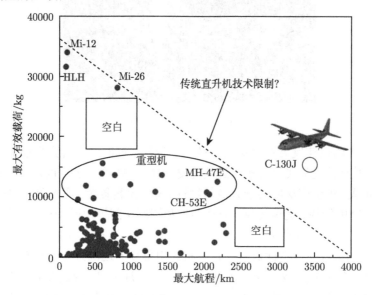

图 1-6　统计的直升机最大有效载荷与最大航程的关系

此外，随着直升机使用范围的日益广泛，直升机的噪声问题也越来越突出。世界发达航空国家越来越重视直升机的噪声问题，并且把直升机噪声水平提高到与直升机性能、安全性等相当的地位。2017 年 12 月我国交通运输部发布的《航空器型号和适航合格审定噪声规定》的 H 章专门针对直升机噪声做出了限制要求。

综合而言，随着作战环境对直升机气动性能要求的不断提高，以及民用方面对直升机噪声、安全性和可靠性要求的日益严格，迫切需要直升机各方面性能的大幅度提升，要求未来直升机具有大速度、大航程、大载重和低噪声等性能。

从未来直升机的发展趋势来看，高速特性仍然是一个关键性指标。目前直升机的巡航速度一般在 200~300km/h，这难以满足现代战争与民用需要。因此，世界各国将突破速度限制的新型直升机定义为新一代直升机，巡航速度要有大幅提升，甚至超过 400km/h。国内外正在发展的倾转旋翼机与共轴刚性旋翼高速直升机可以突破 400~500km/h 的巡航速度，是目前极具发展潜力的新构型直升机。美国贝尔 (Bell) 直升机公司与洛克希德·马丁空间系统公司 (简称洛马) 联合研制的V-280 倾转旋翼机 (图 1-7) 以及西科斯基 (Sikorsky) 公司与波音 (Boeing) 公司合作研制的 SB>1 共轴刚性旋翼高速直升机 (图 1-8) 已分别于 2017 年 12 月 19 日 (Giangreco，2018) 和 2019 年 3 月 21 日 (Reim，2019) 完成首飞，标志着下一代直升机在速度方面已取得质的突破。

图 1-7　贝尔与洛马公司联合研制的 V-280 倾转旋翼机

图 1-8　SB>1 共轴刚性旋翼高速直升机

中国大部分边境处于高山、高原地带，地形复杂，为满足对边境部队和哨所的快速补给需求，要求直升机具有高巡航速度和大载重。此外，中国雪灾、地震等自然灾害频发，雪域高原地带尤为显著，直升机以其垂直起降、空中悬停等优势在紧急救援任务中发挥着至关重要的作用。然而，高原环境具有温差大、气压低、空气密度低等特点，对直升机的飞行性能提出严峻考验。以旋翼气动性能为例，由于大气密度及雷诺数的降低，旋翼桨叶遭遇的气流环境更趋恶化，其有效升力降低明显，某些飞行状态下还会出现桨叶气流分离引起的失速现象。因此，新一代直升机设计时必须考虑大载重的高原任务需求。图 1-9 为 AC-313 高原型直升机 (赵峰，2013)。

图 1-9 AC-313 高原型直升机

　　直升机噪声大这一缺点已成为阻碍其更广泛应用的一个重要因素,现代直升机的研发过程中,在重点考虑提高各项飞行性能的同时,噪声水平也是直升机重要的设计指标之一 (Zhao and Xu, 2007)。军用直升机的高噪声水平会降低其 “隐身” 特性,而低噪声特性能够避免被敌军提前发现,有利于提高战场生存力和争夺作战时的优先权。随着当前国内低空领域的开放,民用直升机经常在人口稠密的城区起降与低空飞行,降低直升机噪声水平能促进民用直升机的广泛应用。因此,低噪声特性成为下一代军用和民用直升机设计的重要内容。

1.2 直升机旋翼气动性能

1.2.1 旋翼气动性能的重要性

　　旋翼是直升机的核心部件,为直升机提供拉力和操纵力,使直升机具备垂直起降、空中悬停及向任意方向飞行的能力。旋翼为直升机提供了大部分操纵 (直升机4 个操纵中的 3 个),分别为总距、纵向周期变距、横向周期变距,另外一个平衡反扭矩的侧向力由尾桨提供。此外,旋翼旋转过程中产生的噪声是直升机外部主要的气动噪声源。因此,旋翼气动性能的优劣直接决定了直升机的最大前飞速度、载重和噪声水平等重要性能指标。

　　高性能的旋翼是现代直升机的重要标志,旋翼设计技术成为直升机的核心技术之一,因此在直升机更新换代过程中,旋翼设计是其中极为重要的一环。面对未来直升机大速度、大载重、低噪声的设计要求,以往一些经典的旋翼气动外形逐渐力不从心。为此,各国都在开展新型旋翼气动外形的设计研究,世界上较为先进的直升机均采用了新颖的旋翼桨叶气动外形,这些非常规桨叶外形有效地提高了旋翼气动性能和直升机飞行性能。安装了 BERP(British Experimental Rotor Programme) III桨叶的英国 “山猫”(Lynx) 直升机在 1986 年创造了 400.87km/h

的直升机飞行速度世界纪录 (Perry，1987)。EH-101 直升机采用了 BERP Ⅳ旋翼 (Harrison et al.，2008)，NH-90 直升机也采用了具有新型桨尖构型的旋翼，这两种直升机及其旋翼桨尖构型参见图 1-10 和图 1-11 (倪先平，2003)。

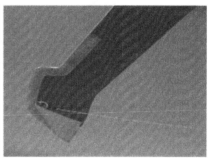

图 1-10　EH-101 直升机及 BERP Ⅳ旋翼桨尖构型

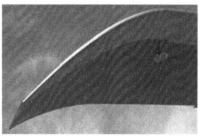

图 1-11　NH-90 直升机及其旋翼桨尖构型

中国早期的直升机旋翼一般采用矩形平面桨叶，如直-5、直-6 等；随着直升机设计技术的不断进步，我国设计出了多种新型直升机旋翼，如直-8 的尖削桨尖、直-9 的前缘后掠桨尖与直-10 的抛物后掠桨尖等，如图 1-12 所示 (倪先平，2003)。

(a) 直-5 (矩形平面桨叶)　　　　　　　　(b) 直-8 (尖削桨尖)

(c) 直-9 (前缘后掠桨尖)   (d) 直-10 (抛物后掠桨尖)

图 1-12　中国几种典型直升机的旋翼气动外形

1.2.2　旋翼气动环境的复杂特征

旋翼气动外形与性能的设计是直升机气动设计的核心,关于如何改善旋翼气动特性、提高旋翼气动性能的研究一直是直升机技术研究领域的难点。这主要是因为旋翼在旋转运动的基础上,存在变距、挥舞与摆振等运动的耦合,且存在弹性变形运动,旋翼复杂的运动特征与前飞来流的叠加,导致旋翼桨叶工作在严重非对称、非定常的气流环境中,旋翼流场中可能同时出现尖部跨声速流动、根部低速/反向流动,并伴随动态失速、桨/涡干扰 (blade vortex interaction,BVI) 等多种复杂空气动力学现象 (招启军,2005),具体体现在以下几方面。

(1) 旋翼流速跨度大,可压流与不可压流并存。由于旋翼的旋转,桨根运动线速度小,桨尖运动线速度大,因此同一片桨叶上可压流与不可压流并存。与此同时,前飞时,桨叶各剖面在旋转过程中会出现变速度的来流,同一桨叶剖面在一个旋转周期内可能面临可压流与不可压流交替出现的严重非定常气动环境。

(2) 旋翼前行桨叶上存在三维、非线性、跨声速流动,并伴随激波的产生。前飞状态下,旋翼桨叶旋转一周过程中,面临复杂的非定常气动环境,并且由于明显的三维展向流动,旋翼气动特性呈现出严重的非线性特征。大速度前飞时,旋翼前行桨叶桨尖附近处于跨声速区,气流具有强烈的压缩性,并可能产生激波,若激波较强,则会出现复杂的激波/附面层干扰现象,并诱发附面层气流分离,导致阻力发散,严重降低了旋翼气动性能,限制了直升机飞行速度的提高。

(3) 旋翼后行桨叶上可能存在气流分离与动态失速现象。由于旋翼的周期变距操纵,后行桨叶一般工作在大迎角状态,甚至部分剖面迎角超过翼型静态失速迎角,从而引起桨叶吸力面前缘附近产生边界层分离,分离区的扩大诱导形成动态失速涡,随着动态失速涡的脱落与大范围气流分离,最终导致旋翼后行桨叶发生动态失速。动态失速伴随着升力的突降、阻力和桨叶低头力矩的突增及强烈的气动载荷迟滞效应, 从而引起旋翼气动载荷振荡和桨叶振动, 进而严重制约旋翼气动特性的改善, 限制了直升机飞行速度和机动飞行能力的提高。

(4) 旋翼流场存在桨尖涡、尾随涡和脱体涡等多源、多尺度涡结构。旋翼流场中的多源、多尺度涡掺混特性明显, 如大尺度的桨尖涡、动态失速涡及小尺度的二次失速涡、干扰次生涡等, 各种涡的形成与运动机制有很大差异。动态失速涡从桨叶表面脱落进入旋翼涡流场, 与桨尖涡掺混并可能产生复杂的气动干扰, 使旋翼流场中的涡运动与畸变特征十分复杂。复杂的涡流场使旋翼诱导速度分布与气动载荷呈现出严重的非线性、非定常特征, 从而对旋翼气动特性有很大影响。

(5) 旋翼流场中存在复杂的桨/涡干扰现象。旋翼旋转时, 桨尖会逸出强烈的桨尖涡, 桨尖涡尾迹缠绕在旋翼附近, 特别是在斜下降和机动飞行状态, 桨叶可能会直接撞击桨尖涡, 呈现出复杂的涡破碎与涡演化过程, 形成复杂的桨/涡干扰现象 (图 1-13)。桨/涡干扰现象不仅严重影响旋翼气动性能, 而且引起强烈的脉冲噪声与桨叶振动。

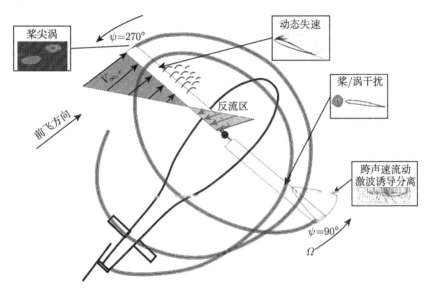

图 1-13 直升机旋翼流场中的特殊气动现象

旋翼复杂的流场特征与非定常气动特性限制了直升机气动性能的进一步提高, 因此改善旋翼的流动特征、气动与噪声特性等一直是直升机空气动力学领域的重点和难题。而旋翼的流场特征、气动与噪声特性均与桨叶气动外形特征密切相关, 这使旋翼气动外形设计变得至关重要。因此, 设计先进的直升机旋翼气动外形对提升直升机的气动性能、飞行品质并抑制噪声及振动水平具有重要的理论意义与工程实用价值。

1.3 旋翼气动外形设计

1.3.1 旋翼气动外形设计发展阶段

旋翼的气动性能主要取决于旋翼实度、桨叶片数、翼型配置及桨叶三维气动外形等气动布局与外形参数,基于国内外目前在直升机旋翼气动设计方面的研究工作与经验,结合旋翼气动设计与旋翼气动性能改善方面的发展趋势,可将直升机旋翼气动外形设计分为三个层级、六个设计阶段,具体如下。

1) 第一层级:旋翼翼型设计

第一阶段,旋翼翼型的静态设计。翼型静态设计是指考虑旋翼不同方位角与不同桨叶剖面的二维定常气动环境,依据典型工况的性能指标要求,以翼型升力、阻力及力矩特性等为对象开展的单一目标 (Jepson and Gopalarathnam,2003) 或多目标 (Hager et al.,1992) 的翼型气动外形设计,包括正向优化设计和逆向反设计。

第二阶段,旋翼翼型的动态设计。翼型动态设计是指根据旋翼桨叶典型剖面的运动规律与来流特征,如变速度、变迎角等非定常气动环境,在二维情形下以非定常气动特性为设计目标开展的单一状态或多状态的翼型气动外形设计。

第三阶段,三维环境下的翼型设计。该阶段的翼型设计是将二维翼型设计嵌入旋翼三维流场环境中,以提高旋翼气动性能 (如悬停效率、前飞升阻比等) 为目标,针对桨叶剖面翼型开展的单一或多状态的气动外形设计。

2) 第二层级:旋翼桨叶三维气动外形与桨尖气动外形设计

第四阶段,旋翼桨叶外形一体化设计。将桨叶三维外形的特征参数 (如扭转分布、翼型配置、弦长分布、1/4 弦线分布及细致的桨尖外形等) 作为综合设计参数,为满足旋翼在多状态下的气动性能及噪声特性需求开展的桨叶三维气动外形的一体化设计 (Wang et al.,2013)。

第五阶段,桨叶气动/结构一体化设计。结合旋翼大展弦比、弹性特征明显的特点,在气动设计时,基于流/固耦合分析方法,将流动特征与结构动力学特征相结合,综合开展的旋翼桨叶气动外形与内部结构的多学科一体化设计。

3) 第三层级:旋翼桨叶智能化设计

第六阶段,旋翼气动性能的主动流动控制设计。在未来的直升机旋翼设计中,为突破单纯固化的气动外形设计无法满足多状态旋翼气动性能需求的壁垒,将主动流动控制策略引入旋翼气动设计中,实现旋翼使用过程中的智能化设计,如融合动态前后缘、旋翼变直径、翼型变弦长、变弯度等自适应变体技术及射流等主动流动控制方法。

1.3.2 旋翼翼型

直升机的飞行性能很大程度上取决于旋翼的气动特性，而翼型是构成旋翼的基本元素，它与旋翼的气动特性密切相关。因此，旋翼翼型气动特性的优劣直接影响到直升机的各项性能，如悬停效率、前飞速度、飞行高度、航程、噪声水平、操纵品质等 (Dadone，1978)。直升机在不同飞行状态下，如悬停、前飞及机动飞行等，旋翼面临着不同的气动环境，因此旋翼翼型需在宽马赫数、宽迎角及宽雷诺数范围内具有良好的气动特性。此外，与固定翼机翼翼型不同，直升机旋翼翼型设计和使用时必须考虑其所处的严重非定常气动环境，尤其是前飞状态和机动飞行状态。目前，欧美等直升机技术发达国家把旋翼翼型的设计技术视为直升机的核心技术之一，并通过大量研究相继设计出一些直升机旋翼专用翼型系列。

早期各国的直升机多采用 NACA 系列翼型，20 世纪 60 年代以后发展的直升机则多采用旋翼专用翼型。目前国外典型的旋翼翼型谱系有：俄罗斯中央空气流体动力研究院 (TsAGI) 的 TsAGI 系列 (已发展至 TsAGI-5 系列翼型)、法国国家航空航天研究院 (Office National d'Etudes et de Recherches Aérospatiales，ONERA) 的 OA 系列 (已经发展至 OA-5 系列翼型)、美国波音公司的 VR 系列和西科斯基公司的 SC 系列 (Prouty，1990)、英国皇家航空研究中心 (Royal Aircraft Establishment，RAE) 开发的 RAE 系列 (Wilby，1998) 等。

图 1-14 归纳了直升机旋翼专用翼型发展历程。总体而言，旋翼翼型的发展经

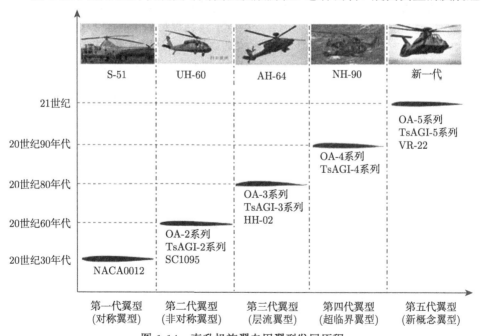

图 1-14 直升机旋翼专用翼型发展历程

历了对称翼型、非对称翼型、层流翼型、超临界翼型、新概念翼型等过程。发展初期，受动力、结构等方面的限制，直升机飞行速度较低，因此对旋翼气动设计方面的要求相对较低，旋翼翼型主要采用相对成熟的 NACA0012 等对称翼型。随着直升机飞行速度增加对旋翼气动性能要求的提高，旋翼专用翼型的设计受到重视，非对称翼型逐步应用于旋翼气动外形设计中，如 OA-2 系列与 TsAGI-2 系列翼型。到20 世纪 80 年代，旋翼专用翼型设计技术得到了进一步发展，最大升力系数及阻力发散马赫数更高的具有层流特征的翼型开始应用于高性能旋翼上，如 OA-3 系列与 TsAGI-3 系列翼型。随后，以 OA-4 系列与 TsAGI-4 系列翼型为代表的超临界翼型广泛应用于旋翼气动外形设计中，取得了良好的效果。近年来，欧美等国家机构提出了具有各自特色的新概念翼型，典型代表有 OA-5 系列和 TsAGI-5 系列翼型等。

图 1-15 进一步给出了典型旋翼系列翼型的气动特性对比 (王适存和徐国华，2001)。图中横坐标为翼型的零升阻力发散马赫数 (Ma_{DD0})，纵坐标为翼型在马赫数为 0.4 情况下的最大升力系数 ($C_{l,max}$)。从图中可以看到，TsAGI 系列翼型的性能曲线逐渐向右上方推进，气动性能逐渐提高，每一代翼型的 Ma_{DD0} 相对于前一代翼型增加了 0.01~0.04，而且最大升力系数也略有增加。法国的 OA 系列翼型的发展更偏向于专用性，其气动性能并不是全面提高，而是有重点地改进翼型的部分气动性能，与 OA-2 系列相比，OA-3 系列大厚度翼型的 Ma_{DD0} 反而有所降低。在旋翼气动布局设计时，可选用不同的翼型配置以满足不同的需要 (Desopper et al.，1989；Philippe，1992)。总体而言，TsAGI 系列翼型与 OA 系列翼型代表了两种不同的旋翼翼型发展思路，即 TsAGI 系列翼型向追求更高 $C_{l,max}$ 和 Ma_{DD0} 的谱系化方向发展，OA 系列翼型则是根据使用需求定制，按照专用化方向发展。

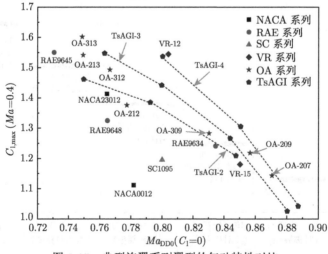

图 1-15   典型旋翼系列翼型的气动特性对比

1.3.3 桨叶三维气动外形

由于旋翼特殊且复杂的运动特征与气动环境,旋翼的三维流动效应非常明显,因此在进行桨叶剖面翼型设计的同时必须重点开展桨叶三维气动外形设计。旋翼的三维气动外形主要由扭转分布、弦长分布及 1/4 弦线分布等参数确定,桨叶三维气动外形是影响旋翼气动特性的重要因素之一,决定了旋翼的气动性能,良好的桨叶外形能够有效地提高旋翼气动性能,如悬停效率、前飞升阻比等。

儒科夫斯基证明当旋翼诱导速度沿桨盘均匀分布 (桨叶环量沿桨叶展向不变) 时,旋翼诱导功率最小,满足这一条件的旋翼称为儒氏旋翼。在矩形桨叶情况下,儒氏旋翼的桨叶安装角与半径呈反比关系,即桨根的安装角大,桨尖的安装角小,且安装角变化剧烈。急剧的几何扭转使儒氏旋翼从最佳飞行状态转换到其他飞行状态的适应性差,且工艺上制造困难,同时桨叶刚度降低,容易发生弯曲和扭转变形,因此儒氏旋翼未工程应用。

实际应用中,不同飞行状态的高性能旋翼对桨叶扭转分布的需求不尽相同 (王博等,2012)。悬停状态下,桨叶剖面安装角的设计目标是令剖面升阻比 (L/D) 最大,即根据桨叶翼型配置及剖面来流情况,将桨叶剖面的扭转角设置为保证剖面翼型具有最大升阻比特征 (Pape and Beaumier, 2005)。前飞状态下,前行桨叶桨尖附近处于跨声速状态,可能产生较大的阻力,因此为了降低阻力与功率消耗,一般将桨尖附近的安装角设置为 0° 左右,而桨叶内段的安装角设计与悬停状态类似,即令剖面具有最大升阻比。在进行桨叶扭转分布设计时,需要综合考虑直升机不同飞行状态下的旋翼均有良好的气动性能,并着重考虑主要设计点。值得注意的是,除了考虑气动性能外,当直升机飞行速度增加时,对限制振动来说,中等几何扭转率更好。

为了在各种飞行状态下保证旋翼的气动性能,UH-60A 直升机旋翼在桨尖附近采用非线性负扭转形式,其特点是在桨叶内侧采用 $-18°$ 的线性扭转,而在桨叶外侧 $0.96R(R$ 为旋翼半径) 位置处采用正扭转,最终形成 $-16.4°$ 的等量线性扭转 (图 1-16),这种桨尖扭转形式可以有效削弱前一片桨叶桨尖涡对后续桨叶的气动干扰,有利于旋翼悬停效率的提高。在前飞过程中,桨尖局部的反向扭转 (正扭转) 会减小前行桨叶的桨尖负载荷,从而提高前飞效率。

旋翼桨叶的弦长与最大升力能力有关,因此要根据直升机的过载要求来决定弦长,通常是根据直升机的过载要求和旋翼桨叶所选用的翼型的升力能力来决定。一般来说,在主要升力段采用较大的弦长分布,而在低速段桨叶剖面的弦长可适当减小。

通常直升机旋翼桨叶 1/4 弦线变化主要在桨尖附近,具体描述见 1.3.4 节。

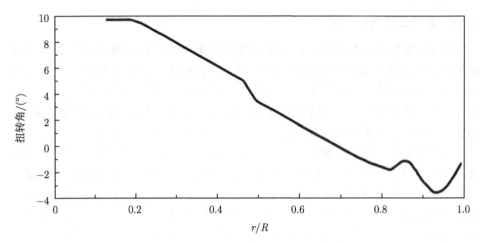

图 1-16　UH-60A 直升机旋翼桨叶非线性扭转分布图

1.3.4　桨尖气动外形

　　直升机旋翼桨尖对旋翼气动特性和性能有至关重要的影响,桨尖形状是旋翼气动特性的重要决定因素之一。在前飞过程中,旋翼前行桨叶工作在大的跨声速区,桨尖部位的跨声速特性较为复杂:一方面,大的气流速度使桨尖区域的动压和升力很大,由此在桨尖区域会产生强烈的桨尖涡;另一方面,桨尖处容易发生激波/附面层干扰现象,并导致阻力的发散。新型桨尖在改善前行桨叶压缩性、抑制或减缓激波的产生和减小桨尖涡的集中程度等方面具有良好的效果。因此,针对桨尖外形对旋翼气动特性影响的研究一直是先进旋翼气动外形设计领域的一个重点和热点。

　　20 世纪 60 年代末,西科斯基公司为了满足通用战术运输机系统 (utility tactical transport aircraft system,UTTAS) 的性能要求,开展了新型旋翼气动外形设计工作 (Spivey and Morehouse,1970)。为了改善旋翼的悬停效率,同时满足大速度前飞能力的要求,西科斯基公司针对 UH-60A 直升机旋翼创造性地设计了 "贝塔" 扭转桨尖 (Beta-Tip)(图 1-16),并在桨叶外侧从 $r/R = 0.95$ 剖面开始采用 20° 后掠设计 (Leoni,2007)。后掠桨尖产生的气动合力位于桨叶变距轴的后侧,后掠角造成的载荷偏移导致桨尖产生扭转变化,这种扭转变化在悬停状态下可以达到约 −1°,从而使旋翼气动效率进一步提高。图 1-17 给出了 UH-60A 直升机及其旋翼桨尖气动外形。

　　随着直升机巡航速度的提高,旋翼桨尖马赫数也逐渐提高,因此研究人员开始探索具有高速特性的旋翼桨叶外形设计 (Lee and Kwon,2006;Rauch et al.,2011)。作为新型桨尖旋翼的典型代表,BERP 桨尖设计的主要特征是桨尖位置具有大后掠角，以增大旋翼前行侧的阻力发散马赫数，同时，为了弥补后掠带来的气动中心后移现象，桨尖后掠部分进行了位置前移 (先前掠再后掠) 来补偿气动中心的后移现象 (Brocklehurst and Barakos，2013)。在翼型方面，"山猫" 直升机装备的 BERP Ⅲ桨叶使用了载荷偏后的 RAE9634 高升力翼型 (图 1-18)，在桨叶外端具有低头力矩，以此来平衡桨叶内段的抬头力矩 (Robinson and Brocklehurst，2008)。此外，欧洲的 NH-90 直升机也采用了新型桨尖外形 (图 1-11)，对直升机气动性能的改善起到了至关重要的作用。

图 1-17　UH-60A 直升机及其旋翼桨尖气动外形

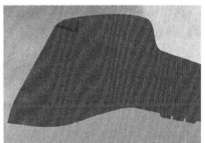

图 1-18　"山猫" 直升机及其桨尖

1.3.5　旋翼主动流动控制

传统的旋翼桨叶气动外形设计特别是采用新型桨尖形式，可以在特定状态改善旋翼流场分布，提高旋翼气动特性。但采用上述外形优化等气动设计方法基本上是被动地适应某种特定的旋翼气动环境，无法在工作过程中达到实时控制旋翼流场及满足多种飞行状态的要求，因此单纯通过桨叶气动外形设计已很难进一步提高旋翼的气动性能 (Baeder and James，1998)。

当以外形设计为主的被动控制遇到瓶颈时，主动流动控制 (active flow control，AFC) 技术另辟蹊径，为旋翼气动特性的进一步改善提供了新的研究方向。主动流动控制技术可仅在流场临界点集中进行能量输入，从而有效抑制旋翼 (翼型) 气流分离、缓解失速，达到提高旋翼气动性能的目的。由于具有结构小、重量轻、能耗低、响应快和控制灵活等优点，主动流动控制技术在航空领域具有很好的应用前景，其研究的突破将会在改善直升机旋翼流场与提高直升机飞行性能方面做出革命性贡献 (Hassan and Charles，1997)。目前常用的主动流动控制技术包括合成射流技术、动态下垂前缘、后缘小翼、自适应旋翼、单片桨叶控制和高阶谐波控制技术等。

合成射流 (synthetic jet，SJ) 技术被认为是目前最具发展潜力的旋翼主动流动控制技术之一。合成射流可以有效地推迟翼型气流分离、延缓动态失速，从而达到提高旋翼气动性能的目的，已成为改善直升机旋翼流场分布特性、提高旋翼气动性能等的前沿技术。

动态下垂前缘 (variable droop leading-edge，VDLE) 方法通过改变翼型前缘局部弯度对动态失速涡进行控制，能够显著改善旋翼及翼型的动态失速特性，并能够有效避免前缘襟翼引进的额外气动噪声，已逐渐成为旋翼及翼型动态失速控制的新型手段。与前缘相比，桨叶后缘部分的结构较为简单，有较大的操作空间。因此，后缘小翼 (trailing edge flap，TEF) 也是一种很有潜力的旋翼 (翼型) 主动流动控制技术。

从严格意义上讲，动态下垂前缘与后缘小翼控制技术可以归为自适应旋翼的范畴，除此之外，从气动外形改变的控制方式来说，自适应旋翼还包括变直径旋翼、智能扭转旋翼、桨叶变弦长旋翼和翼型变弯度旋翼等。通过优化自适应旋翼的控制规律，可以在很大程度上提升旋翼气动性能，使直升机在不同飞行状态下均具有优良的气动性能。除改变旋翼气动外形的自适应旋翼方法外，本书还将对旋翼变转速方法进行阐述。

1.4 本书的脉络与特色

本书围绕直升机旋翼气动设计的特殊性，在作者团队已建立的经典气动理论方法与 CFD 方法 (招启军和徐国华，2016；Zhao et al.，2018) 的基础上，结合试验验证，在旋翼空气动力学特性、旋翼气动设计方法、旋翼气动外形设计实例方面逐级开展了研究与分析。对旋翼气动性能影响较大的桨尖气动外形着重进行了阐述，介绍了国内外在新桨尖构型研究方面的新进展。最后，前瞻性地分析了主动流动控制技术在直升机旋翼设计中的应用潜力。本书的具体脉络如图 1-19 所示。

在旋翼气动特性分析、气动外形设计及主动流动控制方面，本书引入了一些创新性的分析与设计方法，形成了一套具有自主知识产权的旋翼系列，并尝试开展了旋翼主动流动控制试验研究，具体体现在以下方面。

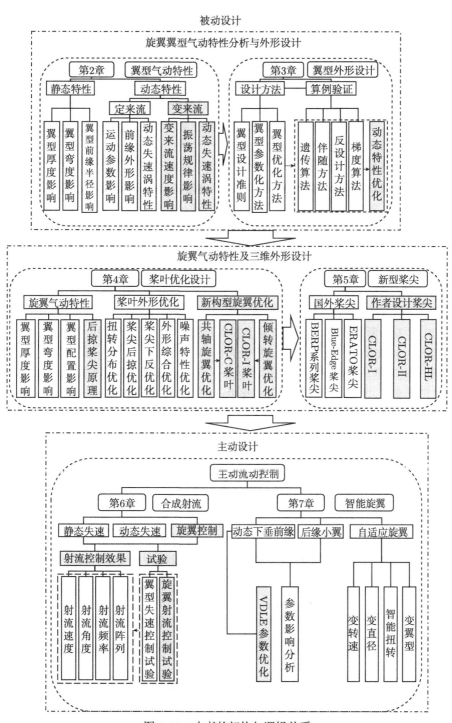

图 1-19 本书的架构与逻辑关系

(1) 目前针对旋翼翼型动态失速特性的研究多局限于定常来流状态、迎角做周期性振荡的情形, 然而如图 1-13 所示, 桨叶旋转一周所面临的是十分复杂的时变来流, 因此翼型动态失速特性的分析结果往往与旋翼翼型实际流场环境下的有很大差异 (具体见第 2 章)。基于此, 作者将非定常气流特征引入翼型动态失速的 CFD 分析中, 着重研究了来流速度的非定常变化对翼型动态失速特性及动态失速涡运动特征的影响。分析结果表明, 来流的时变特征会导致翼型动态失速加剧, 这一新结论有助于更有针对性地开展旋翼翼型设计。

(2) 在旋翼翼型气动外形设计方面, 常规方法是给定几个典型状态 (方位角一般为 90° 与 270°) 翼型气动性能的目标值, 在静态条件下开展单目标或有限多目标的外形设计。虽然该方法可以在某些状态下满足旋翼气动性能需求, 但由于旋翼气流环境的复杂性, 严重非定常的来流和变距规律使桨叶旋转一周无法满足全域内的桨叶剖面翼型气动特性需求。因此, 本书将一个周期内旋翼气动特性参数 (升力系数、阻力系数及力矩系数等) 融合, 提出了基于非定常气动特性的翼型气动外形设计方法。通过旋翼翼型的优化结果及其在旋翼上的应用可知, 动态设计方法可以很大程度上延缓甚至抑制旋翼翼型动态失速现象 (详见第 3 章)。

(3) 桨尖外形对旋翼气动性能有至关重要的影响, 但目前国内外的研究工作多为定性地分析桨尖外形对旋翼气动特性的影响。作者通过理论分析, 推导了桨尖剖面法向来流速度与后掠角的关系式, 定量分析了后掠角对旋翼气动特性的影响规律 (见第 4 章), 并给出了相应的后掠桨尖设计准则。在此基础上, 自主设计了高性能、低噪声的新型桨尖旋翼, 同时针对新构型的共轴刚性旋翼与倾转旋翼进行了气动外形设计, 初步形成了包含常规旋翼、共轴刚性旋翼及倾转旋翼的 CLOR 桨叶系列 (详见第 4 章与第 5 章)。

(4) 虽然通过旋翼气动外形设计方法可以在特定状态下有效地提升旋翼的气动性能, 但直升机在不同飞行状态下的最优性能对旋翼设计的要求可能存在矛盾, 旋翼设计在很大程度上是一个折中的过程, 因此通过外形设计无法保证在全飞行状态都有优异的气动性能。主动流动控制技术具有使用灵活的特点, 可以在需要时通过改变桨叶外形和桨叶运动规律及向流场输入能量等方式实时控制旋翼气动性能, 在提升旋翼气动性能方面具有很大的应用潜力。本书前瞻性地阐述了基于合成射流、动态下垂前缘、后缘小翼及自适应旋翼等技术的新型主动流动控制技术在旋翼非定常气动特性与动态失速控制方面的作用机理与规律, 开展了动态下垂前缘控制规律的优化设计, 并开展了旋翼非定常气动特性合成射流控制的原理试验 (详见第 6 章与第 7 章)。

这些分析手段、设计方法与主动流动控制试验的开展可以为未来旋翼气动设计方法和新控制手段的发展提供技术参考。

参 考 文 献

妹子杨. 2016-08-31. 艺高胆大创奇迹: 我军直升机单轮悬停救人. https://www.cjdby.net/home/index/view_article/article_id/12.html.

倪先平. 2003. 直升机手册. 北京: 航空工业出版社.

田勇. 2013. 狭路奇兵 —— 直升机. 石家庄: 河北科学技术出版社.

王博, 招启军, 徐国华. 2012. 悬停状态直升机桨叶扭转分布的优化数值计算. 航空学报, 33(7): 1163-1172.

王适存. 1976. 直升机空气动力学. 南京: 南京航空航天大学.

王适存, 徐国华. 2001. 直升机旋翼空气动力学的发展. 南京航空航天大学学报, 33(3): 203-211.

魏岳江. 2011-08-29. 美军击杀拉登行动曾对直升机实施空中加油. http://www.chinadaily.com.cn/hqzx/2011-08/29/content_12639230.htm.

徐国华. 1996. 应用自由尾迹分析的新型桨尖旋翼气动特性研究. 南京: 南京航空航天大学.

张劲挺, 朱生利. 1991. 海湾战争对发展我国直升机的若干启示//第七届全国直升机年会, 深圳: 20-27.

招启军. 2005. 新型桨尖旋翼流场及噪声的数值模拟研究. 南京: 南京航空航天大学.

招启军, 徐国华. 2016. 直升机计算流体动力学基础. 北京: 科学出版社.

赵锋. 2013. 为青藏高原发展插上翅膀 —— 我国首架大型民用直升机 AC313 高原试飞纪实. 国防科技工业, (1): 52-53.

赵风岚. 2002. 武装直升机战术和技术的鼻祖 —— 越南战争中的 "休伊". 国际展望, (15): 1-4.

赵国庆, 招启军, 吴琪. 2016. 新型桨尖抑制旋翼跨声速特性的影响分析. 航空动力学报, 31(1): 143-152.

Prouty R W. 1990. 直升机性能及稳定性和操纵性. 高正, 陈文轩, 王适存, 译. 北京: 航空工业出版社.

Baeder J D. 1998. Passive design for reduction of high-speed impulsive rotor noise. Journal of the American Helicopter Society, 43(3): 222-234.

Brocklehurst A , Barakos G N. 2013. A review of helicopter rotor blade tip shapes. Progress in Aerospace Sciences, 56: 35-74.

Dadone L U. 1978. Design and Analytical Study of a Rotor Airfoil. Philadelphia: Boeing Vertol Co.

Desopper A, Lafon P, Ceroni P, et al. 1989. Ten years of rotor flow studies at ONERA. Journal of the American Helicopter Society, 34(1): 34-41.

Giangreco L. 2018. V-280 makes a flying start in Bell's new twist on tiltrotors. Flight International, 193(5617): 16.

Hager J O, Eyi S, Lee K D. 1992. Multi-point design of transonic airfoils using optimization//AIAA Aircraft Design Systems Meeting.

Harrison R, Stacey S, Hansford B. 2008. BERP Ⅳ -the design, development and testing of an advanced rotor blade//Proceedings of the American Helicopter Society 64th Annual Forum, Montreal: 1334-1353.

Hassan A A, Charles B D. 1997. Airfoil design for helicopter rotor blades—a three-dimensional approach. Journal of Aircraft, 34(2): 197-205.

Jepson J K, Gopalarathnam A. 2003. Inverse airfoil design via specification of the boundary-layer transition curve//Proceedings of the 41st Aerospace Sciences Meeting and Exhibit.

Lee S W, Kwon O J. 2006. Aerodynamic shape optimization of hovering rotor blades in transonic flow using unstructured meshes. AIAA Journal, 44(8): 1816-1825.

Leishman J G. 2006. Principles of Helicopter Aerodynamics. Cambridge: Cambridge University Press.

Leishman J G. 2007. The Helicopter Thinking Forward, Looking Back. Silver Spring, MD: College Park Press.

Leoni R D. 2007. Black Hawk: the Story of a World Class Helicopter. Reston: American Institute of Aeronautics and Astronautics.

Pape A L, Beaumier P. 2005. Numerical optimization of helicopter rotor aerodynamic performance in hover. Aerospace Science and Technology, 9: 191-201.

Perry F J. 1987. Aerodynamics of the world speed record//Proceedings of the 43rd Annual Forum of the American Helicopter Society, St. Louis: 3-15.

Philippe J J. 1992. ONERA makes progress in rotor aerodynamics, aeroelasticity, and acoustics. Vertiflite, 38(5): 48-53.

Rauch P, Gervais M, Cranga P, et al. 2011. Blue edge™: the design, development and testing of a new blade concept//American Helicopter Society 67th Annual Forum, Virginia Beach: 542-555.

Robinson K, Brocklehurst A. 2008. BERP Ⅳ aerodynamics, performance, and flight envelope//The 34th European Rotorcraft Forum, Liverpool: 245-252.

Spivey W A, Morehouse G G. 1970. New insights into the design of swept-tip rotor blades//The 26th Annual National Forum of the American Helicopter Society, Alexandria.

Wang Q, Zhao Q J, Wu Q. 2015. Aerodynamic shape optimization for alleviating dynamic stall characteristics of helicopter rotor airfoil. Chinese Journal of Aeronautics, 28(2): 346-356.

Wang B, Zhao Q J, Xu G H, et al . 2013. Numerical analysis on noise of rotor with unconventional blade tips based on CFD/Kirchhoff method. Chinese Journal of Aeronautics, 26(3): 572-582.

Wilby P G. 1998. Shockwaves in the rotor world-a personal perspective of 30 years of rotor aerodynamic research in the UK. Aeronautical Journal, 102 (1013): 113-128.

Zhao Q J, Xu G H. 2007. A Study on aerodynamic and acoustic characteristics of advanced tip-shape rotors. Journal of the American Helicopter Society, 52(3): 201-213.

Zhao Q J, Zhao G Q, Wang B, et al. 2018. Robust Navier-Stokes method for predicting unsteady flowfield and aerodynamic characteristics of helicopter rotor. Chinese Journal of Aeronautics, 31(2): 214-224.

第 2 章 旋翼翼型空气动力学特性

翼型是旋翼桨叶的基本组成元素，翼型的气动特性在很大程度上决定着旋翼气动特性与直升机气动性能。旋翼翼型的静态气动特性十分关键，但与固定翼飞机的机翼翼型相比，旋翼翼型工作在更为复杂的非定常流场中，在旋转一周的过程中存在着严重非定常来流与变迎角等来流–运动的复杂耦合，因此从严格意义上来讲，旋翼气动性能由翼型的静态特性及其在变来流环境下的非定常气动特性主导。

本章从理论、数值分析与机理试验等方面阐述旋翼翼型的静态气动特性、动态流动机理与非定常气动特性，分析翼型气动外形对其气动特性的影响特性，并通过运动状态与来流条件类似的二维翼型与复杂环境下旋翼桨叶剖面翼型气动力的对比，介绍旋翼翼型非定常气动特性的复杂特征。

2.1 旋翼翼型静态气动特性

旋翼翼型的气动特性能在一定程度上反映旋翼的气动性能，如翼型的力矩系数对直升机的操纵性能有很大影响，阻力系数则对直升机的气动效率有重要影响，而最大升力系数及动态失速特性直接影响到直升机在大速度前飞和机动飞行时旋翼的气动性能。旋翼的气动环境特殊而复杂，不仅不同类型直升机与不同飞行状态旋翼性能对翼型气动特性的要求各有差异，旋翼在不同方位角处所需要的翼型气动特性也有不同。例如，大速度前飞状态下，旋翼前行侧在马赫数大于临界马赫数 (Ma_{CRIT}) 的区域内要求翼型有较低的阻力系数 (C_{d}) 与大的阻力发散马赫数 (Ma_{DD})，旋翼后行侧要求翼型有较高的最大升力系数 ($C_{\mathrm{l,max}}$) 与升阻比。因此，高性能旋翼专用翼型应适应旋翼复杂的工作环境 (图 2-1)，既能有效抑制旋翼前行桨叶激波，又能推迟后行桨叶动态失速，可以明显提高旋翼的气动性能。

2.1.1 翼型厚度对气动特性的影响

翼型厚度的增加会对升力线斜率产生一定的影响，Kaplan 修正公式 (Kaplan, 1946) 给出了翼型升力线斜率 ($C_{\mathrm{l}\alpha}$) 与翼型厚度 (t/c) 的关系：

$$C_{\mathrm{l}\alpha}(Ma) = \frac{2\pi}{\beta} + \frac{2\pi(t/c)}{1+(t/c)}\left[\frac{1}{\beta}\left(\frac{1}{\beta}-1\right) + \frac{1}{4}\left(\gamma+1\right)\left(\frac{1}{\beta^2}-1\right)^2\right] \tag{2.1}$$

式中，β 为 Glauert 因子，$\beta = \sqrt{1-Ma^2}$，Ma 为自由来流马赫数。可以看出，升

力线斜率是厚度 t/c 的函数, 如果保持 β 不变 (即保持压缩性不变), 则随厚度的增加, 升力线斜率也会相应有所增加。

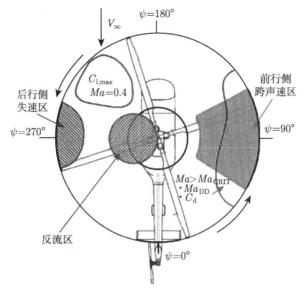

图 2-1　直升机旋翼主要气动环境

值得注意的是, 仅仅依靠增加厚度来提高最大升力系数仍有局限性, 虽然一些厚度较大的翼型能够避免长层流分离泡的形成, 从而提高最大升力系数, 但是在翼型厚度大于一定数值时, 翼型厚度的增大反而会引起最大升力系数的降低。如图 2-2 所示, 当厚度大于 $0.15c$ (c 为翼型弦长) 时, 翼型最大升力系数均有所下降。这是因为过大的翼型厚度会造成气流流过前缘时的加速作用过强, 导致气流更容易从翼型表面分离 (Leishman, 2006)。

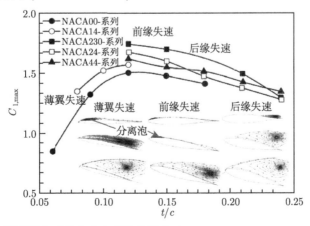

图 2-2　翼型厚度对最大升力系数的影响 (Abbott and von Doenhoff, 1949)

　　翼型厚度的增加虽然在一定程度上对翼型的最大升力系数有益，但不利于翼型阻力特性。随着厚度的增加，阻力会有所增加，甚至会使零升阻力发散马赫数减小，如图 2-3 所示 (Prouty，1990)。随着厚度的增加，翼型表面曲率更大，气流受到的加速作用更强，引起翼型压差阻力的增加；并且流速的增加使气流更容易从翼型表面分离，从而导致阻力增大。因此，翼型的厚度并不是越大越好，通常翼型厚度在 $0.15c$ 以内。

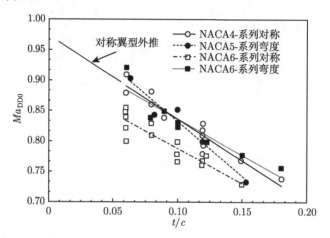

图 2-3　零升阻力发散马赫数随翼型厚度的变化 (Prouty，1990)

2.1.2　翼型弯度对气动特性的影响

　　翼型弯度在翼型的气动影响中占有重要的地位，弯度的影响可以通过薄翼理论 (Glauert，1947；Leishman，2006) 来分析。NACA4 系列翼型的中弧线可以表述为一组抛物线，即

$$y = \frac{m}{p^2}\left(2px - x^2\right), \quad x \leqslant p \tag{2.2}$$

$$y = \frac{m}{(1-p)^2}\left[(1-2p) + 2px - x^2\right], \quad x > p \tag{2.3}$$

式中，x、y 分别表示以弦长为无量纲化标准的翼型表面点的横、纵坐标值；m 表示最大弯度；p 表示最大弯度的位置。

　　中弧线表达式的微分形式为

$$\frac{\mathrm{d}y}{\mathrm{d}x} = \frac{m}{p^2}\left(2p - 2x\right), \quad x \leqslant p \tag{2.4}$$

$$\frac{\mathrm{d}y}{\mathrm{d}x} = \frac{m}{(1-p)^2}(2p - 2x), \quad x > p \tag{2.5}$$

将式 (2.4) 和式 (2.5) 转换到角坐标系, 可得

$$\frac{\mathrm{d}y}{\mathrm{d}x} = \frac{m}{p^2}(2p - 1 + \cos\theta), \quad \theta \leqslant \theta_p \tag{2.6}$$

$$\frac{\mathrm{d}y}{\mathrm{d}x} = \frac{m}{(1-p)^2}(2p - 1 + \cos\theta), \quad \theta > \theta_p \tag{2.7}$$

式中, $\theta = \arccos(1 - 2x)$; θ_p 为翼型最大弯度时的角度。

薄翼理论给出了绕翼型 1/4 弦线的力矩为

$$C_{\mathrm{m}1/4} \equiv C_{\mathrm{m}0} = -\pi (A_1 - A_2)/4 \tag{2.8}$$

式中, $C_{\mathrm{m}0}$ 为翼型零升力矩系数; A_1 和 A_2 分别表示为

$$A_1 = \frac{2}{\pi}\int_0^\pi \frac{\mathrm{d}y}{\mathrm{d}x}\cos\theta\mathrm{d}\theta = \frac{2m}{\pi p^2}\left[(2p - 1)\sin\theta_p + \frac{1}{4}\sin(2\theta_p) + \frac{\theta_p}{2}\right]$$
$$- \frac{2m}{\pi(1-p)^2}\left[(2p - 1)\sin\theta_p + \frac{1}{4}\sin(2\theta_p) - \frac{1}{2}(\pi - \theta_p)\right] \tag{2.9}$$

$$A_2 = \frac{2}{\pi}\int_0^\pi \frac{\mathrm{d}y}{\mathrm{d}x}\cos(2\theta)\mathrm{d}\theta$$
$$= \left[\frac{m}{\pi p^2} - \frac{m}{\pi(1-p)^2}\right]\left[(2p - 1)\sin(2\theta_p) + \sin\theta_p - \frac{1}{3}\sin^3\theta_p\right] \tag{2.10}$$

图 2-4 给出了最大弯度位置对翼型零升力矩系数的影响 (Abbott and von Doenhoff, 1949)。从图中可以看出, 最大弯度位置前置对翼型零升力矩系数的影响有限, 但随着最大弯度位置后移, 低头力矩将会迅速增加。

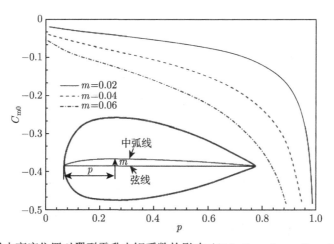

图 2-4 最大弯度位置对翼型零升力矩系数的影响 (Abbott and von Doenhoff, 1949)

2.1.3   翼型前缘半径对气动特性的影响

前缘半径对最大升力系数有很大的影响，前缘半径在小于 $0.016\,c$ 的范围内，最大升力系数随着前缘半径的增大而增大；但当前缘半径大于 $0.016\,c$ 后，最大升力系数不但不增加，反而有所减小，如图 2-5 所示 (Dadone, 1976)。

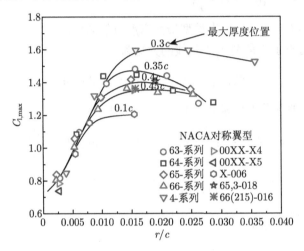

图 2-5   翼型前缘半径对最大升力系数的影响 (Dadone, 1976)

翼型前缘半径对最大升力系数的影响主要在于，前缘半径的大小决定了翼型的失速类型，从而与翼型的最大升力系数相关。不同前缘半径的翼型具有不同的静态失速特性，如图 2-6 所示 (Abbott and von Doenhoff, 1949)。

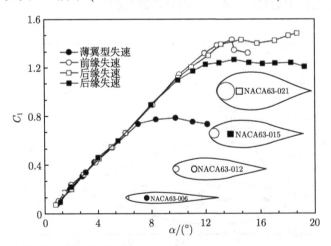

图 2-6   不同前缘半径对翼型失速特性的影响 (Abbott and von Doenhoff, 1949)

对于薄翼型，如 NACA63-006 翼型，小的前缘半径导致前缘处产生大的逆压梯度,即使在小迎角状态下,也能引起层流分离,形成分离泡;随着迎角的增大,分离泡附着点向后移动,产生了长分离泡,逐渐扩展到整个翼型上表面,最终失稳、破裂,导致失速发生。

NACA63-012 翼型 (中等大小前缘半径) 则会发生前缘失速,而前缘失速主要与前缘附近的层流分离泡相关,随着迎角的增加,气泡的再附着点会逐渐向前移动,气泡变得更加窄而高,逆压梯度进一步加大,最终导致气泡突然破裂,使整个翼型上表面气流发生分离。

NACA63-015 翼型和 NACA63-021 翼型 (大前缘半径) 对应的失速类型是后缘失速。随着迎角的增人,根据库塔–儒科大斯基定理,绕翼型的环量也随之增大,翼型下表面的前驻点向后移动,由此过驻点绕向翼型上表面的气流会有更大的运动速度,随后的逆压梯度也会更大,从而产生气流分离,导致升力减小。一般较厚的翼型后缘分离点随着迎角的增大逐渐向前缘移动,升力下降较为连续平缓。

2.2 旋翼翼型动态失速特性

桨叶的旋转运动与前飞运动叠加,旋翼桨叶在前行侧的来流速度较大,而后行侧的来流速度较小,为平衡旋翼气动力,引入了旋翼桨叶的变距操纵,产生了旋翼的挥舞、摆振等耦合运动,使旋翼工作在严重非对称、非定常的涡流场中,导致桨叶剖面在不同方位角处的迎角有很大差别。当旋翼桨盘载荷很高时,后行桨叶工作在较大的迎角状态,旋翼上的气流分离及失速现象随着时间变化以动态方式发生,并表现出明显的迟滞效应,这种失速现象称为 "动态失速"。旋翼动态失速现象虽然能够增大升力峰值,但同时会造成阻力和力矩的突增,且气动中心不再稳定,这对旋翼的振动特性有重要影响,从而严重制约了直升机气动性能和飞行速度的提高。动态失速问题通常发生在高速前飞的旋翼上及高桨盘载荷下的机动飞行中,同时伴随着产生较大的扭转载荷及桨叶振动。

早在 20 世纪 60 年代,国外一些研究机构对旋翼翼型的动态失速特性开展了一系列理论及试验研究,其中 Ham 和 Young 在 1966 年通过试验研究了直升机旋翼翼型单自由度下扭转振动引起的非定常气动特性,确定了在失速状态下扭转运动和阻尼效应之间的关系。之后,Ham (1968) 采用试验和理论结合的方法分析了旋翼翼型的动态失速特性,发现旋翼翼型的气动载荷特性明显受到从翼型前缘分离的涡 (动态失速涡) 的诱导影响,而且动态失速发生的翼型迎角远大于静态失速迎角。随着激光测速技术的成熟,对动态失速状态下的旋翼翼型流场速度的测量和分析得到了迅速的发展。Chandrasekhara 和 Ahmed (1991) 首先采用激光测速方法测量了旋翼翼型在动态失速状态下的速度场,结果显示,旋翼翼型在动态失速下产生的分离泡持续到动态失速涡的生成才发生破裂。Baik 等 (2009) 采用粒子图

像测速 (particle image velocimetry，PIV) 技术，在水洞中测量了低雷诺数状态下 SD7003 翼型和平板的动态失速流场特性，试验获得了翼型表面附近的速度型与雷诺数的关系。Naughton 等 (2013) 采用 PIV 锁相平均技术和表面测压技术试验研究了风力机翼型在动态失速状态下的非定常气动特性，通过对测量结果的分析研究，定义了四种失速类型，即后缘失速、具有次涡的后缘失速、具有分离涡的后缘失速和前缘分离涡 (动态失速涡) 诱导失速。Mulleners 等 (2012) 对翼型在三维状态下的动态失速进行了 PIV 流场信息测量，即直接选取直升机旋翼桨叶的剖面进行 PIV 测量，在旋翼桨叶后行侧 $0.5R \sim 0.6R$ (R 为旋翼半径) 位置处发现了大尺度的动态失速涡，伴随着大尺度动态失速涡的移动还发现了小尺度剪切涡的存在，分析表明，旋翼的旋转运动对动态失速涡形成和输运的稳定性有很大影响。

根据 McCroskey 和 Philippe (1975) 给出的定义，任何翼型或者升力面在发生随时间变化的俯仰、急降或者其他非定常运动，导致其有效迎角高于静态失速迎角时，将会发生动态失速现象。在这些情况下，气流分离现象及失速的发展过程与相同翼型在静态 (定常) 情况下展现出的失速机理有明显的不同。在某种程度上，动态失速与静态失速的区别在于气流分离的发生将延迟到比定常状态下更高的迎角处，气流分离的发生表现为动态失速涡的脱落。当涡附着在翼型上表面时，能够不断地提供升力。然而，涡的形态并不稳定，涡随着来流迅速流过桨叶表面，这将导致压力中心迅速向后移动，桨叶上的力矩及扭转载荷也随之增大。动态失速涡最终会从桨叶表面脱落，引起升力骤降与阻力、力矩发散，并且随着剖面迎角的减小，气流的再附与气动力的恢复有明显的迟滞效应，使气动力在一个周期内随迎角的变化呈现出迟滞回线形式。

假定旋翼翼型绕其 1/4 弦线位置做一阶简谐振动，即迎角 α 变化规律为

$$\alpha = \alpha_0 + \alpha_m \sin(\omega t) = \alpha_0 + \alpha_m \sin(2\pi f t) = \alpha_0 + \alpha_m \sin(2kt^*) \tag{2.11}$$

式中，α_0、α_m 分别为翼型迎角的平均值和振幅；ω、f 分别为翼型迎角振动角频率和振动频率；t^* 为无量纲时间，$t^* = tV_\infty/c$；k 为缩减频率，$k = \pi f c/V_\infty$，V_∞ 为来流速度，c 为翼型弦长。

图 2-7 给出了 NACA0012 翼型气动力系数迟滞回线的 CFD 计算值，并给出了升力系数的 Leishman-Beddoes (L-B) 模型计算值、试验值 (Terry，1987) 以及定常状态的升力系数曲线 (定常值)。翼型来流速度与运动规律分别为 $Ma = 0.2$、$\alpha_0 = 15°$、$\alpha_m = 10°$、$k = 0.05$。图 2-8 给出了对应于图 2-7 标注的近半个周期的振荡过程中旋翼翼型动态失速涡的产生、对流及脱落等运动特性。

结合升力系数的迟滞回线和涡流场特征可以发现，翼型动态失速可以分为以下几个阶段：

第一阶段，翼型迎角增大至超过静态失速迎角时，气流仍附着在翼型表面未发

生分离, 即气流分离的迟滞效应 (图 2-7 中 ① 之前的部分), 在这一阶段翼型升力系数持续增大。

第二阶段, 随着翼型迎角的持续增大, 翼型前缘附近形成动态失速涡 (图 2-7 中 ① 之前, 由图 2-8(a) 可以看出动态失速涡的形成), 动态失速涡的形成与沿翼型表面的输运使翼型获得额外的升力, 使翼型总升力的最大值远大于静态翼型的最大升力。与此同时, 动态失速涡的形成使翼型阻力增加。此外, 动态失速涡的运动引起压力中心后移, 当动态失速涡流过翼型 1/4 弦线位置并持续向下游移动时, 翼型低头力矩系数会逐渐增加。因此, 翼型阻力与力矩的发散发生在动态失速涡形成与输运的初期。

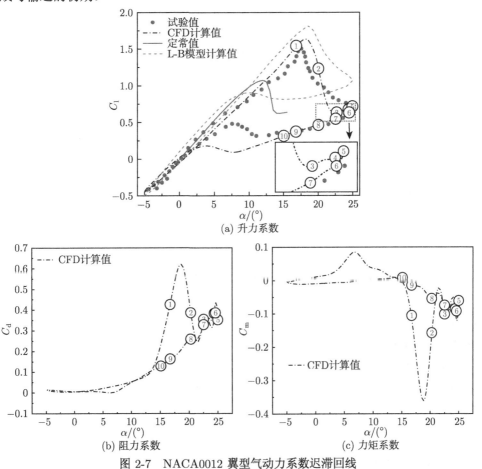

(a) 升力系数

(b) 阻力系数

(c) 力矩系数

图 2-7 NACA0012 翼型气动力系数迟滞回线

第三阶段, 动态失速涡在输运过程中能量逐渐降低, 从而逐渐从翼型表面脱落并进入尾迹区 (图 2-8(b) 和 (c)), 引起翼型升力系数的迅速下降 (图 2-7 中 ②~⑤的过程), 与此同时, 翼型表面气流完全分离, 引起阻力系数与力矩系数二次峰值的产生。

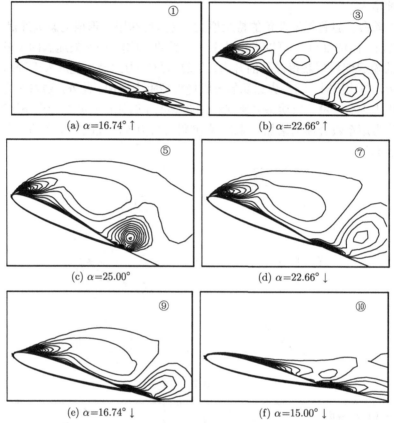

图 2-8　翼型上表面半个周期内不同迎角时的涡量分布云图

　　第四阶段，翼型迎角由最大值开始减小，在一定迎角范围内，动态失速涡脱落引起的大范围气流分离持续发生 (图 2-8(d) 和 (e))，但随着迎角的减小，翼型升力系数、阻力系数和力矩系数也会随之减小 (图 2-7 中 ⑥~⑨)。

　　第五阶段，当翼型迎角恢复到足够小时，气流将发生再附着，如图 2-8(f) 中前缘局部气流已开始再附于翼型表面。而在这个过程中一般会出现明显的迟滞现象，直到翼型迎角减小至定常失速迎角范围内，气流才完全再附着 (图 2-7 中 ⑩ 之后)。

2.2.1　翼型运动参数对动态失速特性的影响

1) 平均迎角对翼型动态失速特性的影响

　　在翼型其他运动参数不变的情况下，随着翼型平均迎角的增加，翼型的动态失速特性随之加剧。图 2-9 为不同平均迎角下 NACA0012 翼型的非定常气动特性对比。随着平均迎角的增大, 翼型最大迎角增大, 由于逆压梯度的增大, 动态失速涡的强度增加, 因此在动态失速涡的诱导作用下, 翼型最大升力系数随平均迎角的增大而增大, 升力系数的迟滞效应加剧, 并且翼型阻力系数与力矩系数峰值也急剧增大; 与此同时, 平均迎角的增大使动态失速时气流分离范围越大, 升力系数的降低幅度越大, 迟滞回线面积越大。

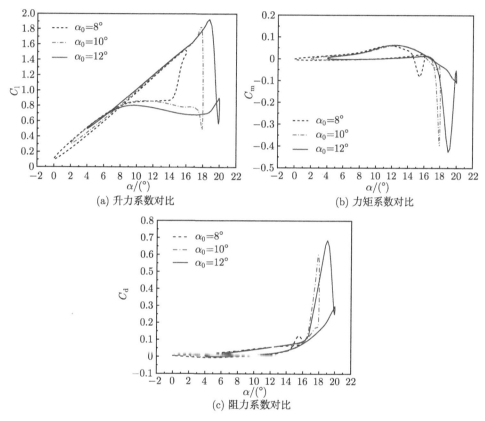

(a) 升力系数对比 (b) 力矩系数对比

(c) 阻力系数对比

图 2-9 不同平均迎角下 NACA0012 翼型的非定常气动特性对比

$(Ma = 0.3, k = 0.075, Re = 3.6 \times 10^6)$

2) 迎角振幅对翼型动态失速特性的影响

图 2-10 给出了不同迎角振幅下 NACA0012 翼型的非定常气动特性对比。从图 2-10(a) 可以看出, 随着迎角振幅的增加, 翼型的动态失速特性不断加强, 即有更大的失速迎角、更高的升力系数峰值和更小的再附着迎角。因此, 迟滞回线的面积也随着迎角振幅的增大而增加。从图 2-10(b) 可以看出, 在大迎角振幅下, 由于动态失速涡强度更大, 气流分离更为严重, 因此翼型阻力及动态失速涡诱导的低头力矩系数峰值更高。

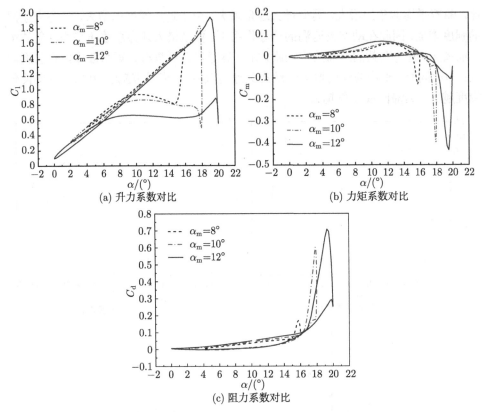

图 2-10　不同迎角振幅下 NACA0012 翼型的非定常气动特性对比

$(Ma = 0.3, k = 0.075, Re = 3.6 \times 10^6)$

3) 缩减频率对翼型动态失速特性的影响

描述翼型非定常特征的一个重要参数是缩减频率 k, $k = 0$ 为定常状态, $k > 0$ 为非定常状态。图 2-11 给出了不同缩减频率下 NACA0012 翼型的非定常气动特性对比。从图中可以看出,随着缩减频率的增加,失速迎角会相应增加,同时失速程度也越严重。与此同时,阻力系数与力矩系数的峰值随着缩减频率的增加而增加。这一特性主要是因为随着翼型振荡频率的增加,缩减频率也随之增加,在相同速度下,气流的迟滞现象也更明显,从而导致翼型在下俯过程中的气流再附着更加缓慢。此外,翼型缩减频率的增加进一步推迟了气流分离,增加了失速迎角,从而分离涡的积累更强。因此,可以看出,缩减频率的增加会导致翼型的动态失速特性加剧,一方面增加了失速迎角,另一方面推迟了气流的再附着过程,从而导致气动载荷特性曲线的迟滞回线面积增加。

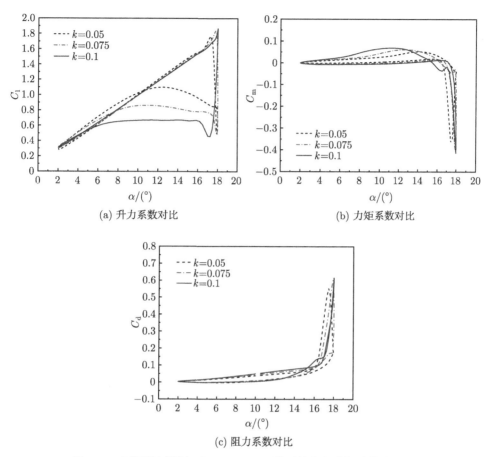

(a) 升力系数对比

(b) 力矩系数对比

(c) 阻力系数对比

图 2-11   不同缩减频率下 NACA0012 翼型的非定常气动特性对比

$(Ma = 0.3, \alpha = 10° + 8° \sin(\omega t), Re = 3.6 \times 10^6)$

4) 来流速度对翼型动态失速特性的影响

自由来流速度对翼型的气动特性也具有重要的影响，图 2-12 给出了不同来流马赫数下 NACA0012 翼型的非定常气动特性对比，计算来流马赫数分别为 0.3、0.4 和 0.5。从图中可以看出，翼型的失速迎角随着来流马赫数的增加而逐渐降低，同时在翼型下俯阶段的气流再附着也随来流马赫数的增加而被推迟。这主要是因为在较大来流马赫数下，翼型在前缘附近的逆压梯度更强，在较小的迎角下便出现气流分离并产生动态失速涡。而且在大来流速度下，动态失速涡耗散更大、脱落更快，由此引起阻力及低头力矩减小，在阻力系数与力矩系数对比图中显示为峰值更小一些。

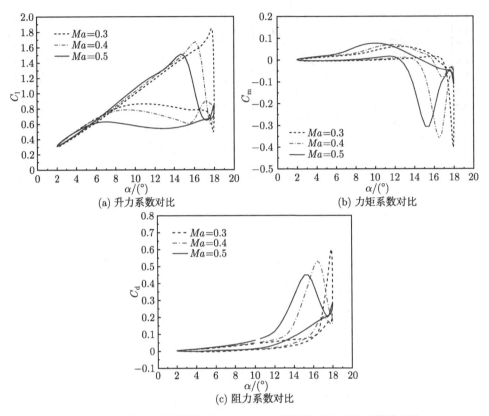

(a) 升力系数对比　　　　　　　　(b) 力矩系数对比

(c) 阻力系数对比

图 2-12　不同来流马赫数下 NACA0012 翼型的非定常气动特性对比

$(k = 0.075, \alpha = 10° + 8° \sin(\omega t), Re = 3.6 \times 10^6)$

2.2.2　前缘外形对翼型动态失速特性的影响

翼型气动外形对动态失速特性有很大影响，而动态失速涡的产生一般在翼型前缘附近，因此前缘外形对翼型动态失速特性的影响尤为重要。本节以四类前缘修型的 NACA0012 翼型为例，阐述前缘外形对翼型非定常动态失速特性的影响 (王清等，2016)。计算状态为：$Ma = 0.3$，$k = 0.075$，$\alpha = 10° + 8° \sin(\omega t)$。

1) 前缘上表面外凸修型 (M1-0012)

修改翼型前缘附近 $(0 \sim 0.4c)$ 上表面外形，令前缘局部厚度增大，修改翼型 M1-0012-1 的最大厚度为 $0.121c$，修改翼型 M1-0012-2 的最大厚度为 $0.122c$，修型后的 M1-0012 翼型如图 2-13(a) 所示。图 2-13(b)~(d) 为不同翼型气动力系数迟滞回线的对比，可以看出，翼型前缘上表面外形可以显著影响到动态失速特性。翼型上表面前缘附近的局部外凸可以在保证最大升力系数的同时，使失速后翼型升力具有更好的再附着特性，即升力系数恢复得更快。与此同时，前缘局部外凸翼型的阻力系数及力矩系数峰值比基准 NACA0012 翼型更小，且阻力系数及力矩系数发散迎角显著大于基准 NACA0012 翼型，约增加 1.5°，并且前缘附近外凸程度更大的 M1-0012-2 翼型的动态失速现象更平缓。

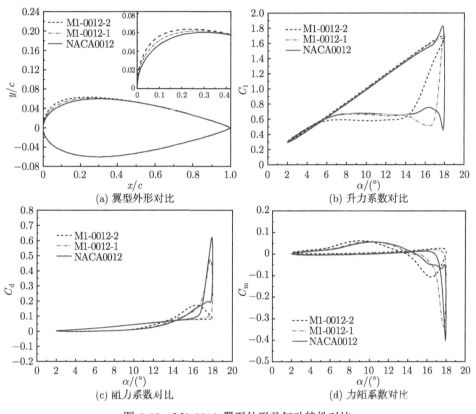

图 2-13　M1-0012 翼型外形及气动特性对比

　　翼型上表面前缘附近的外凸增加了翼型的前缘半径和前缘局部弯度，有效地降低了前缘附近的逆压梯度，延缓了动态失速涡的生成并削弱了涡强度，从而有助于改善翼型的非定常气动特性，如图 2-14 所示。

　　2) 前缘下表面外凸修型 (M2-0012)

　　修改翼型前缘附近 (0 ~ 0.4c) 下表面外形，令前缘局部厚度增大，修改翼型 M2-0012-1 的最大厚度为 0.121c，修改翼型 M2-0012-2 的最大厚度为 0.122c，修型后的 M2-0012 翼型如图 2-15(a) 所示。图 2-15(b)~(d) 和图 2-16 为翼型气动力系数迟滞回线和流线及涡量云图的对比，可以看出，由于与逆压梯度密切相关的上表面无变化，仅改变前缘附近下表面外形对翼型动态失速特性的影响不大。

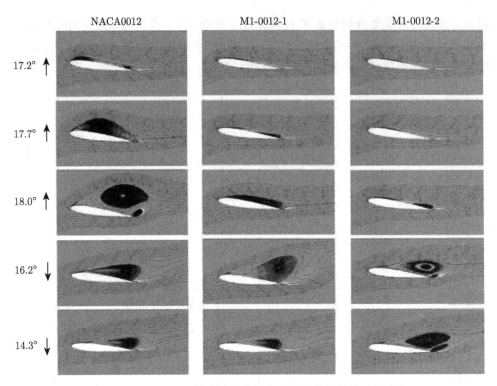

图 2-14　M1-0012 翼型动态失速状态下流线及涡量云图对比

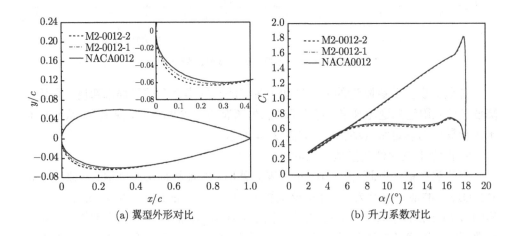

(a) 翼型外形对比　　　　　　　　　　　　　　　(b) 升力系数对比

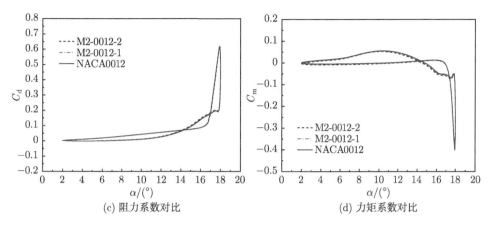

(c) 阻力系数对比   (d) 力矩系数对比

图 2-15   M2-0012 翼型外形及气动特性对比

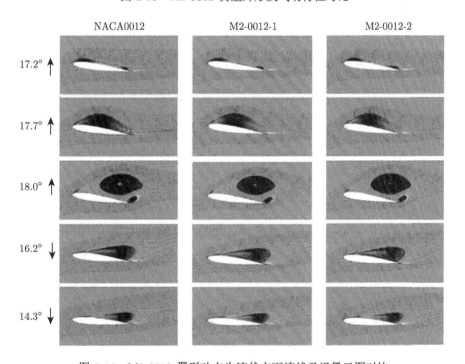

图 2-16   M2-0012 翼型动态失速状态下流线及涡量云图对比

3) 前缘上表面外凸与下表面外凸组合修型 (M3-0012)

在 NACA0012 翼型基础上，M3-0012 翼型采取上表面上凸、下表面下凸方案，修改翼型 M3-0012-1 的最大厚度为 $0.122c$，修改翼型 M3-0012-2 的最大厚度为 $0.124c$，如图 2-17(a) 所示。由图 2-17(b)~(d) 的翼型气动力系数迟滞回线对比以及图 2-18 的流线及涡量云图对比可以发现，M3-0012 翼型对动态失速特性的缓解作用与 M1-0012 翼型类似。此外，与 M1-0012 翼型相比，M3-0012 翼型前缘半径增大，这更利于缓解翼型的动态失速，因此 M3-0012 翼型对动态失速的抑制效果更为显著。

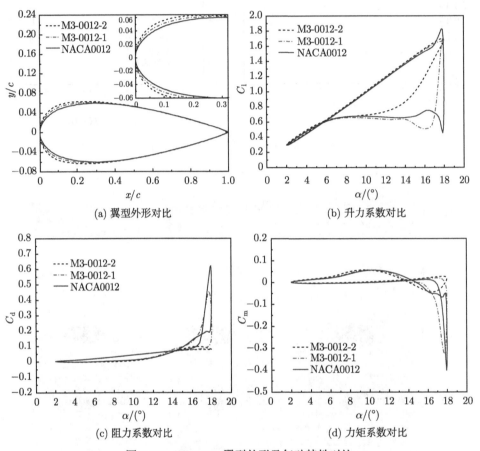

(a) 翼型外形对比　　　　　　　(b) 升力系数对比

(c) 阻力系数对比　　　　　　　(d) 力矩系数对比

图 2-17　M3-0012 翼型外形及气动特性对比

4) 前缘上表面外凸与下表面内凹组合修型 (M4-0012)

M4-0012 翼型是在 M1-0012 翼型基础上将翼型前缘附近下表面进行向上凹陷修型，同时保证翼型的最大厚度相同，均为 $0.12c$。因此，修改翼型 M4-0012 的前缘半径小于其余修型翼型，并且前缘局部弯度更大，如图 2-19(a) 所示。由图 2-19(b)~(d) 的气动力系数迟滞回线和图 2-20 的流线及涡量云图对比可以发现，M4-0012 翼型对动态失速有一定的缓解效果，但稍弱于 M1-0012 翼型与 M3-0012 翼型对动态失速的抑制效果。

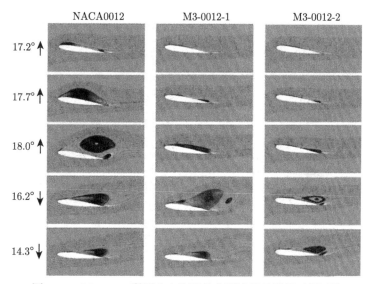

图 2-18   M3-0012 翼型动态失速状态下流线及涡量云图对比

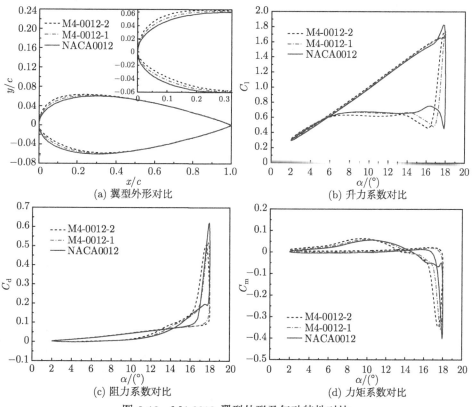

(a) 翼型外形对比

(b) 升力系数对比

(c) 阻力系数对比

(d) 力矩系数对比

图 2-19   M4-0012 翼型外形及气动特性对比

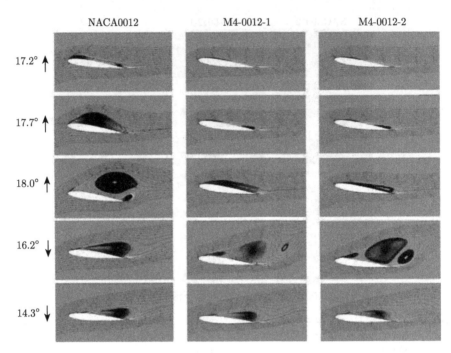

图 2-20　M4-0012 翼型动态失速状态下流线及涡量云图对比

从上述分析可以看出，翼型前缘半径及前缘上表面的外形对翼型的动态失速特性具有重要影响。通常情况下，大前缘半径能够有效地削弱翼型前缘附近的逆压梯度，从而削弱翼型动态失速涡的强度。翼型前缘附近上表面外凸能够有效抑制动态失速特性，而前缘附近下表面的外形变化对动态失速特性的影响有限。

2.2.3　动态失速涡特性测量试验

如前面所述，旋翼翼型动态失速涡对翼型的流场特性有显著影响，动态失速涡的脱落直接造成了翼型失速的发生。然而，目前关于动态失速涡的认识仍然存在一些不足。Leishman 和 Beddoes (1989) 指出，自由来流速度对翼型动态失速涡的无量纲输运速度影响不大，但其给出的涡输运速度与 Johnson(1999) 有所不同。一些半经验模型的构建依赖于动态失速涡的运动特征，因为动态失速涡的输运速度对翼型动态失速经验模型中涡升力的估算有重要的影响。

本节主要介绍采用 PIV 技术测得的旋翼翼型动态失速涡特性。试验在南京航空航天大学直升机旋翼动力学国家级重点实验室低速回流式风洞 (试验段尺寸为 2.4m×3.2m，最大风速为 50m/s) 内进行，PIV 测试原理如图 2-21 所示 (王清等，2014)。试验对 OA-209 与 SC1095 翼型进行动态失速状态下的流场测量，重点分析动态失速过程中翼型动态失速涡的输运速度与自由来流速度之间的关系 (Wang and Zhao, 2016)。试验流程如图 2-22 所示,桨叶由电机驱动实现迎角振荡,通过凸轮机构获得相应的振动频率,频率由频率控制器控制。激光和电荷耦合元件 (charge coupled device, CCD) 相机则由频率同步器经过计算机控制,由此激光脉冲和 CCD 相机采样保持在同一频率。

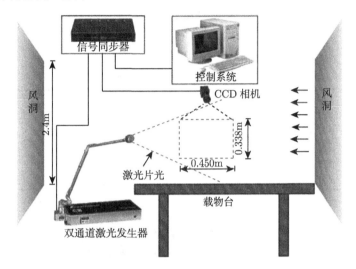

图 2-21 翼型流场的 PIV 测试原理

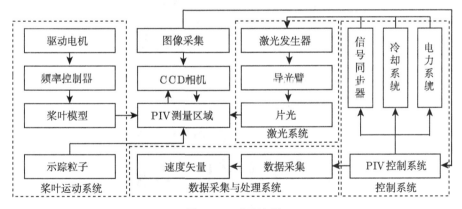

图 2-22 试验流程

试验的主要目的是研究旋翼翼型动态失速涡的演化特性,翼型的动态失速试验包括多个风速、多个振荡频率、多个迎角变化特征及多个旋翼翼型,试验状态如表 2-1 所示。

1) 动态失速涡输运速度计算方法

利用 PIV 控制系统采样时间固定的特性,对翼型动态失速涡输运速度进行计算分析，计算示意图如图 2-23 所示。图中，L_R 表示动态失速涡相对于翼型前缘的位移，以翼型弦长为无量纲化标准。PIV 控制系统的采样频率为 10Hz，即相邻采样时刻 T_2 和 T_1 的时间间隔 $\Delta T = T_2 - T_1 = 0.1\text{s}$，$L_C$ 为一个采样间隔的涡位移，由此，动态失速涡的输运速度计算公式为

$$V_v = \frac{L_C}{\Delta T} \tag{2.12}$$

表 2-1　旋翼翼型动态失速试验状态

试验参数	数值
振荡频率/Hz	1.6、2.4
自由来流速度/(m/s)	5、10、15
迎角振幅/(°)	16
平均迎角/(°)	5、10
翼型	OA-209、SC1095

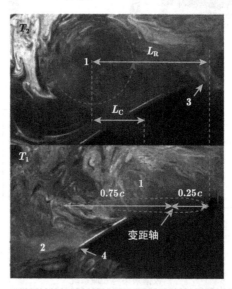

图 2-23　动态失速涡输运速度计算示意图

1. 前缘分离涡；2. 分离区；3. 翼型前缘；4. 翼型后缘

为了反映翼型动态失速涡的强度，采用积分形式对涡环量进行计算，涡环量的计算公式为

$$\Gamma = \int_L V \mathrm{d}s \tag{2.13}$$

式中，Γ 表示涡环量；V 表示沿积分路径的流场速度；$\mathrm{d}s$ 表示积分路径微段。

为了完成积分计算，在处理积分时采用离散求和的形式，即

$$\Gamma \approx \sum_{i=1}^{N} V_i \Delta s \tag{2.14}$$

式中，N 表示积分求和时的微段个数。

2) 动态失速涡特征分析

图 2-24 给出了自由来流速度为 5m/s 时不同振荡频率下翼型动态失速涡的输运速度。在该自由来流速度下，不同振荡频率对应的缩减频率分别为 0.201(1.6Hz) 和 0.302(2.4Hz)。从图中可以看出，翼型动态失速涡的输运速度在 2.0m/s 左右，明显小于自由来流速度。以自由来流速度为无量纲化标准，无量纲化后的动态失速涡输运速度约为 0.4。此外，从图中还可以看出，翼型外形对动态失速涡输运速度的影响不大，但不同振荡频率下的动态失速涡输运速度不同，低振荡频率下的动态失速涡输运速度要比高振荡频率下的动态失速涡输运速度小 10% 左右。

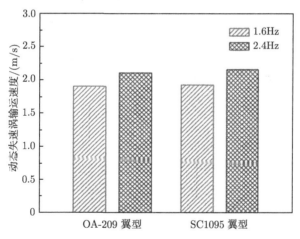

图 2-24　不同振荡频率下翼型动态失速涡输运速度 (自由来流速度为 5m/s)

图 2-25 给出了自由来流速度为 5m/s 时不同位置的翼型动态失速涡输运速度对比。从图中可以看出，动态失速涡在翼型表面的输运速度明显小于其脱落至尾迹区的输运速度。动态失速涡仍在翼型上表面输运时，输运速度为 1.5~2.6m/s，一旦动态失速涡从翼型表面脱落并进入尾迹区，输运速度增大至 2.2~3.5m/s。因此，动态失速涡沿表面的输运速度是时变的，并且从翼型前缘脱落后会明显加速。对动态失速涡的输运速度取算术平均，以自由来流速度为无量纲化标准，可以得到动态失速涡脱落前的无量纲输运速度为 0.39，脱落后的无量纲输运速度为 0.55。

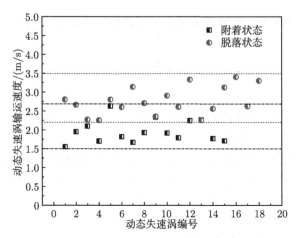

图 2-25　不同位置的翼型动态失速涡输运速度对比 (自由来流速度为 5m/s)

2.3　非定常来流环境下旋翼翼型气动特性

由于直升机旋翼桨叶的动态失速现象大多发生在直升机的大速度前飞过程中，而在前飞过程中，旋翼桨叶同一剖面处的自由来流速度为旋翼旋转速度和前飞速度的叠加，旋翼桨叶任意剖面处的相对来流马赫数可以描述为

$$Ma = Ma_{\mathrm{B}} + Ma_{\mathrm{F}} \sin\left(\omega t\right) \tag{2.15}$$

式中，Ma_{B} 为基准马赫数，表示旋翼旋转引起的马赫数；Ma_{F} 为脉动马赫数，表示前飞来流马赫数；ωt 为来流速度变化的相位角 (对应于旋翼的方位角，后面统一表述为方位角)，ω 和 t 分别表示旋翼的旋转角速度和时间。

图 2-26 给出了桨尖马赫数为 0.6、前进比为 0.3 的前飞状态下直升机旋翼桨盘平面内的剖面相对来流马赫数分布示意图。

旋翼翼型在不同方位角处的自由来流速度是不断变化的，固定自由来流速度下的旋翼翼型动态失速特性并不能完全反映实际情况下的旋翼翼型动态失速特性。基于此，一些专家开始研究变自由来流速度下的旋翼翼型动态失速特性。

早期针对变自由来流速度的翼型非定常气动特性的试验研究主要采用风洞中翼型平移方法或基于非定常水洞。Favier 等 (1979，1982) 最先通过周期性平移旋翼桨叶模型与变距运动耦合方法来模拟来流的周期性变化和迎角变化，采用热膜计量器 (hot-film gage) 测量翼型的升力、阻力与力矩非定常变化特性。Gursul 等 (1992，1994) 利用非定常水洞测量了 NACA0012 翼型在变来流速度、静态迎角下的非定常气动特性，试验获得的非定常来流状态下翼型最大升力系数比定常来流状态下提高近 10 倍，同时发现翼型升力系数不一定是缩减频率的函数，这取决于动态失速涡是否附着在翼型表面。如果前缘涡附着于翼型表面，则升力系数与缩减频率无关，如果前缘涡脱落至尾迹区，则升力系数与缩减频率有关。

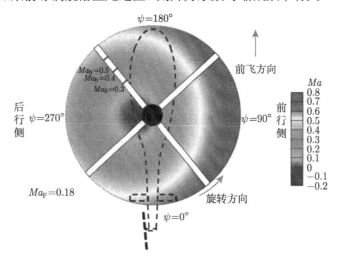

图 2-26   前飞状态下直升机旋翼桨盘相对来流马赫数分布示意图 (见彩图)

基于变风速非定常风洞的试验研究开展相对较晚，南京航空航天大学于 20 世纪 90 年代建成国内第一座卧式非定常回流风洞。史志伟等 (2006, 2008) 基于该风洞测量了机翼在变来流速度状态下的气动载荷特性。试验结果发现，由于来流风速脉动的影响，变来流–变迎角耦合状态下机翼的最大升力系数与升力系数的迟滞回线面积均大于定来流情形。

俄亥俄州立大学在 2011 年左右建成了一型通过周期性开闭节流阀来调节风速变化的非定常风洞 (Gompertz et al., 2011)，该风洞试验段截面尺寸为 0.15m×0.56m，气流脉动速度的最大变化频率为 21Hz，马赫数变化范围为 0.5±0.1，雷诺数为 $1.7×10^6 \sim 2.8×10^6$。利用该风洞，Gompertz 等 (2012)、Hird 等 (2014, 2015)、Zhu 等 (2018) 针对不同风力机翼型在变风速–变迎角耦合状态下的非定常气动特性开展了一些试验研究工作，发现变风速会引起静态翼型气动载荷的非定常变化，变风速–变迎角耦合状态下的翼型最大升力系数要明显大于定速度情形，而且脉动速度与迎角变化幅度越大，升力系数增幅也越大。

Greenblatt (2015, 2016) 研发了一款试验段截面 $1m^2$ 级的非定常风洞，最大风速为 55m/s (最大风速变化幅值为 10m/s 量级)，最大风速变化频率为 4.7Hz。基于该型风洞，Greenblatt (2016) 和 Medina 等 (2018) 对 NACA0012 和 NACA0018 翼型在变来流–变迎角、变来流–定迎角和定来流–变迎角情况下进行了风洞试验研究，发现在变来流–变迎角状态下，翼型的气动力系数会受到不断变化的雷诺数和缩减频率的影响。

在数值分析研究方面, Gharali 和 Johnson (2013) 利用 CFD 方法模拟了 NACA-0012 翼型在定常速度和非定常速度状态下的气动载荷特性, 并对比了不同相位 (迎角变化与速度变化的相位差) 下的翼型气动力变化关系, 后来又利用滑移网格技术对变来流–变迎角下 S809 风力机翼型进行了数值模拟分析, 并针对缩减频率和相位差对翼型动态特性的影响进行了参数分析, 计算发现, 来流速度和迎角的变化对翼型流场结构和气动载荷具有明显的影响, 从而影响风力机的气动性能。王清等 (2016, 2017a) 利用 CFD 方法对比分析了变来流–定迎角及变来流–变迎角耦合状态下的旋翼翼型非定常气动特性。研究表明, 变来流速度会对旋翼翼型的气动特性产生很大影响, 且脉动马赫数越大, 引起的非定常特征也越明显。

2.3.1 变来流–定迎角状态下旋翼翼型非定常气动特性

为描述基准马赫数和脉动马赫数之间的量值关系, 以基准马赫数为无量纲化标准, 将脉动马赫数进行了无量纲化处理, 即

$$\lambda = \frac{Ma_{\mathrm{F}}}{Ma_{\mathrm{B}}} \tag{2.16}$$

为表征旋翼迎角变化与风速变化之间的相位关系, 将旋翼翼型在非定常状态下的迎角变化规律表示为

$$\alpha = \alpha_0 - \alpha_{\mathrm{m}} \sin\left(\omega t + \varphi\right) \tag{2.17}$$

式中, φ 为自由来流速度变化和迎角变化之间的相位差。

变来流–变迎角状态下翼型缩减频率与定来流速度时一致, 缩减频率计算所需的来流速度用平均来流速度代替。在变来流–定迎角状态下, 缩减频率可定义为

$$k = \frac{\omega c}{2V_{\mathrm{B}}} \tag{2.18}$$

式中, ω 表示来流速度的变化角频率; V_{B} 表示平均来流速度。

需要指出的是, 由于来流速度的变化, 在对流场变量和气动力系数进行归一化时, 无量纲化标准发生变化, 本书在对变来流速度情况下的流场变量和气动力系数处理时用声速代替来流速度, 经此处理的系数用下标 a 表示, 如压强系数 $C_{\mathrm{p,a}}$、升力系数 $C_{\mathrm{l,a}}$、阻力系数 $C_{\mathrm{d,a}}$、力矩系数 $C_{\mathrm{m,a}}$。

本节以典型直升机旋翼专用 OA-209 翼型为例, 计算状态: 翼型迎角为 8.0°, 基准马赫数为 0.4, 无量纲脉动马赫数分别为 0、0.25 和 0.5, 缩减频率为 0.075。图 2-27 给出了不同无量纲脉动马赫数下 OA-209 翼型的流线及压强云图。从图中可以看出, 在定速度状态 ($\lambda = 0$), 气流完全附着于翼型表面。在 $\lambda = 0.25$ 状态, 虽然气流附着在翼型表面, 但从压强云图可以看出, 与定速度状态相比, 在翼型前缘

附近有明显的逆压梯度。随着无量纲脉动马赫数进一步增加 ($\lambda = 0.5$)，翼型前缘附近的逆压梯度增加，前缘局部气流发生分离，进而导致分离涡的生成。

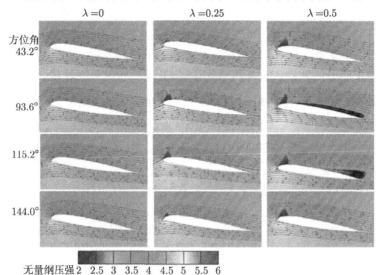

图 2-27 不同无量纲脉动马赫数下 OA-209 翼型的流线及压强云图 (变来流–定迎角状态)

(见彩图)

图 2-28 给出了在 $75.6°$ 方位角处不同无量纲脉动马赫数下 OA-209 翼型前缘附近的附面层流场速度分布。从图中可以看出，在 $\lambda = 0$ 状态下，翼型附面层仍处于层流状态，速度型在翼型弦向差异不大；而在 $\lambda = 0.5$ 状态下，由于逆压梯度更强，从翼型表面速度型可以看出，在 $x/c = 0.148$ 附近出现了层流分离，导致翼型动态失速涡的生成。

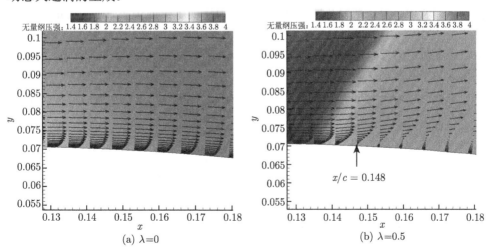

图 2-28 不同无量纲脉动马赫数下 OA-209 翼型前缘附近的附面层流场速度分布

　　不同无量纲脉动马赫数下 OA-209 翼型上表面压强系数分布如图 2-29 所示。从图中可以看出,在 $\lambda = 0.25$ 状态下,翼型前缘附近的压强系数随方位角的不同而出现近似三角函数形式的变化,结合来流马赫数的变化规律可以发现,压强系数随着来流马赫数的增加而增加。当无量纲脉动马赫数增加至 $\lambda = 0.5$ 时,在 80° 方位角附近出现了动态失速涡,随着动态失速涡的输运与脱落,翼型上表面的压强系数分布出现了明显的波动,形成了一个形似 "山脊" 状的分布结构。

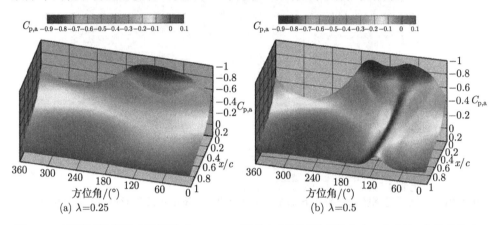

(a) $\lambda = 0.25$　　　　　　　　　　(b) $\lambda = 0.5$

图 2-29　不同无量纲脉动马赫数下 OA-209 翼型上表面压强系数分布 (变来流–定迎角状态)

　　受到动态失速涡的影响,翼型在变来流–定迎角状态下展现出非定常气动特性,如图 2-30 所示。由图可知,在变来流状态下,升力系数和阻力系数随着来流速度的增加而增加,而且无量纲脉动马赫数越大,变化幅值也越大。在 $\lambda = 0.5$ 状态下,升力系数在方位角为 90° ~ 120° 突降,即翼型发生失速,结合图 2-29 的压强系数分布可以看出,力矩系数在这一方位角范围内出现了由前缘涡脱落引起的低头力矩峰值。此外,阻力系数与力矩系数在来流速度增大的过程中变化幅度较大,而在来流速度减小的过程中基本趋于稳定,这主要是因为随着来流速度的减小,气流分离现象减弱甚至发生再附。

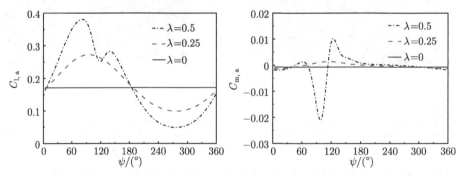

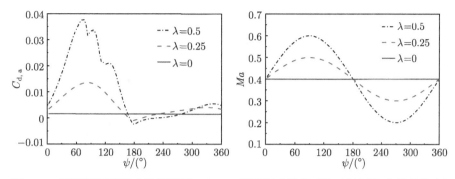

图 2-30 不同无量纲脉动马赫数下 OA-209 翼型气动特性对比 (变来流–定迎角状态)

2.3.2 变来流–变迎角耦合状态下旋翼翼型非定常气动特性

由前文可知，在定来流速度状态下，翼型前缘附近的逆压梯度随着迎角的增加而增大，在固定迎角状态下，翼型前缘附近的逆压梯度随来流速度的增大也有增大趋势，而旋翼环境下桨叶剖面翼型的动态失速特性受变来流与变迎角的综合影响。本节以 OA-209 翼型为例，基准马赫数为 0.4，分别在无量纲脉动马赫数为 0、0.25 和 0.5 时分析变来流–变迎角耦合对旋翼翼型动态失速特性的影响，迎角变化规律为 $\alpha = 12° - 8° \sin(\omega t)$，缩减频率为 0.075。

图 2-31 给出了不同无量纲脉动马赫数下 OA-209 翼型的流线及压强云图。从图中可以看出，在定来流状态翼型上仰过程中迎角为 14.47° 时，动态失速涡不明显；而在无量纲脉动马赫数 $\lambda = 0.25$ 状态下，在 14.47° 迎角时翼型前缘附近已有明显的动态失速涡形成，并且随着无量纲脉动马赫数的增大 ($\lambda = 0.5$)，前缘形成的动态失速涡的范围增加，表明动态失速涡在大无量纲脉动马赫数下的形成发生在更小的迎角状态。

图 2-32 为不同无量纲脉动马赫数下 OA-209 翼型涡量云图对比。可以明显看出，在大无量纲脉动马赫数情况下，动态失速涡生成时的翼型迎角更小。与此同时可以发现，在大无量纲脉动马赫数情形下，后缘分离涡的生成也随无量纲脉动马赫数的增大而提前，并且耗散更慢。表 2-2 给出了动态失速涡与后缘分离涡在不同无量纲脉动马赫数下生成时所对应的翼型迎角，可以看出，由于变来流加剧了流场的非定常特性，更容易产生前缘分离和后缘分离。

图 2-33 给出了不同无量纲脉动马赫数下 OA-209 翼型上表面压强系数分布。从图中可以看出，在变来流状态下，翼型前缘附近的负压峰值在方位角 60° ～ 180° 内大于在定来流状态下的负压峰值，而且无量纲脉动马赫数越大，负压峰值越大，并且这一趋势随着无量纲脉动马赫数的增加而加强。此外，从图中可以看出，在不同无量纲脉动马赫数下，当负压峰值达到 −1.08 时动态失速涡开始脱落。

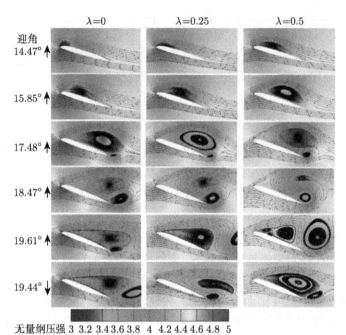

图 2-31   不同无量纲脉动马赫数下 OA-209 翼型流线及压强云图 (变来流–变迎角耦合状态)(见彩图)

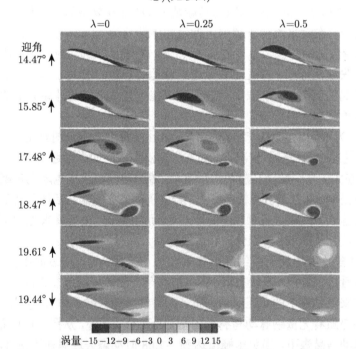

图 2-32   不同无量纲脉动马赫数下 OA-209 翼型涡量云图对比 (见彩图)

表 2-2 不同无量纲脉动马赫数下动态失速涡与后缘分离涡生成时的翼型迎角

类型	$\lambda = 0$	$\lambda = 0.25$	$\lambda = 0.5$
动态失速涡	13.50°	13.01°	12.51°
后缘分离涡	17.11°	16.70°	16.29°

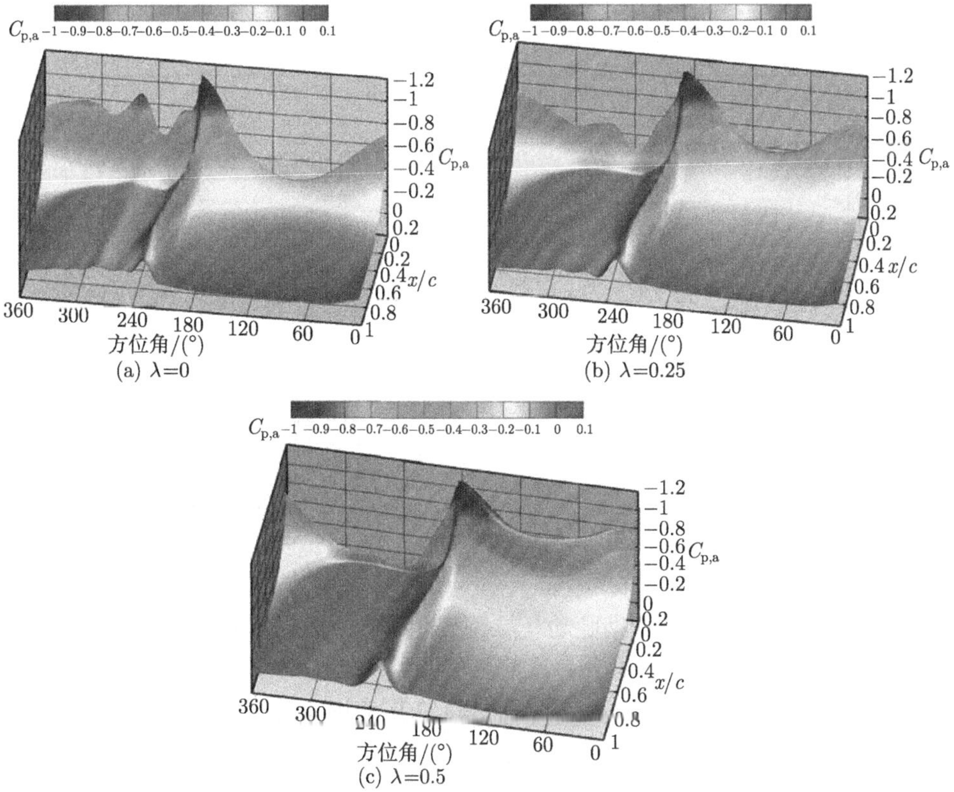

图 2-33 不同无量纲脉动马赫数下 OA-209 翼型上表面压强系数分布 (变来流-变迎角耦合状态)

图 2-34 给出了不同无量纲脉动马赫数下 OA-209 翼型的气动特性对比, 其中气动力系数以平均来流速度无量纲化。从图中可以看出, 在迎角增大过程中, 翼型升力系数随着无量纲脉动马赫数的增加而增加, 而且在临近失速迎角附近, 不同无量纲脉动马赫数下的升力系数曲线斜率分别为 0.139 ($\lambda = 0$)、0.169 ($\lambda = 0.25$) 和 0.211 ($\lambda = 0.5$)。可以发现, 升力系数曲线斜率也随着无量纲脉动马赫数的增加而增加, 这主要是因为在变来流影响下, 同一迎角下的相对入流速度更小。在动态失速涡的诱导作用下, 翼型气动载荷的峰值也相应地随无量纲脉动马赫数的增加而增加。

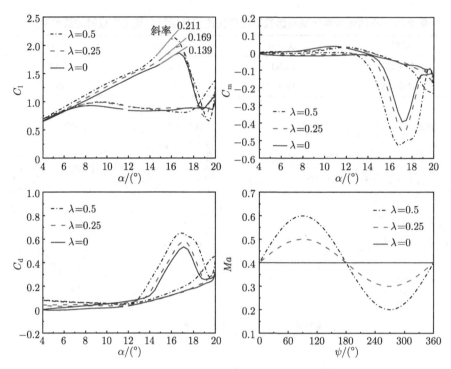

图 2-34　不同无量纲脉动马赫数下 OA-209 翼型气动特性对比 (变来流–变迎角耦合状态, 以平均来流速度无量纲化)

表 2-3 给出了不同无量纲脉动马赫数下翼型气动力系数峰值对比, 与定来流状态相比, $\lambda = 0.5$ 状态下的升力系数峰值增加了 14.5%, 阻力系数峰值增加了 22.6%, 力矩系数峰值增加了 35.9%。因此, 在压缩性和动态失速涡的作用下, 变来流状态下翼型气动力系数峰值相对于定常状态大幅增加, 表明变来流状态下翼型的非定常气动特性更加显著。

表 2-3　不同无量纲脉动马赫数下的翼型气动力系数峰值对比

气动力系数	$\lambda = 0$	$\lambda = 0.25$		$\lambda = 0.5$	
	峰值	峰值	增幅/%	峰值	增幅/%
升力系数	1.86	1.98	6.5	2.13	14.5
阻力系数	0.53	0.58	9.4	0.65	22.6
力矩系数	−0.39	−0.45	15.4	−0.53	35.9

为方便对比变来流–变迎角耦合状态下翼型气动力系数, 图 2-35 给出了以声速为无量纲标准的翼型气动力系数。从图中的升力系数对比中可以发现, 变来流状态的翼型升力系数在最大迎角附近小于定来流状态下的值, 而且无量纲脉动马赫数

越大,该升力系数越小。这是因为在变速度状态下,迎角增加时速度减小 (相当于后行桨叶环境),由此引起翼型的升力与以声速为无量纲标准的升力系数减小。

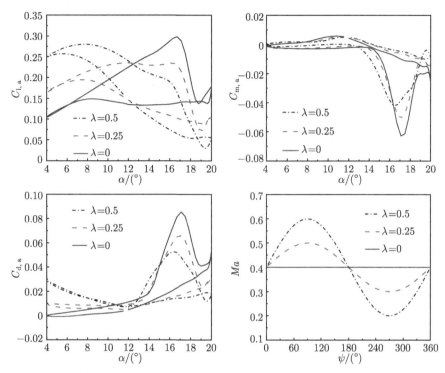

图 2-35　不同无量纲脉动马赫数下 OA-209 翼型气动特性对比 (变来流–变迎角耦合状态,以声速无量纲化)

2.3.3　变来流下翼型动态失速涡特性

本节从翼型流场中涡环量的角度阐述旋翼翼型在变来流速度状态下的流动特征,以 OA-209 翼型为例介绍分离涡的特性,计算状态与 2.3.2 节一致。涡环量的积分公式为

$$\Gamma = \iint_A \omega_Z \mathrm{d}A \tag{2.19}$$

式中,A 表示涡的积分域;ω_Z 表示涡量。

为了研究前缘产生的动态失速涡 (leading edge vortex,LEV,此处称为前缘涡) 和后缘涡 (trailing edge vortex,TEV) 环量的变化规律,以临界值 $\omega_Z = 0$ 为标准 ($\omega_Z > 0$ 为前缘涡,$\omega_Z < 0$ 为后缘涡),分别进行环量的积分,如图 2-36 所示。在积分过程中将翼型表面附近剪切层内的涡量排除在外,同时,为了避免由于前缘涡诱导作用产生的分离涡对后缘涡环量的干扰,后缘涡积分域从 $0.6c$ 的位置开始,如

图中虚线所示。

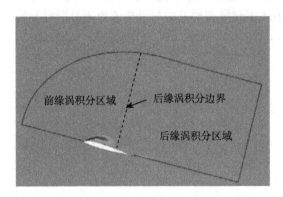

图 2-36　前缘涡与后缘涡环量积分域示意图

不同无量纲脉动马赫数下 OA-209 翼型涡环量变化规律如图 2-37 所示。从图中可以看出，当迎角小于 15.5° 时，定来流状态下的前缘涡环量要小于变来流状态下的值，这是因为定来流状态下的流场更加稳定。同时还可以看出，前缘涡生成时的迎角随着无量纲脉动马赫数的增加而减小，这主要是由于在变来流状态下，翼型的边界层不稳定，更容易导致气流分离，进而生成分离涡。然而，与定来流状态相比，变来流状态下的动态失速涡环量随迎角增大的增加率及最大值更小，因为在前飞状态旋翼工作环境下，翼型迎角随着来流速度的减小而增加，翼型迎角增大过程中从周围流场中注入前缘涡的能量相应减少。此外，后缘涡的变化规律与前缘涡的变化规律类似。

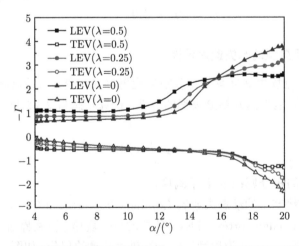

图 2-37　不同无量纲脉动马赫数下 OA-209 翼型涡环量变化规律

采用固定积分域的方式重新计算了前缘涡和后缘涡的环量，积分域的大小为

$0.1c \times 0.08c$(前缘涡大积分域)、$0.05c \times 0.04c$(前缘涡小积分域)和 $0.08c \times 0.08c$(后缘涡),c 为翼型弦长,如图 2-38 所示。

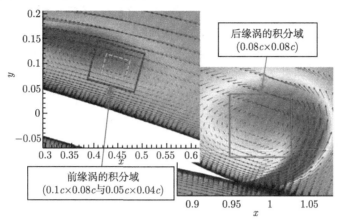

图 2-38 固定积分域示意图 (见彩图)

涡的耗散规律可以简单表示为指数形式,即

$$\Gamma = \Gamma_0 \mathrm{e}^{-\kappa t} \tag{2.20}$$

式中,Γ_0 表示初始涡环量;κ 表示涡的耗散系数。

图 2-39 给出了不同积分域下 OA-209 翼型前缘涡耗散规律,图中横、纵坐标分别表示无量纲时间和无量纲涡环量。大积分域为 $0.1c \times 0.08c$,小积分域为 $0.05c \times 0.04c$,如图 2-38 所示。采用参数拟合的方法对两组不同的涡环量变化规律分别进行拟合,大积分域下 $\kappa = 0.447$,小积分域下 $\kappa = 0.451$。可以看出,不同大小的积分域对涡环量耗散系数的影响有限,因此涡环量的耗散率主要受初始涡环量的影响 (大积分域下的初始涡环量为 0.24,小积分域下的初始涡环量为 0.062)。

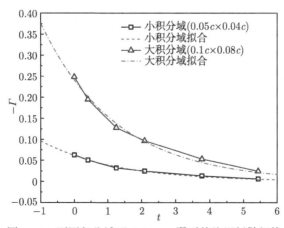

图 2-39 不同积分域下 OA-209 翼型前缘涡耗散规律

图 2-40 给出了不同无量纲脉动马赫数下 OA-209 翼型前缘涡耗散规律。从图 2-40(a) 中可以看出，涡环量相同时，变来流状态的翼型迎角与定来流状态相比更小，而且无量纲脉动马赫数越大，翼型迎角越小，这表明在变来流动态失速状态下，前缘涡的分离迎角更小。从图 2-40(b) 中可以看出，不同无量纲脉动马赫数下的涡环量耗散率基本一致。综合三组不同的涡样本点，拟合获得涡耗散系数 $\kappa = 0.406$，初始涡环量 $\Gamma_0 = 0.228$。

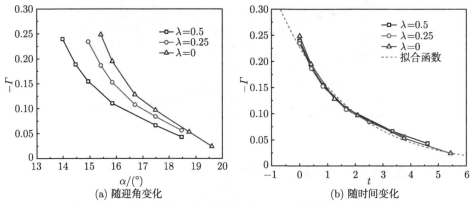

(a) 随迎角变化   (b) 随时间变化

图 2-40   不同无量纲脉动马赫数下 OA-209 翼型前缘涡耗散规律

不同无量纲脉动马赫数下 OA-209 翼型后缘涡耗散规律如图 2-41 所示。从图 2-41(a) 中可以看出，当迎角小于 18.7° 时，变来流动态失速下后缘涡环量小于定来流动态失速下的后缘涡环量；但当迎角大于 18.7° 时，变来流下的后缘涡环量反而大于定来流下的后缘涡环量。从图 2-41(b) 中同样可以看到，定来流下的后缘涡环量耗散率要大于变来流下的后缘涡环量耗散率。这主要是由于当后缘涡生成和脱落时，变来流下的自由来流速度小于定来流下的自由来流速度，因此在变来流状态下后缘涡受到主流的影响减弱，导致后缘涡的耗散率降低。

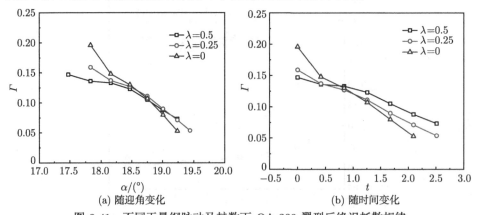

(a) 随迎角变化   (b) 随时间变化

图 2-41   不同无量纲脉动马赫数下 OA-209 翼型后缘涡耗散规律

2.3.4 不同相位差对旋翼翼型动态失速特性的影响

在直升机前飞过程中,桨叶的变距运动与旋转运动存在一定的相位差,叠加挥舞运动对诱导迎角的影响,桨叶剖面翼型的最小迎角通常不在 90° 方位角处。为此,本节针对不同来流速度变化与迎角变化之间相位差对翼型动态失速特性的影响进行阐述,仍以 OA-209 翼型为例,来流马赫数变化规律为 $Ma = 0.4 + 0.2\sin(\omega t)$,缩减频率为 0.075,迎角变化规律为 $\alpha = 12° - 8°\sin(\omega t + \varphi)$,其中,相位差 φ 分别为 0°、30° 及 60°。

不同相位差下 OA-209 翼型气动特性对比如图 2-42 所示。由升力系数对比可知,随着相位差的增加,翼型的失速迎角也随之增加,这是因为在翼型迎角增大过程中来流速度减小,并且随着相位差的增大,翼型失速迎角附近的来流速度减小,从而在一定程度上缓解了翼型前缘附近的逆压梯度,推迟了分离涡的生成与脱落。

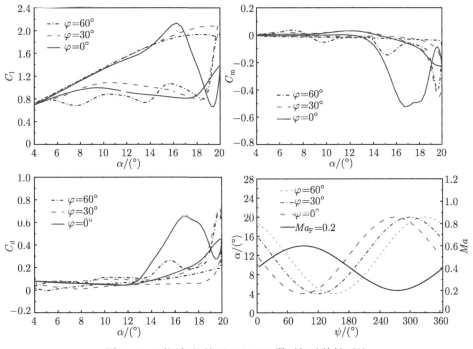

图 2-42 不同相位差下 OA-209 翼型气动特性对比

图 2-43 给出了翼型抬头过程中迎角为 13.11° 时,不同相位差下翼型表面压强系数对比。从图中可以看出,随着相位差的增加,翼型前缘附近的负压峰值逐渐减小,因此气流分离将被推迟,阻力系数和力矩系数的发散迎角有所增加。

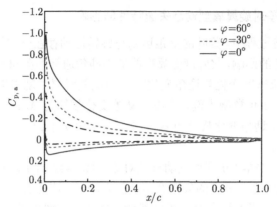

图 2-43 不同相位差下翼型表面压强系数对比 (迎角为 13.11°)

2.3.5 不同前缘外形对旋翼翼型动态失速特性的影响

由 2.2.2 节前缘外形对翼型动态失速特性的影响可知，前缘附近上表面外形对翼型动态失速特性有重要影响。因此，本节在 OA-209 翼型的基础上，通过翼型前缘上表面修型设计了两种翼型 M-OA-209-1 与 M-OA-209-2，分析前缘外形变化对变来流–变迎角状态下翼型动态失速特性的影响。算例中迎角变化规律为 $\alpha = 12° - 8°\sin(\omega t)$，缩减频率为 0.075，来流马赫数变化规律为 $Ma = 0.4 + 0.2\sin(\omega t)$。

图 2-44 给出了具有不同外形的翼型气动特性对比。从图中可以看出，修型后翼型的失速迎角增加，并且 M-OA-209-2 翼型的增量 (约 4.0°) 大于 M-OA-209-1 翼型的增量 (约 3.0°)，这是因为在大的前缘半径下，逆压梯度被有效削弱，进而延迟了气流分离。

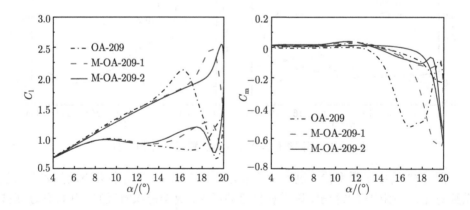

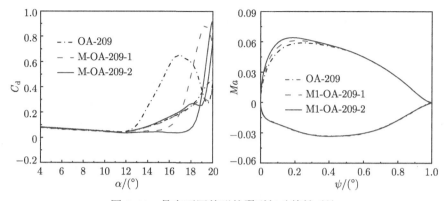

图 2-44　具有不同外形的翼型气动特性对比

图 2-45 给出了具有不同外形的翼型流线及压强云图对比。从图中可以看出，修改翼型的动态失速涡得到了有效减弱。此外，还可以看出，M-OA-209-2 翼型的气流分离从后缘开始，产生后缘分离涡，并且后缘分离涡的强度比 OA-209 翼型后缘涡强度更大。因此，在后缘涡的诱导作用下，翼型容易产生大的低头力矩，如图 2-44 所示。同时翼型阻力系数峰值也由于后缘分离涡的影响而增加，这是因为后缘分离涡长时间附着于翼型表面，加剧了气流分离。

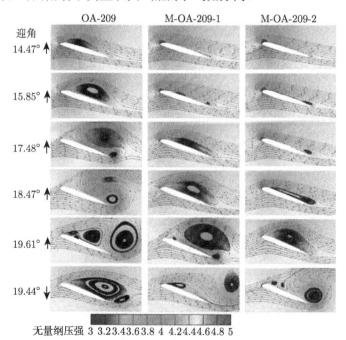

图 2-45　具有不同外形的翼型流线及压强云图对比 (见彩图)

2.3.6　三维状态下旋翼翼型动态失速特性

1) 定来流速度下旋翼翼型动态失速特性

忽略展向流和剖面来流速度变化引起的非定常效应, 对旋翼工作状态进行简化, 在悬停状态对桨叶施加周期变距, 同时不计入桨叶挥舞, 以更为直观地分析旋翼旋转环境下迎角变化对桨叶剖面翼型动态失速特性的影响。旋翼采用 2 片矩形桨叶, 展弦比为 10, 无负扭转, 桨叶由 NACA0012 翼型构成。计算状态参数: 旋翼桨尖马赫数为 $Ma_{\text{tip}} = 0.6$, 迎角变化规律为 $\alpha = 10° - 8° \sin(\omega t)$。

图 2-46 给出了旋翼桨叶在 270° 方位角处不同剖面的涡量分布。从图中可以看出, 越靠近桨尖, 翼型剖面的涡量越大, 这主要是因为越靠近桨尖, 桨叶剖面相对来流速度越大, 更容易发生前缘分离; 与此同时, 剖面来流速度越大, 前缘附近的逆压梯度也越大, 故分离涡的积累量也越大。此外, 还可以看出, 在桨尖位置有明显的桨尖涡存在。

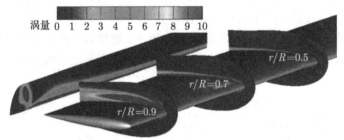

图 2-46　旋翼桨叶不同剖面的涡量分布 (定来流速度)(见彩图)

图 2-47 给出了桨叶上下表面的流线及压强云图。从图中可以看出, 气流从桨叶前缘向后缘流动时, 桨叶上下表面的流线均向桨尖位置倾斜, 这主要是由于气流黏性的影响, 桨叶附近的气流随桨叶的旋转而产生旋转运动, 进而引起了指向桨叶尖部的离心力, 从而产生了一定的展向流。

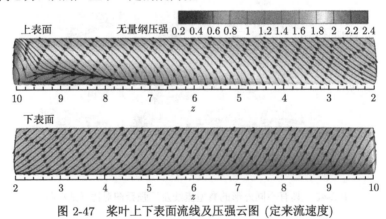

图 2-47　桨叶上下表面流线及压强云图 (定来流速度)

　　图 2-48 给出了旋翼桨叶不同剖面的升力系数对比,桨叶不同剖面的升力系数均以桨尖马赫数为标准进行无量纲化。从图中可以看出,整体而言,受到压缩性的影响,越靠近桨叶外部,升力系数的峰值越大。而在 $r/R = 0.95$ 剖面,由于桨尖卸载作用的影响,升力系数峰值反而小于 $r/R = 0.9$ 剖面的峰值。

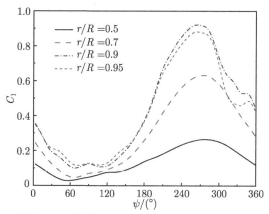

图 2-48　旋翼桨叶不同剖面的升力系数对比

　　图 2-49 给出了悬停状态下旋翼附近流场垂向速度分布云图。从图中可以看出,在 270° 方位角处 (对应于大迎角状态) 存在明显的下洗流,而且下洗速度为桨尖速度的 10% 左右。由于下洗流的存在,减小了旋翼桨叶的有效迎角,从而能够在一定程度上推迟桨叶剖面动态失速的发生,而且越靠近桨叶根部,由于旋翼旋转速度较低,下洗流引起的诱导迎角会越大,如 $r/R = 0.7$ 剖面的诱导迎角约为 $-8.13°$,$r/R = 0.5$ 剖面的诱导迎角约为 $-11.3°$。

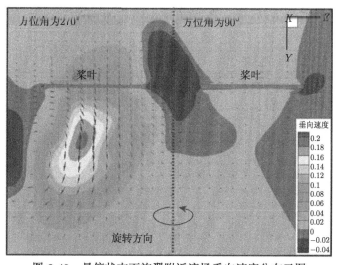

图 2-49　悬停状态下旋翼附近流场垂向速度分布云图

选取桨叶的四个不同展向剖面进行三维情形翼型动态失速特性分析，分别为 $r/R = 0.5$、0.7、0.9 和 0.95。不同剖面下的缩减频率计算表达式为

$$k = \frac{\omega c}{2V} = \frac{c}{2r} \tag{2.21}$$

桨叶不同剖面的来流与运动参数如表 2-4 所示。

表 2-4　桨叶不同剖面的来流与运动参数

参数	r/R			
	0.5	0.7	0.9	0.95
k	0.1	0.0714	0.0556	0.0526
Ma	0.3	0.42	0.54	0.57

图 2-50 给出了四个剖面的升力系数与相应二维翼型动态失速特性对比，翼型迎角变化规律为 $\alpha = 10° - 8° \sin(\omega t)$，来流马赫数与缩减频率分别与表 2-4 一致。从图中可以看出，二维翼型出现了较为明显的动态失速现象，而旋翼在总距为 10° 时没有出现明显的失速现象。这主要是因为在三维状态下，诱导速度的下洗作用使桨叶有效迎角减小，因此推迟了旋翼桨叶的气流分离；此外，由于桨叶表面附近的流体受到离心力作用而产生的展向流，进一步缓解了动态失速现象。

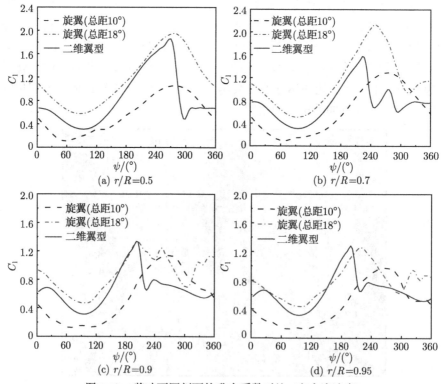

图 2-50　桨叶不同剖面的升力系数对比 (定来流速度)

由图 2-50 的分析可知，$r/R = 0.7$ 剖面诱导迎角约为 $-8.13°$，因此给旋翼增加 8° 总距，进行旋翼剖面动态失速特性与二维翼型情形对比。图 2-50 同时给出了增加总距后 (18°) 旋翼桨叶不同剖面的升力系数。可以看出，桨叶不同剖面的升力系数在绝大多数方位角处大幅增加，而且与二维状态下的计算结果更加接近。值得注意的是，在 $r/R = 0.5$ 剖面处，旋翼总距在 18° 时仍然没有出现明显的失速现象，这主要是由于在此剖面处旋转速度较小，从而诱导下洗流引起的迎角减小更大，延缓了失速的发生。此外，$r/R = 0.7$ 剖面处开始出现动态失速现象，但仍未表现出如二维翼型的明显动态失速特性。

图 2-51 给出了不同方位角处桨叶 $r/R = 0.9$ 剖面的压强系数对比。从图中可以看出，在 240°、270° 和 300° 方位角处，与 10° 总距时的压强系数相比，18° 总距时的压强系数与二维翼型动态失速时更加接近。在 330° 方位角处，当旋翼总距为 18° 时，由桨叶剖面的压强系数可以看出在前缘 ($0.2c$) 附近出现较明显的动态失速涡。

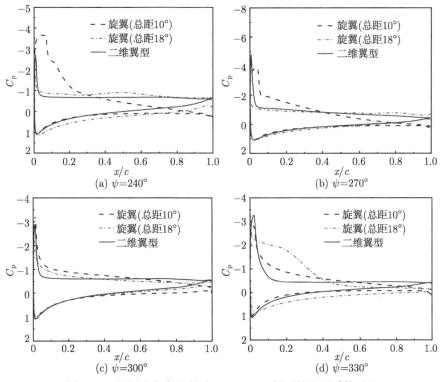

图 2-51　不同方位角处桨叶 $r/R = 0.9$ 剖面的压强系数对比

2) 变来流速度下旋翼翼型动态失速特性

为了分析旋翼在大速度前飞状态下的动态失速特性，本节针对旋翼在大前进

比状态下的动态失速特性进行阐述,仍采用悬停状态所用旋翼。计算状态参数:桨
尖马赫数为 $Ma_{\text{tip}} = 0.6$,前进比为 $\mu = 0.3$,迎角变化规律为 $\alpha = 10° - 8° \sin(\omega t)$。

图 2-52 给出了 270° 方位角处旋翼桨叶不同剖面的涡量分布。从图中可以看
出,越靠近桨尖,剖面的涡量越大,这主要是因为越靠近桨尖位置,剖面相对来流
速度越大,从而导致动态失速涡积累越大。此外,还可以看出,在桨尖位置有明显
的桨尖涡存在。与悬停状态下的动态失速特性相比,前飞状态下的涡量明显更小一
些,这主要是因为在前飞状态下,旋翼在 270° 方位角处的相对来流速度更小,因
此前缘附近的逆压梯度也更弱一些。

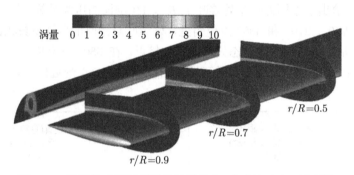

图 2-52   旋翼桨叶不同剖面的涡量分布 (变来流速度)(见彩图)

图 2-53 给出了 270° 方位角处桨叶上下表面的流线及压强云图。从图中可以
看出,气流从桨叶前缘向后缘流动时,受到展向流的影响,桨叶上下表面的流线均
向桨尖位置倾斜,而且由于前飞速度的影响,桨根位置处的流线倾斜角度更大。与
悬停状态相比,前飞状态下的前缘分离区更小,这主要是由于前飞状态下 270° 方
位角处旋翼桨叶的来流速度更小,从而缓解了气流的分离。

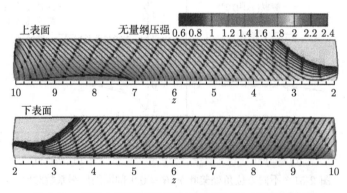

图 2-53   桨叶上下表面的流线及压强云图 (变来流速度)

图 2-54 给出了不同弦向剖面的气流展向速度 V_S (以桨尖速度为无量纲化标准) 分布对比, 其中展向速度选择为距离桨叶表面 0.001c 位置处的气流速度。从图中可看出, 在 $r/R = 0.2 \sim 0.85$ 展向范围内, 越靠近桨尖, 气流所受的离心力也越大, 因此在离心力的加速作用下, 气流展向速度也不断增加。而在 $r/R = 0.85 \sim 0.98$ 剖面, 气流展向速度却随展向位置的增加而减小, 这主要是由于桨尖涡的存在阻碍了气流的运动, 因为桨尖涡从桨叶下表面绕流到上表面时速度方向指向桨叶根部。从图中还可以看出, 在同一展向位置处, 气流展向速度随着弦向位置的增加而不断增加, 这是因为越靠近桨叶后缘, 气流所经过的加速路径越长, 受到离心力作用产生的展向速度也越大。

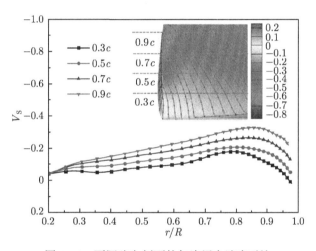

图 2-54　不同弦向剖面的气流展向速度对比

图 2-55 给出了三维旋翼不同剖面位置处翼型与二维翼型升力系数对比。二维翼型动态失速模拟的迎角变化规律为 $\alpha = 10° - 8° \sin(\omega t)$, 来流马赫数变化规律为 $Ma = 0.6r/R + 0.18 \sin(\omega t)$, 缩减频率与表 2-4 相同。从图中可看出, 与二维翼型相比, 三维旋翼的失速特性更加缓和, 在 $r/R = 0.5$ 和 0.7 剖面位置没有出现明显的气流分离与失速现象, 在 $r/R = 0.9$ 和 $r/R = 0.95$ 剖面位置出现了较弱的动态失速现象, 但失速的方位角与二维翼型相比更大。这主要是因为在三维状态下, 由于展向流及诱导速度的存在, 推迟了桨叶动态失速的发生。

从图 2-55 还可以看出, 在 $\mu = 0.3$ 状态下, 旋翼不同剖面的升力系数与 $\mu = 0$ (悬停) 状态时有明显区别, 越靠近桨根, 旋翼旋转引起的相对来流速度与前飞速度引起的相对来流速度的比值越小, 即前飞速度引起的桨叶剖面来流速度变化更加明显, 从而导致桨叶不同剖面的升力系数峰值出现了明显的增加。随着剖面位置向桨尖靠近, 不同前进比下桨叶不同剖面的升力系数差别逐渐减小, 这主要是因为在靠近桨尖位置处前飞速度的影响逐渐减小。

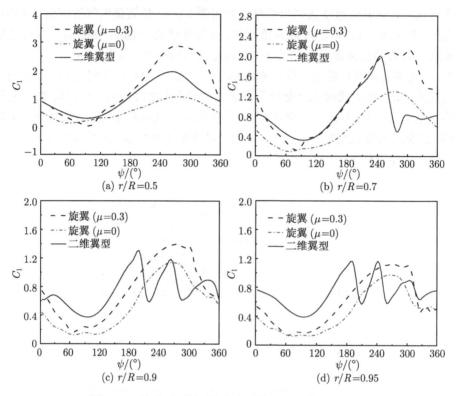

图 2-55　桨叶不同剖面的升力系数对比 (变来流速度)

参 考 文 献

史志伟. 2006. 非定常自由来流对模型动态气动特性影响的实验研究. 南京: 南京航空航天大学.

史志伟, 明晓, 王同光. 2008. 非定常自由来流对二维翼型气动特性的影响研究. 空气动力学学报, 26(4): 492-497.

王清, 招启军, 王博. 2016. 前缘外形对翼型动态失速特性影响分析. 南京航空航天大学学报, 48(2): 205-211.

王清, 招启军, 赵国庆. 2014. 旋翼翼型动态失速流场特性 PIV 试验研究及 L-B 模型修正. 力学学报, 46(4): 631-635.

王清, 招启军, 赵国庆. 2017a. 变来流速度下旋翼翼型非定常气动特性分析. 航空动力学报, 32(2): 364-372.

王清, 招启军, 赵国庆. 2017b. 旋翼动态失速力学机理及气动外形优化研究. 南京: 南京航空航天大学.

招启军, 徐国华. 2016. 直升机计算流体动力学基础. 北京: 科学出版社.

赵国庆. 2015. 直升机旋翼非定常动态失速的 CFD 模拟及其主动流动控制研究. 南京: 南京航空航天大学.

赵国庆, 招启军, 王清. 2015. 基于运动嵌套网格方法的旋翼翼型非定常动态失速特性模拟. 空气动力学学报, 33(1): 73-81.

Prouty R W. 1990. 直升机性能及稳定性和操纵性. 高正, 陈文轩, 王适存, 译. 北京: 航空工业出版社.

Abbott I H, von Doenhoff A E. 1949. Theory of Wing Sections, Including a Summary of Airfoil Data. New York: McGraw-Hill Book Co., Inc.

Baik Y S, Rausch J M, Bernal L P, et al. 2009. Experimental investigation of pitching and plunging airfoil at reynolds number between 1×10^4 and 6×10^4//Proceedings of the 39th AIAA Fluid Dynamics Conference, San Antonio.

Chandrasekhara M S, Ahmed S. 1991. Laser velocimetry measurements of oscillating airfoil dynamic stall flow field//Proceedings of the 22nd AIAA Fluid Dynamics, Plasma Dynamics & Lasers Conference, Honolulu: 24-26.

Dadone L U. 1976. US Army helicopter design datcom. Volume 1: Airfoils. ADA-033425.

Favier D, Maresca C, Rebont J. 1982. Dynamic stall due to fluctuations of velocity and incidence. AIAA Journal, 20(7): 865-871.

Favier D, Rebont J, Maresca C. 1979. Large-amplitude fluctuations of velocity and incidence of an oscillating airfoil. AIAA Journal, 17(11): 1265-1267.

Gharali K, Johnson D A. 2013. Dynamic stall simulation of a pitching airfoil under unsteady freestream velocity. Journal of Fluids and Structures, 42: 228-244.

Glauert H. 1947. The Elements of Airfoil and Aircrew Theory. Cambridge: Cambridge University Press.

Gomporta K A, Jenson C D, Gregory J W, et al. 2012. Compressible dynamic stall mechanisms due to airfoil pitching and freestream Mach oscillations//Proceedings of the 68th Annual Forum of the American Helicopter Society, Fort Worth: 266-284.

Gompertz K, Kumar P, Jensen C, et al. 2011. Modification of a transonic blowdown wind tunnel to produce oscillating freestream Mach number. AIAA Journal, 49(11): 2555-2563.

Greenblatt D. 2015. Unsteady low-speed wind tunnel design//The 31st AIAA Aerodynamic Measurement Technology and Ground Testing Conference, Dallas.

Greenblatt D. 2016. Unsteady low-speed wind tunnels. AIAA Journal, 54(6): 1817-1830.

Gursul I, Ho C M. 1992. High aerodynamic loads on an airfoil submerged in an unsteady stream. AIAA Journal, 30(4): 1117-1119.

Gursul I, Lin H, Ho C M. 1994. Effects of time scales on lift of airfoils in an unsteady stream. AIAA Journal, 32(4): 797-801.

Ham N D. 1968. Aerodynamic loading on a two-dimensional airfoil during dynamic stall.

AIAA Journal, 6(10): 1927-1934.

Ham N D, Young M I. 1966. Torsional oscillation of helicopter blades due to stall. Journal of Aircraft, 3(3): 218-224.

Hird K, Frankhouser M W, Gregory J W, et al. 2014. Compressible dynamic stall of an SSC-A09 airfoil subjected to coupled pitch and freestream Mach oscillations//The 70th Annual Forum of American Helicopter Society, Montréal: 3049-3061.

Hird K, Frankhouser M W, Naigle S, et al. 2015. Study of an SSC-A09 airfoil in compressible dynamic stall with freestream Mach oscillations//The 71th Annual Forum of American Helicopter Society, Virginia Beach: 722-731.

Johnson W. 1999. CAMRAD II components theory, volume II. Johnson Aeronautics, Palo Alto.

Kaplan C. 1946. Effect of compressibility at high subsonic velocities on the lifting force acting on an elliptic cylinder. NACA TR-834.

Leishman J G. 2006. Principles of Helicopter Aerodynamics. 2nd ed. Cambridge: Cambridge University Press.

Leishman J G, Beddoes T S. 1989. A Semi-empirical model for dynamic stall. Journal of the American Helicopter Society, 34: 3-17.

McCroskey W J, Philippe J J. 1975. Unsteady viscous flow on oscillating airfoils. AIAA Journal, 13(1): 71-79.

Medina A, Ol M V, Greenblatt D, et al. 2018. High-amplitude surge of a pitching airfoil: Complementary wind- and water-tunnel measurements. AIAA Journal, 56(4): 1703-1709.

Mulleners K, Kindler K, Raffel M. 2012. Dynamic stall on a fully equipped helicopter model. Aerospace Science and Technology, 19: 72-76.

Naughton J, Strike J, Hind M, et al. 2013. Measurements of dynamic stall on the DU wind turbine airfoil series//Proceedings of the 69th Annual Forum of the American Helicopter Society, Phoenix: 2663-2676.

Strangfeld C, Müller-Vahl H, Greenblatt D, et al. 2014. Airfoil subjected to high-amplitude free-stream oscillations: theory and experiments//The 7th AIAA Theoretical Fluid Mechanics Conference, Atlanta.

Terry L H. 1987. Viscous transonic airfoil workshop compendium of results. AIAA Paper, 87-1460.

Wang Q, Zhao Q J. 2016a. Experiments on unsteady vortex flowfield of typical rotor airfoils under dynamic stall conditions. Chinese Journal of Aeronautics, 29(2): 358-374.

Wang Q, Zhao Q J. 2016b. Unsteady aerodynamic characteristics investigation of rotor airfoil under variational freestream velocity. Aerospace Science and Technology, 58: 82-91.

Yevgeni F, Müller-Vahl H, Greenblatt D. 2013. Development of a low-speed oscillatory-flow wind tunnel//The 51st AIAA Aerospace Sciences Meeting including the New Horizons Forum and Aerospace Exposition, Grapevine (Dallas/Ft. Worth Region).

Zhao Q J, Zhao G Q, Wang B, et al. 2018. Robust Navier-Stokes method for predicting unsteady flowfield and aerodynamic characteristics of helicopter rotor. Chinese Journal of Aeronautics, 31(2): 214-224.

Zhu W, Harter B, Gregory J W, et al. 2018. Characterizing wave propagation in an unsteady transonic wind tunnel//Aerodynamic Measurement Technology and Ground Testing Conference, Atlanta.

第3章 旋翼翼型气动设计方法

翼型设计是直升机旋翼气动设计的基础与核心，高性能的旋翼设计离不开先进的专用翼型。然而，旋翼气流环境极为复杂，旋翼桨叶剖面翼型面临复杂的非定常来流环境，旋转一周过程中可能经历强压缩性效应、变来流、展向流与动态失速等流动跨度大的气动问题，这就要求旋翼翼型的气动特性在宽马赫数、宽迎角及宽雷诺数范围内满足旋翼气动性能的需求。目前针对旋翼专用翼型设计主要采用多状态 (静态)、多目标 (升阻特性等) 的优化手段，但仍以定常状态的设计为主，很难充分体现来流--运动耦合情形下旋翼翼型的非定常气动特性，与旋翼实际工作环境对旋翼翼型气动特性的需求不完全一致。因此，针对变来流--变迎角状态下的旋翼翼型气动设计很有必要，但尚处于起步阶段。

本章主要针对旋翼翼型气动外形设计准则及常用的优化设计方法与反设计方法进行介绍。同时，考虑到旋翼翼型工作时的非定常来流特点与复杂运动特征，阐述基于非定常气动特性的旋翼翼型设计新方法。

3.1 旋翼翼型设计的发展

随着军民用领域对直升机性能要求的逐步提高，旋翼翼型设计的发展也经历了若干阶段。早期直升机飞行速度较低，对旋翼翼型的气动特性考虑较少，旋翼多采用对称翼型，如 NACA0012 翼型等，该类翼型的升力、阻力及力矩等气动特性在不同来流速度条件下具有较好的折中表现，因此对称翼型在直升机发展初期得到了广泛应用。但是由于大迎角状态下对称翼型上表面容易发生气流分离，在 20 世纪 60 年代，国外通过前缘下垂的方式改善对称翼型在大迎角状态下的气动性能，这种设计在提升翼型最大升力系数的同时保持了较小的零升力矩系数和阻力系数。随着直升机飞行速度的逐渐提高，前飞状态旋翼前行桨叶桨尖局部马赫数接近于 1，为改善桨尖在大来流速度下的气动特性，需通过气动外形设计提高翼型阻力发散马赫数，因此基于 "超临界翼型" 理论的新型旋翼专用翼型的设计应运而生。随着直升机飞行速度提升对旋翼气动性能要求的逐步提高，对旋翼翼型的气动性能提出了新的设计要求，随之关于旋翼翼型的设计也逐渐成为直升机气动设计的一个重要研究方向。例如，美国著名纵列式双旋翼直升机 "支奴干"(CH-47) 型号发展中的一个重要方面就是旋翼翼型的改进设计。

　　国外在旋翼专用翼型设计方面的研究起步较早，且已取得了显著成果，很多发达国家都已建立起各自的直升机专用翼型系列，并应用于直升机型号 (Dadone，1975，1978；Prouty，1986)。美国波音公司研发了 VR 系列翼型并已用于 CH-47 等多种直升机，图 3-1 给出了波音公司的 VR 翼型系列及其在“支奴干”直升机旋翼上的应用情况 (Sandford and Belko，1982)。最新的 VR-12 和 VR-15 翼型设计原则是阻力发散马赫数最大，并且在满足悬停性能指标和操纵载荷约束的同时，获得低马赫数下的最大升力系数。

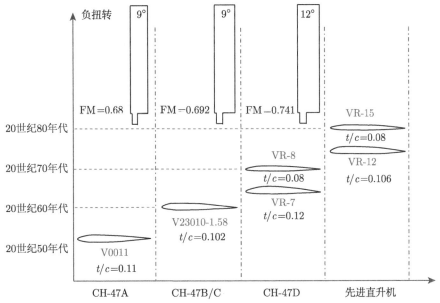

图 3-1 “支奴干”直升机型号发展中的翼型改进 (Sandford and Belko，1982)

　　西科斯基公司发展的 SC 系列翼型应用于著名的 UH-60A“黑鹰”直升机，如图 3-2 所示 (Totah，1993)，其中 SC1094-R8 翼型是在 SC1095 翼型基础上增加了前缘下垂，以改进旋翼 (翼型) 的气动性能。法国 ONERA 设计的 OA 系列翼型 (Thibert and Gallot，1977) 已在 EC-120、EC-145 等多种直升机型号上使用。英国的 RAE 系列翼型 (Wilby，1980，1998) 已应用于著名的“山猫”直升机 BERP 桨尖旋翼上。德国航空宇航中心 (Deutsches Zentrum für Luft-and Raumfahrt，DLR) 发展了 DM 系列翼型 (Horstmann et al.，1984)，已配置于 EC-135 及 EC-665“虎”式直升机。俄罗斯中央空气流体动力研究院研发的 TsAGI 系列翼型在 Mi 系列直升机上得到了应用 (王适存，1992)。这些翼型在改善直升机气动性能 (如提高旋翼拉力、降低旋翼噪声水平、改善旋翼失速特性等) 方面起到了至关重要的作用。

　　图 3-3 为 ONERA 设计的 OA-2 系列翼型，该翼型系列的设计准则是在低马赫数下具有较高的升力系数与较高的阻力发散马赫数。OA-206 翼型类似于超临界

翼型,有较高的阻力发散马赫数,能较好地改善旋翼在前行侧的气动性能。OA-209 翼型兼顾了前行桨叶和后行桨叶的要求,其在低马赫数下的最大升力系数与 NACA0012 翼型相当,而阻力发散马赫数有所提高。ONERA 应用二维分离流动理论和势流/附面层迭代方法,采用数值优化设计技术发展了 OA-3 系列翼型。20 世纪 90 年代,ONERA 采用超临界自然层流翼型设计技术,相继发展了 OA-4 和 OA-5 系列旋翼翼型,其中最新发展的 OA-5 系列旋翼翼型的主要设计目标是在保持其他气动性能的同时减小阻力。

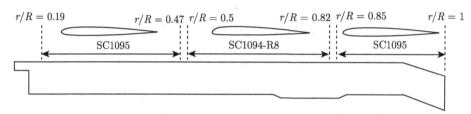

图 3-2　UH-60A 直升机旋翼桨叶及其翼型配置

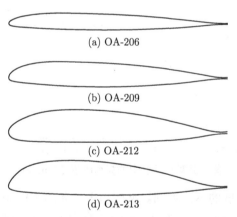

(a) OA-206

(b) OA-209

(c) OA-212

(d) OA-213

图 3-3　ONERA 的 OA-2 系列直升机专用翼型

20 世纪 60 年代,RAE 和韦斯特兰直升机公司合作,研制出前缘弯曲的 RAE (NPL) 系列翼型,如图 3-4 所示 (Wliby,1980,1998)。相对于 NACA0012 翼型,RAE 翼型的力矩得到有效控制,最大升力系数与阻力发散马赫数均有所提高。其中 RAE9645 翼型的相对厚度为 0.12,翼型后缘略向上,最大升力系数比 NACA0012 翼型提高了近 30%;RAE9648 翼型的相对厚度同样为 0.12,翼型后缘向上弯曲更大,能明显提高抬头力矩,同时保留了 RAE9645 翼型的大部分优点;RAE9634 翼型的相对厚度为 0.085,具有较高的阻力发散马赫数,从而有助于减小跨声速流动的影响,并在尽可能高的马赫数下维持较小的低头力矩。BERP Ⅲ 桨叶采用了 RAE 系列翼型配置,装备 BERP Ⅲ桨叶的 "山猫" 直升机在 1986 年创造了 400.87km/h 的单旋翼带尾桨直升机飞行速度纪录 (Perry, 1987)。图 3-5 给出了 RAE 系列旋翼专用翼型在 BERP 桨叶上的应用。

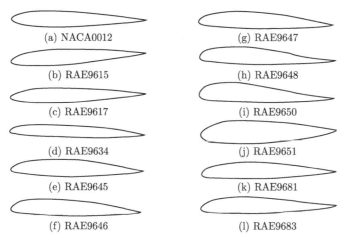

图 3-4 RAE 系列直升机旋翼专用翼型

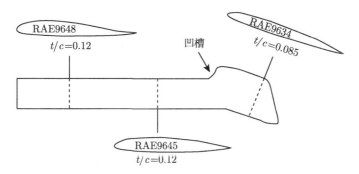

图 3-5 RAE 系列旋翼专用翼型在 BERP 桨叶上的应用

3.2 旋翼翼型设计准则

如前面所述，直升机在前飞时旋翼前行侧与后行侧所处的气流环境严重不对称。前行侧剖面的来流速度为旋转速度与前飞速度之和，靠近桨叶外段为跨声速；而后行侧剖面的来流速度为旋转速度与前飞速度之差，靠近桨根处甚至出现反流区。图 3-6 给出了直升机旋翼桨尖部分在前飞状态下的升力系数与马赫数的关系。从图中可以看出，前行侧桨叶工作在低拉力 (小迎角)–高亚声速或跨声速状态，后行侧桨叶工作在低马赫数–高升力状态。

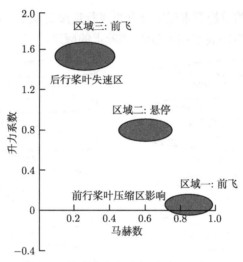

图 3-6　旋翼桨尖部分气动环境示意图

直升机的总体性能主要包括机动性、可操纵性和续航能力等,不同的总体性能对旋翼的气动特性有不同的要求,因此对旋翼翼型气动特性的需求也各不相同。直升机总体性能对旋翼翼型气动特性的要求如表 3-1 所示。

表 3-1　直升机总体性能对旋翼翼型气动特性的要求

直升机总体性能	旋翼翼型气动特性需求
高机动、大过载	高最大升力系数
大飞行速度	高阻力发散马赫数
强续航能力	高升阻比
易操纵	低力矩系数
满足结构、强度要求	足够的厚度和截面积

直升机在不同飞行状态下,旋翼的气动环境与气动特性差异较大,因此旋翼翼型的气动特性在满足总体性能要求的同时,还要满足不同工作状态的气动性能需求。直升机垂直飞行 (包括悬停)、前飞、机动飞行等不同飞行状态对旋翼翼型气动特性的要求如表 3-2 所示。

表 3-2　直升机不同飞行状态对旋翼翼型气动特性的要求

飞行状态	旋翼翼型气动特性需求
垂直飞行	高升阻比、低阻力
前飞	前行侧低阻力 (高阻力发散马赫数)、后行侧高升力
机动飞行	高最大升力系数

综上所述,直升机旋翼翼型要在大的马赫数与雷诺数范围、大的迎角范围内均具有良好的气动特性,主要表现为高最大升力系数、低力矩系数、低阻力系数及良

好的失速特性等 (王适存和徐国华, 2001), 具体体现在以下方面:

(1) 在较宽的马赫数范围内, 有较高的静态和动态最大升力系数, 以适应机动过载状态。

(2) 在较大马赫数及小迎角状态下, 有较大的阻力发散马赫数, 以推迟前行桨叶激波失速和阻力发散。

(3) 在中等马赫数及中等迎角状态下, 有较高的升阻比, 以提高旋翼的悬停效率。

(4) 在较小马赫数及大迎角状态下, 有较好的失速特性, 以延缓后行桨叶的气流分离。

(5) 在整个飞行包线内, 有较小的力矩系数, 以降低桨叶的操纵载荷。

此外, 不同类型的直升机对旋翼性能的侧重也有所不同, 其对旋翼气动特性的要求也有差异。对于中型运输直升机 (如 UH-60A), 要求有较大的运输载荷及良好的操纵性, 相应的旋翼翼型在设计时需要考虑高升阻比及低力矩系数等气动特性; 对于武装直升机, 则要求具备高机动性与大载荷能力, 因此在旋翼翼型设计时需将提高静态和动态最大升力系数作为主要设计目标。

表 3-3 为 NASA 提出的旋翼翼型设计的 12 项指标 (Dadone, 1978), 将 12 项指标按照三大层级进行了设计目标优先级排序。第一层级, 要求翼型具有高的最大升力系数、高阻力发散马赫数和低零升力矩系数, 以满足旋翼气动性能与操纵特性要求。第二层级和第三层级对翼型的升、阻特性和失速特性进一步提出了要求, 以进一步提高旋翼的气动性能。

表 3-3　NASA 提出的旋翼翼型设计指标

气动力系数	第一层级	第二层级	第三层级
C_l	(2) 目标: $C_{l,\max} \geqslant 1.5$ 状态: $Ma = 0.3$	(6) 目标: $C_l > 1.5$ 状态: $Ma = 0.5$; $C_d = 0.05$	(11) 目标: 缓和的失速特性 状态: $0.3 \leqslant Ma \leqslant 0.4$
C_d	(3) 目标: $Ma_{DD} \geqslant 0.81$ 状态: $C_l = 0$	(5) 目标: $C_d \leqslant 0.008$ 状态: $Ma = 0.6$; $C_l = 0.6$ (8) 目标: $C_d \leqslant 0.01$ 状态: $Ma = Ma_{DD} + 0.02$; $C_l = 0$	(12) 目标: $C_d \leqslant 0.007$ 状态: $Ma \leqslant Ma_{DD} - 0.1$; $C_l = 0.6$
C_m	(1) 目标: $C_m \leqslant 0.01$ 状态: $Ma = 0.3$; $C_l = 0$ (4) 目标: $C_m \leqslant 0.015$ 状态: $Ma \leqslant 0.7$; $C_l = 0$	(7) 目标: $C_m \leqslant 0.02$ 状态: $Ma = 0.3$; $0 \leqslant C_l \leqslant 1.0$	(10) 目标: $-0.04 \leqslant Ma^2 C_m \leqslant 0.01$ 状态: $Ma \leqslant Ma_{DD}$; $C_l = 0$ (9) 目标: $Ma_T \geqslant Ma_{DD}$

注: Ma_{DD} 为阻力发散马赫数, 即迎角不变、$\mathrm{d}C_d/\mathrm{d}Ma = 0.1$ 时的马赫数; Ma_T 为 $\mathrm{d}C_m/\mathrm{d}Ma = 0.25$、$C_l = 0$ 时的马赫数; $1 \sim 12$ 表示目标的优先级。

表 3-4 给出了波音公司和工业界提出的直升机旋翼翼型设计指标 (Dadone, 1976; 李萍等, 2007)。其中, 波音公司针对旋翼中段和桨尖部分的翼型分别提出了不同的设计目标。总的来说, 设计目标要求中段翼型具有高升力和低力矩特性, 尖部翼型具有高阻力发散马赫数和良好的失速特性。随着优化设计方法的发展, 为了进一步提高旋翼的气动性能, 工业界对旋翼翼型的最大升力系数、阻力系数及阻力发散马赫数提出了更高的要求。

表 3-4　波音公司和工业界提出的直升机旋翼翼型设计指标

飞行状态	翼型设计变量	设计目标		工业界
		波音公司		
		中段	桨尖段 ($r/R = 0.95$)	
前飞和 机动飞行	$Ma = 0.4$ 时的 $C_{l,max}$	$\geqslant 1.4$	$\geqslant 1.1$	尽可能达 $1.8 \sim 2.2$
	低马赫数时的 C_{m0}	0.01	0.02	$-0.2 < C_{m0} < 0$
	$C_l = 0$ 时的 Ma_{DD}	$\geqslant 0.76$	$\geqslant 0.83$	尽可能高
前飞和悬停	$Ma = 0.5$ 时的 $C_{l,max}$	1.5	$\geqslant 1.1$	尽可能大于 1.8
	失速类型	后缘失速	后缘失速或薄翼	后缘失速但不总是作为标志
悬停	$r/R = 0.75$ 处, $C_l = 0.6$, $Ma = 0.6$ 时的 C_d	0.0085	0.007	尽可能低
几何外形, 相对厚度 t/c		0.12	$0.06 \sim 0.08$	约 0.10

表 3-5 为 ONERA 提出的直升机旋翼翼型设计目标 (Thibert and Pouradier, 1980), 针对桨叶内段、中段及桨尖段在不同飞行状态下提出了具体的要求。其中, 桨叶内段翼型较厚, 需具有高升力系数与低力矩系数, 以满足机动飞行时的气动性能和操纵要求; 桨尖段翼型要求具有高阻力发散马赫数与大升阻比, 从而满足悬停和前飞时的气动性能要求; 桨叶中段翼型则要求同时具有较高的升力系数、阻力发散马赫数及升阻比。

表 3-5　ONERA 提出的直升机旋翼翼型设计目标

飞行状态	优先的气动力系数	桨叶内段 ($r/R = 0 \sim 0.8$)		桨叶中段 ($r/R = 0.8 \sim 0.9$)	桨尖段 ($r/R = 0.9 \sim 1.0$)	
前飞	$C_l = 0$ 时的 Ma_{DD}	$\geqslant 0.75$	$\geqslant 0.80$	$\geqslant 0.85$	$\geqslant 0.90$	$\geqslant 0.92$
	$|C_{m0}|$	$\leqslant 0.01$	$\leqslant 0.01$	$\leqslant 0.01$	$\leqslant 0.01$	$\leqslant 0.01$
悬停	$Ma = 0.5 \sim 0.6$, $C_l = 0.6$ 时的 L/D	$\geqslant 80$	$\geqslant 75$	$\geqslant 80$	$\geqslant 85$	$\geqslant 85$
机动飞行	$Ma = 0.3$ 时的 $C_{l,max}$		$\geqslant 1.5$	$\geqslant 1.4$	—	—
	$Ma = 0.4$ 时的 $C_{l,max}$	$\geqslant 1.6$	—	$\geqslant 1.3$	$\geqslant 1.0$	$\geqslant 0.95$
	$Ma = 0.5$ 时的 $C_{l,max}$		$\geqslant 1.3$	—	—	—
几何外形, 相对厚度 t/c		0.13	0.12	0.09	0.07	0.06

3.3 翼型参数化方法

翼型气动优化的一个重要环节就是外形参数化，即用有限的参数描述翼型的曲线外形。一种好的参数化方法应该能用尽量少的参数来尽可能准确地描述翼型的气动外形。本节针对 Hicks-Henne(H-H) 函数、类别形状转换 (class-shape-transformation, CST) 方法、Bezier 曲线等几种翼型参数化方法进行阐述与分析。

3.3.1 Hicks-Henne 函数

在翼型优化设计中，Hicks-Henne 参数化方法 (Hicks and Henne，1978) 是一种较常用的方法，即用 Hicks-Henne 函数叠加到基准翼型上来得到新的翼型。设描述基准翼型的翼型上、下表面的函数分别为 $f_{\text{base\_u}}(x)$ 与 $f_{\text{base\_d}}(x)$，由此可以得到翼型的基准厚度函数为

$$f_{\text{base\_thick}}(x) = (f_{\text{base\_u}}(x) - f_{\text{base\_d}}(x))/2 \tag{3.1}$$

基准弯度函数为

$$f_{\text{base\_camber}}(x) = (f_{\text{base\_u}}(x) + f_{\text{base\_d}}(x))/2 \tag{3.2}$$

在基准厚度函数和基准弯度函数上叠加 Hicks-Henne 函数可以得到新的厚度函数和弯度函数，即

$$f_{\text{new\_thick}}(x) = f_{\text{base\_thick}}(x) + \sum_{k=1}^{n/2} \delta_k f_k(x) \tag{3.3}$$

$$f_{\text{new\_camber}}(x) = f_{\text{base\_camber}}(x) + \sum_{k=n/2+1}^{n} \delta_k f_k(x) \tag{3.4}$$

式中，n 为参数个数；δ_k 为 Hicks-Henne 函数的系数，在这里取为设计变量；$f_k(x)$ 为 Hicks-Henne 函数，具体表达式为

$$f_k(x) = \sin^3(\pi x^{e(k)}) \tag{3.5}$$

式中，$e(k) = \dfrac{\ln 0.5}{\ln x_k}, 0 < x_k < 1$。

由新的厚度函数和弯度函数可以生成新的翼型，其上翼面和下翼面的坐标可分别表示为

$$f_{\text{new\_u}} = f_{\text{new\_camber}}(x) + f_{\text{new\_thick}}(x) \tag{3.6}$$

$$f_{\text{new\_d}} = f_{\text{new\_camber}}(x) - f_{\text{new\_thick}}(x) \tag{3.7}$$

3.3.2   CST 方法

Hicks-Henne 函数方法虽然简单方便，但是存在一定的缺陷，即在翼型后缘的描述上敏感度不高，这一缺陷将在一定程度上影响到翼型优化结果。为此，Kulfan 和 Bussoletti (2006) 提出了 CST 方法。CST 利用多项式拟合的方法，翼型的上下翼面坐标可分别表示为

$$
\begin{cases}
\psi_u(\zeta) = C(\zeta) \sum_{i=0}^{n} A_u^i S_i(\zeta) + \zeta \Delta z_u \\
\psi_l(\zeta) = C(\zeta) \sum_{i=0}^{n} A_l^i S_i(\zeta) + \zeta \Delta z_l
\end{cases}
\tag{3.8}
$$

式中，$\psi = y/c$ 为通过翼型弦长无量纲化后的纵坐标；$\zeta = x/c$ 为无量纲化后的横坐标；$\Delta z_u = y_{u_{\mathrm{TE}}}/c$ 为翼型上表面后缘厚度比；$\Delta z_l = y_{l_{\mathrm{TE}}}/c$ 为翼型下表面后缘厚度比；$C(\zeta) = \zeta^{N_1}(1-\zeta)^{N_2}$ 称为类函数 (class function)，对于圆头的翼型，$N_1 = 0.5$，$N_2 = 1$；A_u^i 和 A_l^i 为控制翼型上下表面外形的系数；$S_i(\zeta)$ 为形函数 (shape function)，选择伯恩斯坦多项式，即

$$
S_i(\zeta) = \frac{n!}{i!(n-1)!} \zeta^i (1-\zeta)^{n-i}
\tag{3.9}
$$

式中，n 为多项式的阶数。

检验表明，对于相对简单的翼型几何外形，多项式的阶数大于 4 即可以满足精度要求 (Ceze, 2009)。通过控制系数 A_u^i 和 A_l^i，即可以确定翼型的几何外形。因此在优化过程中，该系数可以设置为设计变量，通过优化该系数来获得新的翼型外形。图 3-7 给出了采用 5 阶伯恩斯坦多项式对 NACA0012 翼型及 SC1095 翼型的拟合结果，上下翼面各布置 6 个设计变量，总共 12 个设计变量。从图中可以看出，采用的 CST 方法能够通过较少的特征参数精确地拟合出不同旋翼翼型的气动外形。

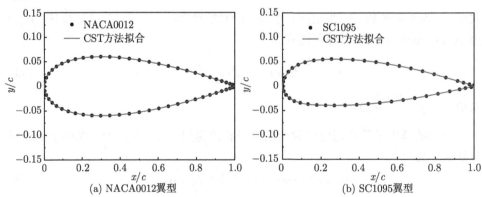

图 3-7   不同翼型采用 CST 方法的拟合结果

3.3.3 Bezier 曲线

Bezier 曲线在工程设计中的应用较多, 具有很好的通用性, 因此也常用来进行旋翼翼型气动外形的参数化研究。Bezier 曲线基函数的表达式为

$$F_{k,n}(t) = \frac{1}{n!} \sum_{j=0}^{n-k} (-1)^j C_{n+1}^j (t+n-k-j)^n \tag{3.10}$$

式中, n 表示曲线的阶数, 在二次 B 样条曲线中, $n=2$, 则 $k=0,1,2$, 故其基函数形式为

$$\begin{aligned}
F_{0,2}(t) &= \frac{1}{2}(t-1)^2 \\
F_{1,2}(t) &= \frac{1}{2}(-2t^2+2t+1) \\
F_{2,2}(t) &= \frac{1}{2}t^2
\end{aligned} \tag{3.11}$$

通常情况下, 基函数和控制点的坐标无关, 输入的变量 t 控制在 $[0,1]$ 内即可。在此基础上进行曲线计算, 如:

$$P(t) = \sum_{i=0}^{3} P_i B_{i,3}(t) = (1-t)^3 P_0 + 3t(1-t)^2 P_1 + 3t^2(1-t)P_2 + t^3 P_3, \quad t \in [0,1] \tag{3.12}$$

将式 (3.12) 变成分量形式, 即

$$\begin{cases}
x = (1-t)^3 x_0 + 3t(1-t)^2 x_1 + 3t^2(1-t)x_2 + t^3 x_3 \\
y = (1-t)^3 y_0 + 3t(1-t)^2 y_1 + 3t^2(1-t)y_2 + t^3 y_3
\end{cases} \tag{3.13}$$

3.4 基于遗传算法的翼型静态优化设计方法

采用遗传算法模仿生物进化进程, 在种群遗传和变异过程中, 根据适者生存、优胜劣汰的自然法则产生下一代种群, 其基本原理是将信息用编码包含在第一代基因中, 通过基因复制、基因混合和基因变异的综合作用产生性能超群的后代, 最后得到优化解。遗传算法能得到优化问题的全局性最优解, 非常适用于存在多极值的目标函数优化问题。由于对目标函数的性质 (如可微性、连续性等) 几乎没有要求, 且可以记录多个解, 遗传算法很好地适用于多目标优化问题。

然而, 遗传算法的全局寻优、多目标优化等优势建立于大量计算基础之上, 种群空间与进化代数都会影响优化效率。对于直升机旋翼气动外形优化设计问题, 初始群体的选取和群体的大小会直接影响进化的代数, 群体的维数越大则代表性越

广泛，最终进化到最优解的可能性越大。但采用 Euler 方程或 N-S 方程进行旋翼非定常流场模拟需耗费大量时间，维数大的群体势必造成计算时间的剧增，这在很大程度上制约了遗传算法在旋翼气动外形设计方面的应用。因此，可以采用代理模型方法进行样本空间构建，利用函数拟合的方式来替代耗时的 CFD 计算过程，如径向基函数和 Kriging 模型等。

本节以中型运输直升机 UH-60A 旋翼的专用翼型 SC1095 为基准，采用遗传算法开展翼型的多目标优化设计，阐述翼型优化设计过程中目标函数、约束条件等设计函数的构建方法，并对优化翼型的动态气动特性进行分析。

3.4.1　设计目标与约束条件

对于中型运输直升机，良好的总体性能要求有较大的有效载荷和良好的操纵性，相应的旋翼和翼型需要具有高升阻比与低力矩系数等气动特性，其中，桨叶中段的气动特性尤为重要，因为这部分桨叶提供了很大部分的升力，而且在很大程度上影响到桨叶的阻力及力矩。结合国内外一些著名直升机研究机构的研究结果，本节以中型运输直升机旋翼桨叶中段翼型为例进行优化设计。表 3-6 给出了翼型设计状态、目标函数及约束条件。

表 3-6　翼型设计状态、目标函数及约束条件

设计状态	设计点	目标函数	约束条件
状态 1	$Ma = 0.3$ $C_l = 0,\ \alpha = -0.7°$	$\|C_m\| < \|C_{m0}\|$	$C_d < C_{d0}$ $C_l > C_{l0}$
状态 2	$Ma = 0.4$ $\dfrac{\mathrm{d}C_l}{\mathrm{d}\alpha} = 0$ $\alpha = 11.5°$	$C_{l,\max} > C_{l,\max,0}$	$C_d < C_{d0}$ $\|C_m\| < \|C_{m0}\|$
状态 3	$Ma = 0.6$ $\alpha = 4.0°$	$C_d < C_{d0}$	$\|C_m\| < \|C_{m0}\|$ $C_l > C_{l0}$

注：下标 0 表示初始翼型的气动参数。

对于多目标优化问题，通常以权重因子的方法对各目标参数进行综合。然而，由于力矩系数、阻力系数比升力系数小一个甚至几个数量级，采用固定权重系数难以保证各个变量之间的变化程度相似或相近。因此，采用对数函数组合方法来反映多设计目标。对数函数可将量值较大的目标函数缩小为较小的数值，从而保证各个目标函数处于相同数量级上，以便在优化过程中对各个设计目标在综合目标函数中所占的权重进行均衡。王清和招启军 (2016) 提出一种综合翼型气动特性优化的目标函数，可表述为

$$\text{Min} \quad \lg\left(1 + \left|\frac{C_m^1}{C_{m0}^1}\right|\right) + \lg\left(1 + \frac{C_{l0}^2}{C_l^2}\right) + \lg\left(1 + \frac{C_d^3}{C_{d0}^3}\right) \tag{3.14}$$

式中，上标 1~3 表示对应的设计状态；下标 0 表示初始翼型的气动特性参数。

约束条件除了表 3-6 中的气动约束条件外，还应考虑结构及强度的要求，因此需要额外增加翼型厚度约束和面积约束，即

$$\text{s.t.} \quad \begin{cases} A \geqslant 0.95A_0 \\ 0.95T_0 \leqslant T \leqslant 1.1T \end{cases} \tag{3.15}$$

式中，A 表示翼型面积；T 表示翼型最大厚度；下标 0 表示初始翼型的参数。

3.4.2 翼型优化结果与分析

结合 CFD 计算的实际情况，种群规模设置为 50，进化代数设置为 30 代。图 3-8 给出了翼型优化收敛历程及优化翼型与初始 SC1095 翼型的几何外形对比。从图 3-8(a) 中可以看出，适应度函数 FIT(X) 逐渐增大到 0.32，并且在 14 代以后趋于稳定。遗传算法开始时适应度函数接近于 0，是因为初始优化时不满足约束条件，导致适应度函数计算中的多个罚因子被激活。从图 3-8(b) 可以看出，优化翼型的弯度大于 SC1095 翼型的弯度，使翼型具有更大的升力系数。同时最大厚度也有所增大 (由 0.095 增加到 0.098)，并且最大厚度位置前移 (由距前缘 0.26c 处移动至距前缘 0.24c 处，c 为翼型弦长)。

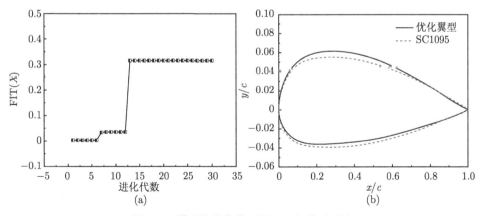

图 3-8 翼型优化收敛历程及几何外形对比

表 3-7 给出了优化翼型与 SC1095 翼型气动特性对比。可以看出，优化翼型在状态 1 的力矩系数减小了 42.8%，在状态 2 的升力系数增加了 3.8%，在状态 3 的阻力系数减小了 7.5%。

表 3-7　优化翼型与 SC1095 翼型气动特性对比

设计状态	优化翼型	SC1095 翼型	增幅/%
状态 1 (C_m)	−0.0087	−0.0152	−42.8
状态 2 (C_l)	1.325	1.276	+3.8
状态 3 (C_d)	0.0086	0.0093	−7.5

3.4.3　优化翼型定常气动特性

1) $Ma = 0.3$ 状态下优化翼型气动特性

图 3-9 给出了 $Ma = 0.3$ 状态下优化翼型与 SC1095 翼型定常气动特性对比。从图中可以看出,优化翼型在设计状态 1 的力矩系数更接近 0,而且在很大迎角范围内都保持在较低水平,力矩发散迎角相对于 SC1095 翼型增加约 1.0°,而且发散后的力矩系数相对更小。由升力系数及阻力系数还可以看出,此状态的优化结果满足约束条件,而且最大升力系数明显大于 SC1095 翼型,阻力发散迎角也大于 SC1095 翼型。

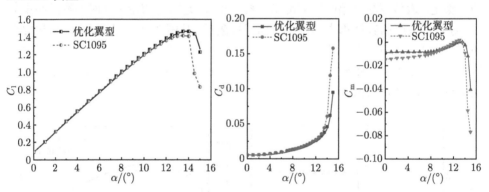

图 3-9　优化翼型与 SC1095 翼型定常气动特性对比 ($Ma = 0.3, Re = 3.75 \times 10^6$)

2) $Ma = 0.4$ 状态下优化翼型气动特性

图 3-10 给出了 $Ma = 0.4$ 状态下优化翼型与 SC1095 翼型定常气动特性及表面压强系数分布对比。从图 3-10(a) 中可以看出,优化翼型在设计点处的升力系数显著提高,而且失速后的升力系数相对更大。由图 3-10(b) 可知,优化翼型的表面压强系数峰值与 SC1095 翼型相比更小,逆压梯度更加平缓,从而有利于减缓气流分离,减小翼型的压差阻力。同时翼型上表面中间部分的压强系数负压值增大,因此能够有效地提高翼型的升力系数。

3) $Ma = 0.6$ 状态下优化翼型气动特性

图 3-11 给出了 $Ma = 0.6$ 状态下优化翼型与 SC1095 翼型定常气动特性及升阻极曲线对比。从图 3-11(a) 中可以看出,优化翼型在设计点处的阻力系数比

SC1095 翼型降低了 7.5%，同时优化翼型的阻力与力矩特性与 SC1095 翼型相比均有所改善。从图 3-11(b) 中可以看出，在相同阻力系数下，优化翼型的升阻比相对于 SC1095 翼型提高了 10% 左右。

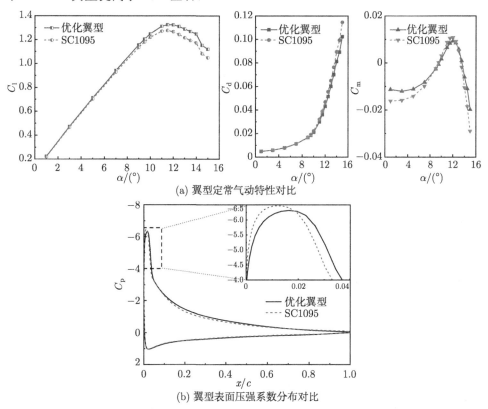

(a) 翼型定常气动特性对比

(b) 翼型表面压强系数分布对比

图 3-10 优化翼型与 SC1095 翼型定常气动特性及表面压强系数分布对比

$(Ma = 0.4, Re = 5.0 \times 10^6)$

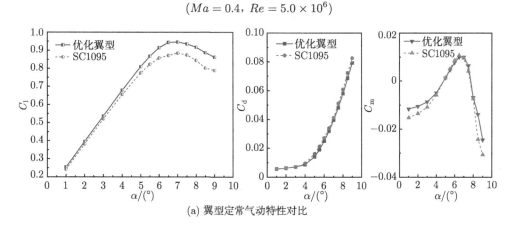

(a) 翼型定常气动特性对比

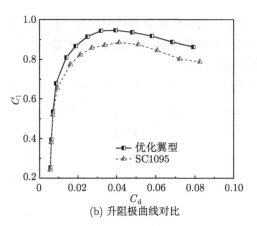

(b) 升阻极曲线对比

图 3-11　优化翼型与 SC1095 翼型定常气动特性及升阻极曲线对比

$(Ma = 0.6, Re = 7.0 \times 10^6)$

3.4.4　优化翼型非定常气动特性

直升机在前飞与机动飞行过程中，旋翼剖面翼型处于非定常状态，旋翼翼型的静态气动特性往往不能充分说明该翼型在旋翼环境下的气动特性，而非定常状态下旋翼翼型的气动特性更能反映旋翼的非定常气动特性。

图 3-12 给出了 $Ma = 0.3$，缩减频率为 0.075，迎角变化规律为 $\alpha = 10° + 8° \sin(\omega t)$，$Re = 3.75 \times 10^6$ 状态下优化翼型与 SC1095 翼型的非定常气动特性对比。由图可知，两种翼型的升力系数曲线区别不大，阻力系数与力矩系数的峰值基本一致，优化翼型的阻力与力矩发散迎角稍有增大 (1.0° 左右)。由此也可以看出，静态多目标所获得的优化翼型可以有效提高设计状态的静态气动特性，并能够在一定程度上缓解动态失速现象，但是效果并不显著，因此有必要在动态环境下更有针对性地开展旋翼翼型的气动外形设计。

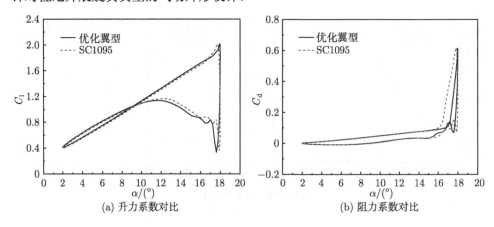

(a) 升力系数对比　　　　　　　　　　　　(b) 阻力系数对比

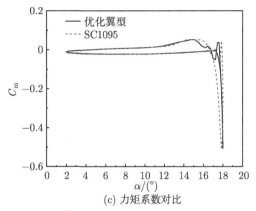

(c) 力矩系数对比

图 3-12　优化翼型与 SC1095 翼型非定常气动特性对比

3.5　基于伴随方程的翼型优化设计方法

Jameson (1988) 首先提出了基于伴随方程的气动优化设计方法，该方法以偏微分方程系统的控制理论为基础，以物体边界为控制函数，将流场控制方程作为等式约束引入目标函数，从而将优化设计问题转化为控制问题。采用伴随方法进行气动外形优化时，单次梯度信息求解计算量仅为流场计算的 2 倍，与设计变量的数目无关，这为该方法在设计变量较多的复杂直升机旋翼气动外形设计方面的应用提供了可能。

在应用伴随方法进行气动优化设计时，必须针对给定的目标函数形式和约束条件，进行伴随方程及其相应物面伴随边界条件的推导，并得出相应的梯度求解表达形式。伴随方法包括离散型伴随方法和连续型伴随方法。

(1) 离散型伴随方法首先需对流场控制方程进行离散，然后在此基础上推导伴随方程并求解。该型方法目标函数的选取限制较少，但由于在进行流场控制方程离散时采用了线性假设，降低了伴随方法的数学严谨性。

(2) 连续型伴随方法直接从流场控制方程和目标函数出发，推导其相应的伴随方程，并在此基础上进行离散求解。由此可见，连续型伴随方法更符合一般的物理和数学意义。

迄今为止，Jameson 等 (1995，1996，1998，2003) 和 Reuther 等 (1994，1999) 应用连续型伴随方法针对翼型、机翼、翼身组合体及全机气动外形优化设计开展了大量研究工作，并取得了良好的效果。此外，Anderson 和 Venkatakrishnan (1999) 基于非结构网格和 N-S 方程开展了基于连续型、离散型伴随方法的气动优化设计研究。Elliott 和 Peraire (1997a，1997b) 采用连续型伴随方法开展了基于 Euler 方程和 N-S 方程的翼型、机翼优化设计，并成功应用于多设计点的商务机气动优化设计。

在旋翼优化设计方面，Lee 和 Kwon (2006) 率先采用连续型伴随方法和非结构网格，在旋转坐标系下对悬停状态的旋翼开展了基于 Euler 方程的旋翼气动外形优化设计。Nielsen 等 (2009) 则采用离散型伴随方法，在旋转坐标系中针对轴流 (巡航) 状态的倾转旋翼开展了气动外形优化设计。

本节将阐述基于连续型黏性伴随方程的旋翼翼型优化方法 (Wu et al., 2014, 2017)。

3.5.1　梯度求解及设计空间参数化

针对不同的设计目标函数，吴琪 (2015) 详细推导并获得了相应的梯度信息表达式，而这些梯度信息表达式中都含有度量矩阵元素的变分项信息，因此要想获得梯度信息，必须对气动外形进行局部扰动来获得相关的矩阵变分量。采用 Hicks-Henne 函数扰动法对旋翼翼型进行参数化描述，考虑到前后缘对旋翼翼型气动特性影响较大，在这两个部分将设计变量布置更密一些。

在计算梯度信息时，翼型外形扰动会引起空间网格的变化，这就需要对扰动后的翼型网格进行更新。详细的网格生成与修正方法参见《直升机计算流体动力学基础》一书 (招启军和徐国华，2016)。

3.5.2　旋翼翼型优化流程

采用黏性伴随方法的旋翼翼型优化设计流程如图 3-13 所示，具体如下：

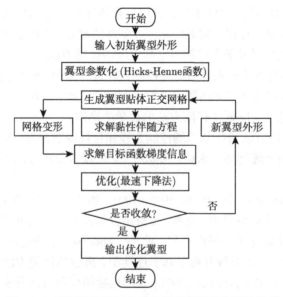

图 3-13　采用黏性伴随方法的旋翼翼型优化设计流程

第 1 步: 输入初始待优化翼型外形, 并对其进行参数化。

第 2 步: 调用网格生成程序, 生成相应的结构化翼型贴体正交网格。

第 3 步: 调用流场求解程序, 计算翼型的流场变量信息。

第 4 步: 调用黏性伴随方程, 求解器求解伴随算子信息。

第 5 步: 利用网格扰动技术, 求解目标函数梯度信息。

第 6 步: 使用优化算法, 修正旋翼翼型气动外形 (基于最速下降法)。

第 7 步: 判断目标函数是否收敛, 若不满足要求, 则返回到第 2 步; 若满足要求, 则输出优化翼型。

3.5.3 旋翼翼型优化算例

旋翼翼型的升阻比对旋翼气动性能至关重要, 以翼型升阻比为优化目标, 同时保持升力系数和翼型的面积基本不变, 相应的目标函数表示为

$$I_1 = C_d/C_l + w_1(C_l - C_{l0})^2 + w_2(A - A_0)^2 \tag{3.16}$$

式中, C_{l0} 代表优化前翼型的升力系数; A 代表当前翼型的截面积; A_0 代表优化前翼型的截面积; w_1 和 w_2 分别取为 1 和 40。

考虑绝热壁面条件, 相应的伴随边界条件表示为

$$\begin{cases} \psi_2 = \dfrac{-2(C_l \cos \alpha + C_d \sin \alpha)}{C_l^2} + 4w_1 \sin \alpha(C_l - C_{l0}) \\[3mm] \psi_3 = \dfrac{-2(C_{l0} \sin \alpha + C_d \cos \alpha)}{C_l^2} + 4w_1 \cos \alpha(C_l - C_{l0}) \\[3mm] \dfrac{\partial \psi_4}{\partial n} = 0 \end{cases} \tag{3.17}$$

将伴随算子 ψ 表示为 $\psi = (\psi_1, \Phi_1, \Phi_2, \theta)$, 则相应的梯度表达式为

$$\begin{aligned} \delta I = {} & 2W_2(A - A^0)\delta A - \int_B \Phi_k P_\infty \delta S_{2k} dB_\xi \\ & + \int_D \frac{\partial \Psi^{\mathrm{T}}}{\partial \xi_i} \delta\left(S_{ij}\right) f_j d D_\xi - \int_D \frac{\partial \Phi_k}{\partial \zeta_i} \delta S_{ij} \sigma_{jk} d D_\xi \\ & - \int_D \frac{\partial \Phi_K}{\partial \xi_i} S_{ij}\left\{ \mu\left[\delta\left(\frac{S_{1j}}{J}\right)\frac{\partial u_k}{\partial \xi_1} + \delta\left(\frac{S_{1k}}{J}\right)\frac{\partial u_j}{\partial \xi_1}\right] + \lambda \delta_{kj} \delta\left(\frac{S_{1m}}{J}\right)\frac{\partial u_m}{\partial \xi_1} \right\} d D_\xi \end{aligned}$$

$$- \int_D \frac{\partial \theta}{\partial \xi_i} \delta S_{ij} Q_j \mathrm{d}D_\xi - \int_D \frac{\partial \theta}{\partial \xi_i} S_{ij} u_k$$

$$\cdot \left\{ \mu \left[\delta \left(\frac{S_{1j}}{J} \right) \frac{\partial u_k}{\partial \xi_1} + \delta \left(\frac{S_{1k}}{J} \right) \frac{\partial u_j}{\partial \xi_1} \right] + \lambda \delta_{kj} \delta \left(\frac{S_{1m}}{J} \right) \frac{\partial u_m}{\partial \xi_1} \right\} \mathrm{d}D_\xi$$

$$- \int_D \frac{k}{C_v (\gamma - 1)} \frac{\partial \theta}{\partial \xi_i} S_{ij} \delta \left(\frac{S_{1j}}{J} \right) \frac{\partial}{\partial \xi_1} \frac{p}{\rho} \mathrm{d}D_\xi \tag{3.18}$$

分别以具有代表性的 NACA0012、RAE2822、SC1095 和 OA-212 翼型作为基准翼型, 采用伴随方法进行翼型气动外形优化, 设计状态均为 $Ma = 0.6$、$Re = 6 \times 10^6$、$C_l = 0.6$ (Wu et al., 2013, 2014, 2017)。在翼型上下表面各布置 12 个 Hicks-Henne 扰动形函数, 考虑到翼型前缘对气动特性的重要影响, 在形函数布置时前缘附近布置较密。

图 3-14 给出了 NACA0012 翼型优化前后外形及表面压强系数分布对比。从图中可以看出, 优化翼型前缘负压峰值相对于基准翼型有一定的降低, 同时优化翼型的弱激波状况得到了改善, 使翼型有着更高的升阻比, 即优化翼型的升阻比从 47.28 提高到了 50.67, 提升约 7.17%, 具体气动特性参数对比如表 3-8 所示。

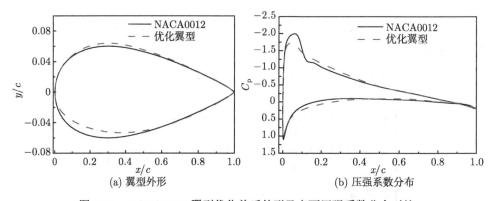

(a) 翼型外形　　　　　　　　(b) 压强系数分布

图 3-14　NACA0012 翼型优化前后外形及表面压强系数分布对比

表 3-8　NACA0012 翼型优化前后气动特性参数对比

参数	基准值 (NACA0012)	优化值	提升幅度/%
C_l	0.6002	0.6240	3.97
C_d	0.0127	0.0123	-3.15
面积	0.0822	0.0804	-2.19
L/D	47.28	50.67	7.17

表 3-9 给出了基于传统有限差分方法和采用黏性伴随方法进行单步梯度信息求解的效率, 计算基于四核 CPU 配置 (单核主频 3.4GHz) 的计算机。可以看出, 采

用黏性伴随方法求解梯度信息所需时间与设计变量的数目无关,而传统有限差分方法计算时间随着设计变量数目的增加明显增加,由此也体现出黏性伴随方法在优化设计效率方面的优势。

表 3-9 单步求解梯度信息计算时间对比

设计变量数目	黏性伴随方法/min	有限差分方法/min	计算时间节省/%
24	2.8	12.2	77.0
36	2.8	18.1	84.5
48	2.8	24.0	88.3

图 3-15 给出了 RAE2822 翼型优化前后外形及表面压强系数分布对比。由图可知,相对于基准翼型,优化翼型改善了上表面逆压梯度分布,使翼型有着更高的升阻比,即优化翼型的升阻比从 43.27 提高到了 49.36,提升约 14.07%,具体气动特性参数对比如表 3-10 所示。

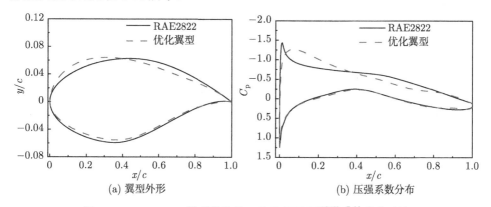

(a) 翼型外形   (b) 压强系数分布

图 3-15 RAE2822 翼型优化前后外形及表面压强系数分布对比

表 3-10 RAE2822 翼型优化前后气动特性参数对比

参数	基准值 (RAE2822)	优化值	提升幅度/%
C_l	0.6006	0.6154	2.46
C_d	0.0139	0.0125	−10.07
面积	0.0780	0.0754	−3.33
L/D	43.27	49.36	14.07

图 3-16 给出了 SC1095 翼型优化前后外形及表面压强系数分布对比。从图中可以看出,优化翼型有着更低的前缘负压峰值,同时在翼型中段区域产生了更大的升力来保持升力不变,从而提高翼型的升阻比。经过优化后,翼型的升阻比从 51.66 提高到了 55.03,提高约 6.52%,具体气动特性参数对比如表 3-11 所示。

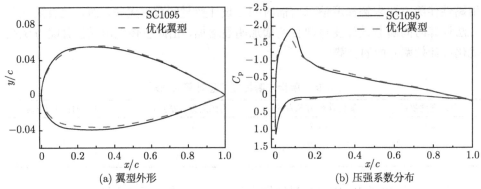

(a) 翼型外形　　　　　　　　　　　　(b) 压强系数分布

图 3-16　SC1095 翼型优化前后外形及表面压强系数分布对比

表 3-11　SC1095 翼型优化前后气动特性参数对比

参数	基准值 (SC1095)	优化值	提升幅度/%
C_l	0.6001	0.6161	2.67
C_d	0.0116	0.0112	-3.45
面积	0.0657	0.0636	-3.20
L/D	51.66	55.03	6.52

　　图 3-17 给出了 OA-212 翼型优化前后外形及表面压强系数分布对比。由图可知,优化翼型的上表面压强分布得到了有效的改善,且有效减弱了基准翼型后缘由于分离导致的负升力区域,从而提高翼型的升阻比。优化后翼型的升阻比从 48.56 提高到了 51.86,提高约 6.80%,具体气动特性参数对比如表 3-12 所示。

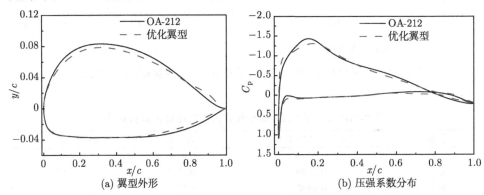

(a) 翼型外形　　　　　　　　　　　　(b) 压强系数分布

图 3-17　OA-212 翼型优化前后外形及表面压强系数分布对比

表 3-12　OA-212 翼型优化前后气动特性参数对比

参数	基准值 (OA-212)	优化值	提升幅度/%
C_l	0.6013	0.6285	4.52
C_d	0.0124	0.0121	-2.42
面积	0.0848	0.0806	-4.95
L/D	48.56	51.86	6.80

3.6 基于反设计方法的旋翼翼型设计方法

优化方法尽管可以直接对翼型性能进行优化, 但优化设计一般与流场计算耦合, 需要多次调用流场求解程序, 如果流场分析程序采用 N-S 方程, 需要消耗大量的计算时间, 因此很难满足工程实际应用的要求。而反设计方法中, 反设计和流场计算模块相互独立, 反设计模块可以直接与 CFD 流场计算模块相结合, 仅利用计算模块的输出结果, 而无需对已有的正计算方法进行任何改动, 并且由于迭代次数相对较少, 反设计方法比直接优化设计方法省时高效, 因此可以采用更高精度的流场分析方法, 以提高翼型设计精度和可靠性。

根据求解方法的不同, 翼型反设计方法主要有余量迭代修正法 (Carlson, 1976)、虚拟气体法 (Sobieczky et al., 1978) 和逆解法 (Takanashi, 1985) 等, 而余量迭代修正法应用最广。

3.6.1 旋翼翼型反设计方法

由二维线性小扰动理论可知, 翼型表面压强系数与来流马赫数 Ma、翼型表面的斜率 y_x 和曲率 y_{xx} 关系密切。当来流速度为超声速和亚声速时, 翼型表面压强系数可以分别表示为

$$C_{\mathrm{p}} = \left(2/\sqrt{Ma^2 - 1}\right) y_x, \quad Ma > 1 \tag{3.19}$$

$$C_{\mathrm{p}} = \left[2/\left(\pi\sqrt{1 - Ma^2}\right)\right] y_{xx}, \quad Ma \leqslant 1 \tag{3.20}$$

桨叶剖面任意点的压强系数可以表示为

$$C_{\mathrm{p}} = Ay + By_x + Cy_{xx} \tag{3.21}$$

式中, A、B 和 C 为与 Ma 相关的一组参数 (本书称为反设计系数)。

基于方程 (3.21), Garabedian 和 McFadden(1982) 以改进的 BGK(Bhatnagar et al., 1954) 方法为基础, 引入目标压强系数分布 (或速度分布) 与保角变换之间的关系, 提出了 GM(Garabedia-McFadden) 方法, 经过反复计算迭代, 逐步收敛到目标压强系数分布。但是在实际应用中发现, 该方法设计出的新翼型在超声速区的压强系数分布, 尤其是在激波附近, 与目标压强系数分布吻合得不是很好。由于 GM 方法存在上述不足, 很多学者对其进行了相关改进。其中 Malone 和 Narramore (1991) 对 GM 方法进行了改进, 得到 MGM (Modified Garabedia-McFadden) 方程并用于翼型的反设计。根据式 (3.21), 令

$$C_{\mathrm{p}}^{\mathrm{cal}} = Ay_1 + By_{1x} + Cy_{1xx} \tag{3.22}$$

$$C_{\mathrm{p}}^{\mathrm{tar}} = Ay_2 + By_{2x} + Cy_{2xx} \tag{3.23}$$

式中，$C_{\mathrm{p}}^{\mathrm{cal}}$ 为当前翼型的表面压强系数；y_1 为当前翼型点的纵坐标；$C_{\mathrm{p}}^{\mathrm{tar}}$ 为目标翼型的表面压强系数；y_2 为目标翼型点的纵坐标。

由式 (3.22) 减去式 (3.23)，可得反设计方程为

$$A\Delta y + B\frac{\mathrm{d}\Delta y}{\mathrm{d}x} + C\frac{\mathrm{d}^2\Delta y}{\mathrm{d}x^2} = C_{\mathrm{p}}^{\mathrm{cal}} - C_{\mathrm{p}}^{\mathrm{tar}} \tag{3.24}$$

式中，$\Delta y = y_1 - y_2$。

在翼型上、下表面分别对式 (3.24) 进行离散。其中，对一阶项进行逆风差分离散，对二阶项进行二阶中心差分离散，可得

$$\begin{cases} \Delta y = \Delta y_i \\[2mm] \dfrac{\mathrm{d}\Delta y}{\mathrm{d}x} = \dfrac{\Delta y_{i+1} - \Delta y_i}{x_{i+1} - x_i} \\[3mm] \dfrac{\mathrm{d}^2\Delta y}{\mathrm{d}x^2} = \dfrac{\Delta y_{i+1} - 2\Delta y_i + \Delta y_{i-1}}{(x_{i+1} - x_i)(x_i - x_{i-1})} \end{cases}, \quad \text{下表面} \tag{3.25}$$

$$\begin{cases} \Delta y = \Delta y_i \\[2mm] \dfrac{\mathrm{d}\Delta y}{\mathrm{d}x} = \dfrac{\Delta y_i - \Delta y_{i-1}}{x_i - x_{i-1}} \\[3mm] \dfrac{\mathrm{d}^2\Delta y}{\mathrm{d}x^2} = \dfrac{\Delta y_{i+1} - 2\Delta y_i + \Delta y_{i-1}}{(x_{i+1} - x_i)(x_i - x_{i-1})} \end{cases}, \quad \text{上表面} \tag{3.26}$$

式中，i 为翼型表面离散点的编号。

则原反设计方程 (3.24) 可表示为

$$L_i\Delta y_{i-1} + D_i\Delta y_i + U_i\Delta y_{i+1} = R_i \tag{3.27}$$

式中，L_i、D_i、U_i 分别由翼型横坐标 x 确定，其表达式为

$$\begin{cases} L_i = \dfrac{C}{(x_{i+1} - x_i)(x_i - x_{i-1})} \\[3mm] D_i = A - \dfrac{B}{x_{i+1} - x_i} - \dfrac{2C}{(x_{i+1} - x_i)(x_i - x_{i-1})} \\[3mm] U_i = \dfrac{B}{x_{i+1} - x_i} + \dfrac{C}{(x_{i+1} - x_i)(x_i - x_{i-1})} \\[3mm] R_i = C_{\mathrm{p}}^{\mathrm{cal}} - C_{\mathrm{p}}^{\mathrm{tar}} \end{cases}, \quad \text{下表面} \tag{3.28}$$

$$
\begin{cases}
L_i = -\dfrac{B}{x_i - x_{i-1}} + \dfrac{C}{(x_{i+1} - x_i)(x_i - x_{i-1})} \\[2mm]
D_i = A + \dfrac{B}{x_i - x_{i-1}} + \dfrac{2C}{(x_{i+1} - x_i)(x_i - x_{i-1})} \\[2mm]
U_i = \dfrac{C}{(x_{i+1} - x_i)(x_i - x_{i-1})} \\[2mm]
R_i = C_{\mathrm{p}}^{\mathrm{cal}} - C_{\mathrm{p}}^{\mathrm{tar}}
\end{cases}
, \quad \text{上表面}
\tag{3.29}
$$

在进行逆风差分时，由于在翼型前缘驻点附近小扰动假设不成立，特别是迎角不为零时，会引起前缘点变化的不确定性。为了减小前缘奇异性带来的影响，需要对前缘点进行特殊处理。

对于多状态、多目标的旋翼翼型气动外形设计问题，在所有设计状态建立反设计方程：

$$
[A]_i \{\Delta Y\} = \{\Delta C_{\mathrm{p}}\}_i, \quad i = 1, 2, \cdots, n
\tag{3.30}
$$

式中，n 为设计状态数；$[A]_i$ 为各设计点所对应的系数矩阵；$\{\Delta Y\}$ 和 $\{\Delta C_{\mathrm{p}}\}_i$ 分别代表 Y 坐标变化量矩阵和各设计状态计算压强系数与目标压强系数的差值矩阵。

可以发现，式 (3.30) 是一个超定方程组，一个未知量对应了 n 个方程，因此该方程组只能求解得到一个最小二乘解。在式 (3.30) 左右两边乘以权重系数，可得

$$
\varphi_i [A]_i \{\Delta Y\} = \varphi_i \{\Delta C_{\mathrm{p}}\}_i, \quad i = 1, 2, \cdots, n
\tag{3.31}
$$

式中，φ_i 为各设计状态的权重系数。

将方程组 (3.31) 左右两边分别乘以权重系数矩阵的转置矩阵，可得

$$
\begin{bmatrix} \varphi_1 [A]_1 \\ \varphi_2 [A]_2 \\ \vdots \\ \varphi_n [A]_n \end{bmatrix}^{\mathrm{T}}
\begin{bmatrix} \varphi_1 [A]_1 \\ \varphi_2 [A]_2 \\ \vdots \\ \varphi_n [A]_n \end{bmatrix} \{\Delta Y\} =
\begin{bmatrix} \varphi_1 [A]_1 \\ \varphi_2 [A]_2 \\ \vdots \\ \varphi_n [A]_n \end{bmatrix}^{\mathrm{T}}
\begin{bmatrix} \varphi_1 \{\Delta C_{\mathrm{p}}\}_1 \\ \varphi_2 \{\Delta C_{\mathrm{p}}\}_2 \\ \vdots \\ \varphi_n \{\Delta C_{\mathrm{p}}\}_n \end{bmatrix}
\tag{3.32}
$$

经过上述转化之后，通过求解方程 (3.32) 得到一个最小二乘解，但这个最小二乘解并不能完全满足所有状态的压强系数分布，设计状态对应的权重系数越大，压强系数匹配度越好。通过求解方程组可得出翼型在 y 方向的坐标变化量 Δy_i。通过翼型坐标的更新公式 $y_i^{n+1} = y_i^n + \Delta y_i$ 得到新的翼型坐标。

3.6.2 旋翼翼型反设计验证

1) 单目标设计

以 NACA0012 翼型为初始翼型进行翼型反设计分析，目标翼型为 UH-60A 直升机旋翼 SC1095 翼型，目标压强系数为翼型在来流马赫数 $Ma = 0.73$，迎角 $\alpha =$

2.79° 时的试验值。经过 21 次迭代，反设计的翼型外形达到收敛，图 3-18 给出了初始翼型、设计翼型及目标翼型几何外形及表面压强系数分布对比。从图中可以看出，设计翼型与目标翼型吻合良好，计算压强系数与目标值基本一致。

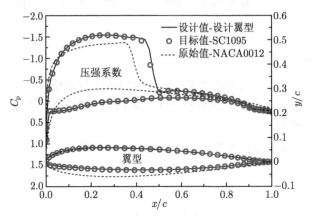

图 3-18　反设计翼型几何外形及表面压强系数分布对比

2) 多状态、单目标设计

以同一旋翼翼型在多状态下的压强系数为目标值，进行多状态、单目标翼型反设计分析。目标翼型为 RAE2822 翼型，设计状态分别为 $Ma_1 = 0.676$、$\alpha_1 = 1.93°$（状态 1），$Ma_2 = 0.725$、$\alpha_2 = 2.54°$（状态 2），$Ma_3 = 0.73$、$\alpha_3 = 2.79°$（状态 3），$Ma_4 = 0.75$、$\alpha_4 = 2.81°$（状态 4）。以 NACA0012 为初始翼型，4 个状态对应的权重系数均为 0.25。

图 3-19 给出了初始翼型、25 次迭代后的设计翼型及 RAE2822 翼型的几何外形对比。从图中可以看出，设计翼型与目标翼型吻合较好。

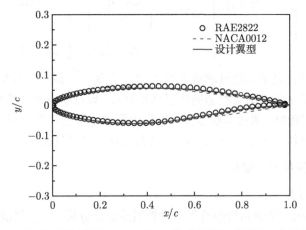

图 3-19　初始翼型、设计翼型及 RAE2822 翼型几何外形对比 (多状态、单目标)

图 3-20 给出了初始翼型、设计翼型及 RAE2822 翼型的表面压强系数分布对比。由图可知，设计翼型的压强系数与目标值基本吻合。虽然设计翼型的计算压强系数与目标值仍稍有差距，但这与多状态翼型设计的特点有关，因为反设计方程的求解是通过设置权重系数解得最小二乘解，这导致设计翼型的计算压强系数分布与任何一个状态均不能完全匹配，其匹配程度取决于权重系数的大小。

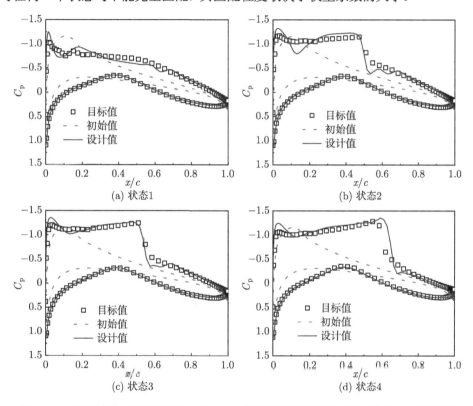

图 3-20 初始翼型、设计翼型及 RAE2822 翼型表面压强系数对比 (多状态、单目标)

3) 多状态、多目标设计

以四个不同旋翼翼型在不同状态下的压强系数作为目标值，进行多状态、多目标旋翼翼型反设计分析。选用直升机旋翼翼型 RAE2822、TsAGI-12、VR-12 和 OA-212。设计状态分别为 $Ma_R = 0.70$、$\alpha_R = 3°$ (状态 1)，$Ma_T = 0.75$、$\alpha_T = 2°$ (状态 2)，$Ma_V = 0.60$、$\alpha_V = 5°$ (状态 3) 和 $Ma_O = 0.60$、$\alpha_O = 1.25°$ (状态 4)。初始翼型选用 NACA0012，权重系数分别设置为 $\varphi_R = 0.15$、$\varphi_T = 0.2$、$\varphi_V = 0.3$、$\varphi_O = 0.35$。通过 27 次迭代获得最终设计翼型。图 3-21 给出了初始翼型、设计翼型及四个目标翼型几何外形对比。从图中可以看出，设计翼型与 RAE2822 翼型的差距最大，这是因为以 RAE2822 为目标值的权重系数最小。

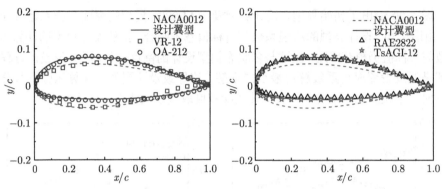

图 3-21   初始翼型、设计翼型及目标翼型几何外形对比 (多状态、多目标)

　　图 3-22 给出了初始翼型、设计翼型及目标翼型的表面压强系数分布对比。可以看出,设计翼型的计算压强系数并不能同时与四个状态的目标值完全一致,这是由多状态、多目标翼型设计的特征决定的。设计状态 2~4 的计算压强系数与目标值吻合良好,而在设计状态 1 时吻合较差。这主要是因为设计状态 1 的权重系数较小,这与翼型外形设计的对比结果一致。

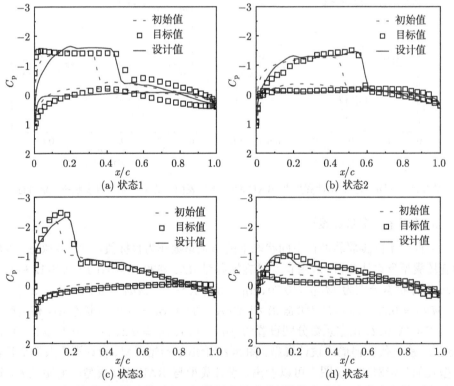

图 3-22   初始翼型、设计翼型及目标翼型表面压强系数分布对比 (多状态、多目标)

3.6.3 悬停状态旋翼翼型反设计分析

初始旋翼由两片矩形桨叶构成,桨叶翼型为 NACA0008,展弦比为 7,无负扭转。设计状态为:桨尖马赫数 0.7,总距 5.0°,雷诺数 3.53×10^6。以 $r/R = 0.49$、0.80、0.96 三个剖面翼型的气动外形为反设计对象,其对应的设计目标分别为 NACA1214、NACA1212 和 NACA1210 翼型在相应状态的压强系数计算值。

图 3-23~图 3-25 分别给出了三个不同剖面处初始翼型、设计翼型和目标翼型的几何外形及表面压强系数分布对比。从计算结果可以看出,各个剖面的设计翼型与目标翼型均吻合良好,各剖面压强系数分布与目标值也基本一致。

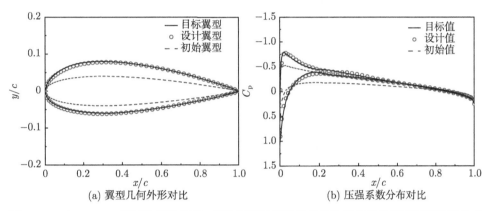

图 3-23 $r/R = 0.49$ 剖面处初始翼型、设计翼型和目标翼型的几何外形及表面压强系数分布对比 (悬停状态)

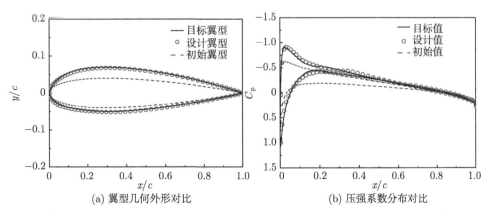

图 3-24 $r/R = 0.80$ 剖面处初始翼型、设计翼型和目标翼型的几何外形及表面压强系数分布对比 (悬停状态)

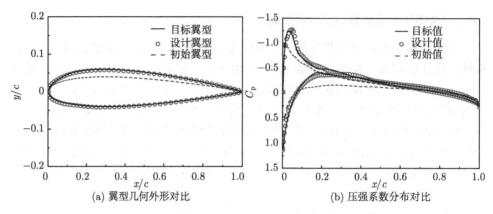

图 3-25　$r/R = 0.96$ 剖面处初始翼型、设计翼型和目标翼型的几何外形及表面压强系数分布
对比 (悬停状态)

3.6.4　前飞状态旋翼翼型反设计分析

初始旋翼含两片由 NACA0009 翼型构成的矩形桨叶，展弦比为 7，无负扭转。设计状态为：桨尖马赫数 0.7，总距 5.0°，前进比 0.2，雷诺数 3.53×10^6。以方位角 $\psi = 0°$、90°、180°、270° 时 $r/R = 0.49$、0.80、0.96 三个剖面翼型为反设计对象，设计目标为由 NACA0012 翼型构成的旋翼在相应方位角处三个剖面的压强系数计算值。方位角 $\psi = 0°$、90°、180°、270° 对应的权重系数分别为 $\varphi_1 = 0.2$、$\varphi_2 = 0.4$、$\varphi_3 = 0.2$、$\varphi_4 = 0.2$。

图 3-26~图 3-28 分别给出了三个不同剖面的初始翼型、计算翼型和目标翼型的几何外形及表面压强系数分布对比。从计算结果可以看出，各个剖面的设计翼型与目标翼型均吻合良好，计算压强系数分布与目标压强系数分布也基本一致。

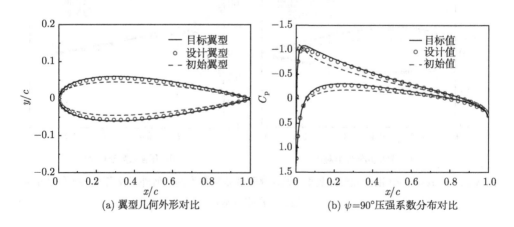

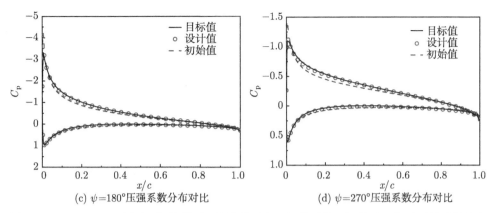

(c) $\psi=180°$压强系数分布对比   (d) $\psi=270°$压强系数分布对比

图 3-26 $r/R=0.49$ 剖面处初始翼型、设计翼型和目标翼型的几何外形及表面压强系数分布对比 (前飞状态)

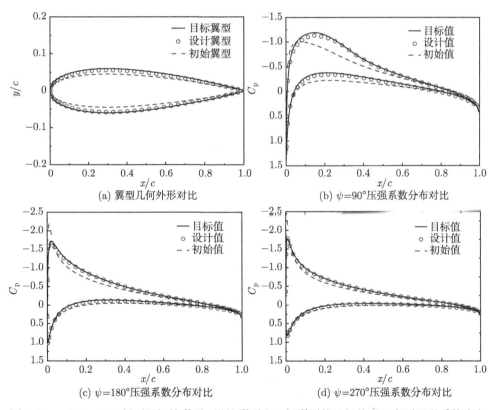

(a) 翼型几何外形对比   (b) $\psi=90°$压强系数分布对比

(c) $\psi=180°$压强系数分布对比   (d) $\psi=270°$压强系数分布对比

图 3-27 $r/R=0.80$ 剖面处初始翼型、设计翼型和目标翼型的几何外形及表面压强系数分布对比 (前飞状态)

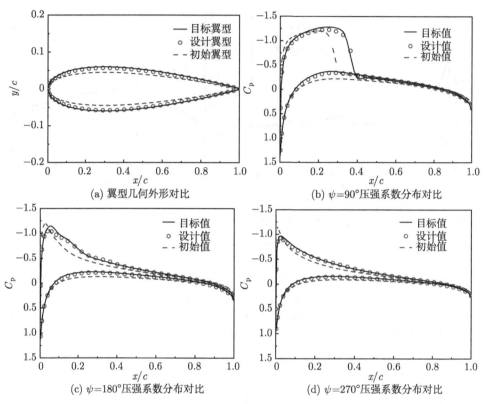

(a) 翼型几何外形对比   (b) $\psi=90°$压强系数分布对比

(c) $\psi=180°$压强系数分布对比   (d) $\psi=270°$压强系数分布对比

图 3-28　$r/R = 0.96$ 剖面处初始翼型、设计翼型和目标翼型的几何外形及表面压强系数分布
对比 (前飞状态)

3.7　动态环境下旋翼翼型优化设计方法

　　直升机在前飞过程中，旋翼前行侧与后行侧桨叶剖面的相对来流速度严重不对称，导致桨叶气动载荷有较大差异，为了平衡旋翼两侧的气动载荷，旋翼桨叶引入了周期变距操纵，从而引起桨叶剖面在不同方位角处迎角的周期变化，如图 3-29所示。

　　直升机旋翼型工作在来流–运动耦合变化的高度非定常状态，这给旋翼翼型的气动外形设计带来了很大困难和挑战。虽然翼型的定常气动特性在一定程度上能够反映其非定常气动特性，但翼型非定常动态失速特性仍然有很大的不确定性。如图 3-12 所示，仅在典型的迎角情形开展静态翼型设计无法满足复杂气动环境对旋翼翼型非定常气动特性的需求。因此，有必要考虑旋翼严重非定常、非对称的来流条件，计入旋翼的周期变距操纵影响，在动态环境下开展旋翼翼型气动外形设计研究。

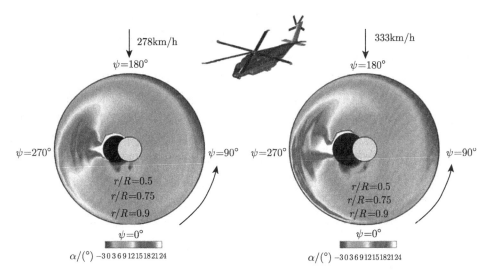

图 3-29 直升机前飞时桨盘内迎角分布图 (见彩图)

3.7.1 非定常气动特性设计目标

动态失速状态下的旋翼翼型气动特性优化设计与定常状态不同,目标函数和约束条件在很大程度上会影响到优化的结果。动态失速状态下,翼型的阻力系数和力矩系数在大迎角状态会发散而形成峰值,这一特征会对桨叶的气动特性带来不利的影响。为此,以阻力系数和力矩系数为优化目标进行旋翼翼型气动外形的优化设计,即在保持翼型升力系数不恶化的约束条件下,降低阻力系数和力矩系数的峰值。由此,将翼型动态特性优化的目标函数和约束条件设置为

$$
\begin{cases}
\min & \lg\left(\sum_{i=1}^{N}\left|C_{\mathrm{d}}^{i}\right|\right) + \lg\left(\sum_{i=1}^{N}\left|C_{\mathrm{m}}^{i}\right|\right) \\
\mathrm{s.t.} & \sum_{i=1}^{N}\left|\dfrac{2\pi\alpha}{\beta} - C_{\mathrm{l}}^{i}\right| - \sum_{i=1}^{N}\left|\dfrac{2\pi\alpha}{\beta} - C_{\mathrm{l}0}^{i}\right| \leqslant 0 \\
& 0.95 T_{\mathrm{max}\,0} \leqslant T_{\mathrm{max}} \leqslant 1.05 T_{\mathrm{max}\,0}
\end{cases}
\tag{3.33}
$$

式中,$\beta = \sqrt{1 - Ma^2}$;C_{l}^{i}、C_{d}^{i} 和 C_{m}^{i} 表示翼型同一振荡周期内不同迎角下的升力系数、阻力系数和力矩系数;T_{max} 表示翼型的最大厚度;下标 0 表示基准翼型的变量;α 为翼型迎角;N 表示一个振荡周期内的时间推进步数。

3.7.2 序列二次规划算法

由于梯度算法具有数学概念清晰、计算简单可靠、所需存储空间少等优点,广泛应用于工程优化设计中,梯度算法主要包括最速下降法 (陈宝林,2005)、拟牛顿法 (Shanno,1970)、共轭梯度法 (袁亚湘和孙文瑜,1997)、序列二次规划 (sequential quadratic programming,SQP) 算法 (杨冰,1994;Boggs and Tolle,1995;Sargent and Ding,2001) 等。拟牛顿法、共轭梯度法等梯度算法虽然具有很好的收敛速度,但在处理有约束问题时需要人为引入罚因子,容易引起目标函数特性的畸变。而SQP 算法将约束问题归结于二次规划当中,从而很好地解决了带约束的优化问题,该方法是在拟牛顿法的基础上演化而来的,其最大的优点是在保持近似二阶下降速度的同时,能够有效地处理约束条件,因此目前国际上很多软件中均以 SQP 算法作为一类标准算法,理论研究也多侧重于这一方法。

由于基于动态特性的旋翼翼型优化有很大的计算消耗,遗传算法的优化效率较低,因此在进行翼型动态特性优化时可采用高效 SQP 算法 (Wang and Zhao,2018)。基于 SQP 算法的旋翼翼型优化流程如图 3-30 所示。

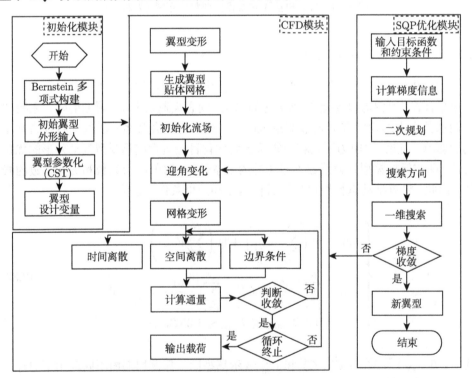

图 3-30　基于 SQP 算法的旋翼翼型优化流程

3.7.3 动态环境下旋翼翼型优化与分析

以 SC1095 翼型为基准翼型，采用 CST 方法进行翼型参数化，翼型的上下表面各布置 6 个设计变量 (共 12 个设计变量)。翼型动态失速状态的缩减频率为 0.1，来流马赫数为 0.3，雷诺数为 3.75×10^6，迎角变化规律为 $\alpha = 10° + 8° \sin(\omega t)$。优化翼型与 SC1095 翼型气动外形对比如图 3-31 所示。从图中可以看出，优化翼型的弯度和前缘半径更大，而且最大相对厚度由 SC1095 翼型的 0.0095 增加到 0.098，翼型面积由 0.0066 增加到 0.0073。

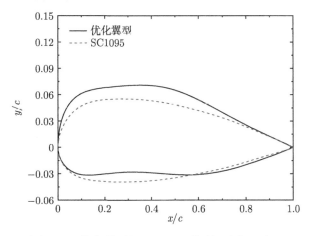

图 3-31　优化翼型与 SC1095 翼型气动外形对比

优化翼型与 SC1095 翼型在不同迎角下的表面压强系数分布对比如图 3-32 所示。从图中可以看出，在动态失速状态下，SC1095 翼型前缘附近具有大的负压峰值与逆压梯度，从而使翼型表面气流在较小的迎角下产生分离，进而形成动态失速涡。在动态失速涡的诱导作用下，翼型上表面出现了新的负压峰值，而且随着动态失速涡的输运，负压峰值逐渐向翼型后缘移动。经气动外形设计后，一方面优化翼型表面压强系数分布更为平缓，另一方面在不同迎角状态翼型上表面负压峰值的变化较小，并且没有明显的动态失速涡诱导的新负压峰值。由此可见，优化翼型能够有效地抑制与延缓动态失速涡的产生与运动，从而有利于抑制气流分离。

图 3-33 给出了优化翼型与 SC1095 翼型的气动特性对比。从图中可以看出，SC1095 翼型在该状态下失速时升力系数发生突降，阻力系数及力矩系数出现较大的峰值，迟滞回线包围面积较大；优化翼型很好地削弱了动态失速特性，在相同状态下未发生升力系数突降、阻力系数与力矩系数突增的现象，阻力系数和力矩系数未出现较大的峰值，与 SC1095 翼型相比，优化翼型在一个迎角变化周期内的最大阻力系数和最大力矩系数减小了 80% 左右，而最大升力系数并未减小。

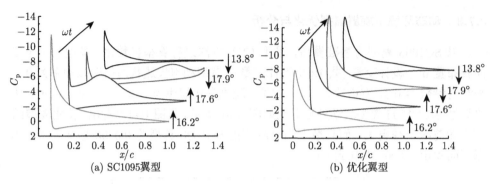

图 3-32　优化翼型与 SC1095 翼型表面压强系数分布对比

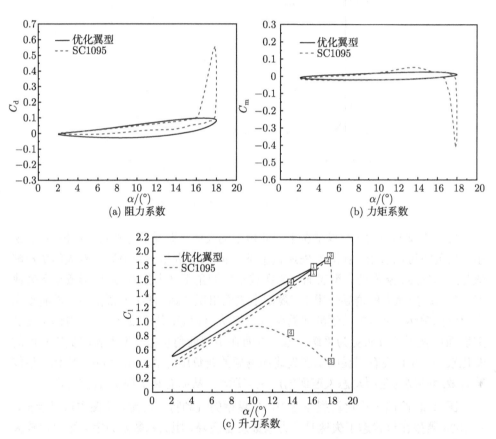

图 3-33　优化翼型与 SC1095 翼型气动特性对比

对应于图 3-33(c) 中升力曲线上标记点 1 ~ 4 的迎角状态，图 3-34 给出了优化翼型与 SC1095 翼型的表面流线对比。翼型抬头过程中当迎角为 16.2° 时 (图 3-33 中 1 点)，优化前后翼型表面均为附着流，仍未产生气流分离。随着迎角增加到 17.6° (图 3-33 中 2 点), SC1095 翼型前缘附近生成动态失速涡。随着迎角的持续增大, SC1095 翼型的动态失速涡沿翼型上表面输运, 这一过程中会出现阻力系数与力矩系数的发散。当动态失速涡从翼型表面脱落时, SC1095 翼型上表面伴随产生大范围气流分离现象, 从而导致升力系数的突降, 如图 3-34(c) 所示 (图 3-33 中 3 点)。随着翼型迎角从最大值逐渐减小, 分离的气流逐渐再附于 SC1095 翼型上表面, 如图 3-34(d) 所示 (图 3-33 中 4 点)。对于优化翼型, 在整个翼型迎角的变化周期中, 气流始终附着于翼型表面。由此可见, 优化翼型有效地延缓了动态失速现象, 抑制了动态失速涡的形成, 进而避免了阻力系数与力矩系数的发散。

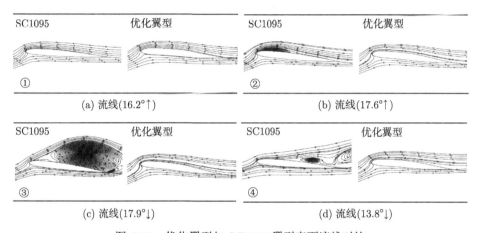

图 3-34 优化翼型与 SC1095 翼型表面流线对比

从上述结果可以发现, 与静态翼型优化设计相比, 基于动态气动特性的翼型优化设计方法可以更为有效地改善旋翼翼型的非定常气动特性。

3.7.4 非设计状态下优化翼型的动态失速特性

由于旋翼翼型的工作状态复杂, 通常情况下, 不同桨叶剖面位置处的迎角、速度及缩减频率均不相同, 因此一个固定的来流速度与迎角变化状态不能代表翼型在旋翼复杂环境中的整体非定常气动特性。为此, 本节针对优化翼型在不同工作状态下的非定常气动特性进行分析。

1) 动态失速状态一

图 3-35 给出了优化翼型和 SC1095 翼型在 $k = 0.1$、$\alpha = 12° + 10° \sin(\omega t)$、$Ma = 0.3$、$Re = 3.75 \times 10^6$ 状态下的气动载荷特性对比。可以看出, 优化翼型阻力系数与力矩系数发散迎角与 SC1095 翼型相比推迟了约 4.0°, 阻力系数与力矩系数的峰值比 SC1095 翼型减小了约 10%。同时, 优化翼型升力系数的迟滞回线与 SC1095 翼型相似, 但优化翼型的最大升力系数更大, 失速迎角增加了约 1.5°。

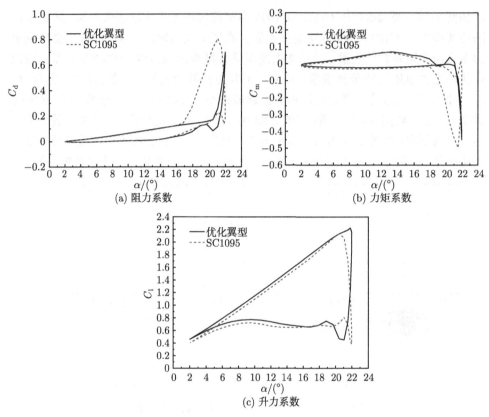

图 3-35　优化翼型与 SC1095 翼型气动载荷特性对比 (动态失速状态一)

2) 动态失速状态二

在比设计状态来流马赫数稍高的状态下，进行优化翼型与基准 SC1095 翼型动态失速特性的对比分析，来流与翼型振荡规律分别为：$Ma = 0.4$，$k = 0.1$，$\alpha = 10° + 8° \sin(\omega t)$，$Re = 5.0 \times 10^6$。图 3-36 给出了优化翼型与 SC1095 翼型的气动载荷特性对比。从图中可以看出，优化翼型的阻力系数和力矩系数的发散迎角比 SC1095 翼型增加了 1.0° 左右，阻力系数峰值减小了约 14.3%，力矩系数峰值减小了 10.6%。与此同时，在气流再附着过程中，优化翼型的升力系数比 SC1095 翼型大 0.2 左右，再附着的迎角增加了近 2.0°。

图 3-37 给出了 17.2° 迎角 (抬头) 状态下优化翼型与 SC1095 翼型表面流线对比。从图中可以发现，优化翼型动态失速涡的尺度更小一些，所引起的气流分离范围也更小，阻力系数和力矩系数的峰值相应减小。

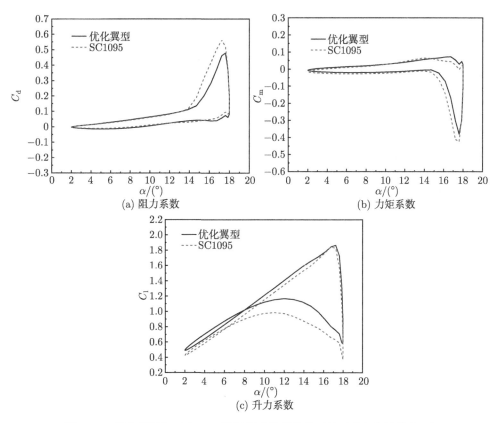

图 3-36 优化翼型与 SC1095 翼型气动载荷特性对比 (动态失速状态二)

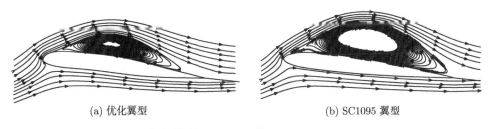

(a) 优化翼型   (b) SC1095 翼型

图 3-37 优化翼型与 SC1095 翼型表面流线对比 (17.2° ↑)

3.7.5 优化翼型的静态气动特性分析

悬停是直升机的一个重要工作状态，因此在设计直升机旋翼翼型时，也需要考虑翼型在定常状态下的气动特性。图 3-38 给出了 $Ma = 0.3$、$Re = 3.75 \times 10^6$ 的定常状态下优化翼型与 SC1095 翼型气动特性对比。可以看出，与 SC1095 翼型相比，优化翼型的阻力系数发散迎角增加了 1.5° 左右，力矩系数更接近于 0，而且力矩系数发散迎角也更大；在失速之前，由于优化翼型具有较大的弯度，其升力系数比 SC1095 翼型大 0.05，其最大升力系数比 SC1095 翼型大 0.1 左右，而且其失速迎角也增加了约 1.0°。从升阻极曲线可以看出，优化翼型在相同阻力系数状态下具有更大的升力系数。

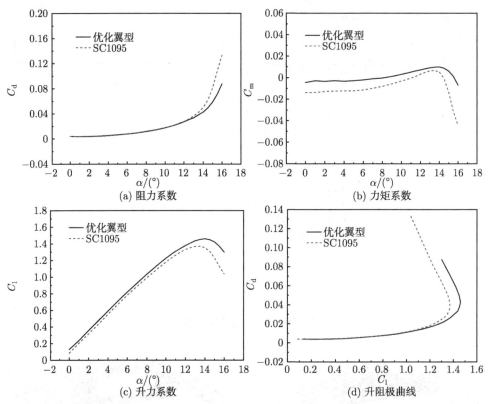

图 3-38　定常状态下优化翼型与 SC1095 翼型气动特性对比 $(Ma = 0.3, Re = 3.75 \times 10^6)$

图 3-39 给出了 $Ma = 0.4$、$Re = 5.0 \times 10^6$ 的定常状态下优化翼型和 SC1095 翼型的气动特性对比。可以看出，与 SC1095 翼型相比，优化翼型同样具有更加优异的静态气动特性。

综合优化翼型的动态失速特性与静态气动特性分析可以看出，与静态优化设计方法相比，采用基于动态气动特性的旋翼翼型优化设计方法可以获得既能够缓解动态失速又能显著提高静态气动特性的翼型。

针对旋翼运动及气动环境特征，动态环境下的旋翼翼型设计方法是一种旋翼专用翼型设计的新思路，是直升机旋翼翼型设计的新方向。

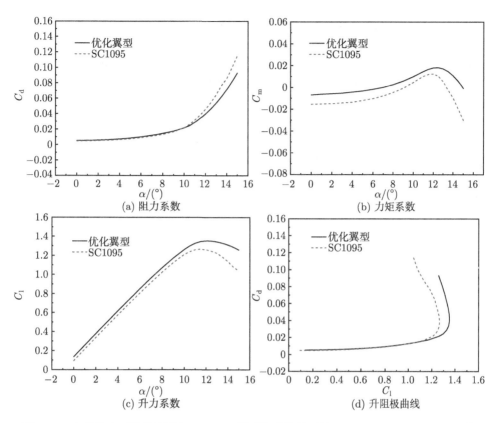

图 3-39 定常状态下优化翼型与 SC1095 翼型气动特性对比 $(Ma = 0.4, Re = 5.0 \times 10^6)$

参 考 文 献

陈宝林. 2005. 最优化理论与算法. 北京: 清华大学出版社.

李萍, 庄开莲, 李静. 2007. 国外直升机旋翼翼型研究综述. 直升机技术, 151(3): 103-109.

尚克明, 招启军, 赵国庆, 等. 2010. 直升机旋翼翼型及桨叶气动外形反设计分析. 南京航空航
　　天大学学报, 42(5): 550-556.

王清, 招启军. 2014. 基于 N-S 方程的直升机旋翼翼型多目标多状态优化设计//第三十届全
　　国直升机年会, 哈尔滨: 199-205.

王清, 招启军. 2016. 基于遗传算法的旋翼翼型综合气动优化设计. 航空动力学报, 31(6):
　　1486-1495.

王清, 招启军, 赵国庆. 2011. 旋翼翼型的气动优化设计方法初步研究//第二十七届全国直升
　　机年会, 南京: 154-159.

王适存. 1992. 进入俄罗斯刚开放的直升机禁区//第八届全国直升机年会, 厦门: 1-3.

王适存, 徐国华. 2001. 直升机旋翼空气动力学的发展. 南京航空航天大学学报, (3): 203-211.

吴琪. 2015. 基于粘性伴随方法的旋翼先进气动外形优化设计分析. 南京: 南京航空航天大学.

杨冰. 1994. 实用最优化方法及计算机程序. 哈尔滨: 哈尔滨船舶工程学院出版社.

袁亚湘, 孙文瑜. 1997. 最优化理论与方法. 北京: 科学出版社.

招启军, 王清, 赵国庆. 2014. 旋翼翼型定常–非定常特性综合优化设计新方法. 南京航空航天大学学报, 46(3): 355-363.

招启军, 徐国华. 2016. 直升机计算流体动力学基础. 北京: 科学出版社.

赵国庆, 招启军. 2014. 基于目标压力分布的旋翼先进气动外形反设计分析方法. 航空学报, 35(3): 744-755.

Anderson W K, Venkatakrishnan V. 1999. Aerodynamic design optimization on unstructured grids with a continuous adjoint formulation. Computers & Fluids, 28(4): 443-480.

Bhatnagar P L, Gross E P, Krook M. 1954. A model for collision processes in Gases I: small amplitude processes in charged and neutral one-component systems. Physical Review, 94: 511-525.

Boggs P T, Tolle J W. 1995. Sequential quadratic programming. Acta Numerica, 4: 1-51.

Carlson L A. 1976. Transonic airfoil analysis and design using cartesian coordinates. Journal of Aircraft, 13(5): 349-356.

Ceze M. 2009. A Study of the CST parameterization characteristics//Proceedings of the 27th AIAA Applied Aerodynamics Conference, San Antonio.

Dadone L U. 1975. A review of design objectives for advanced helicopter rotor airfoil//Proceedings National Symposium on Helicopter Aerodynamic Efficiency.

Dadone L U. 1976. US army helicopter design datcom. Volume 1: Airfoils. ADA-033425.

Dadone L U. 1978. Design and analytical study of a rotor airfoil. NASA CR 2988.

Elliott J, Peraire J. 1997a. Practical three-dimensional aerodynamic design and optimization using unstructured meshes. AIAA Journal, 35(9): 1479-1485.

Elliott J, Peraire J. 1997b. Aerodynamic optimization on unstructured meshes with viscous effects. AIAA Paper, 97-1849.

Garabedian P, McFadden G. 1982. Design of supercritical swept wings. AIAA Journal, 20(3): 289-291.

Hicks R M, Henne P A. 1978. Wing design by numerical optimization. Journal of Aircraft, 15: 407-412.

Horstmann K H, Koster H, Polz G. 1984. Improvement of two blade sections for helicopter rotors//10th European Rotorcraft Forum, Hague.

Jameson A. 1988. Aerodynamic design via control theory. Journal of Scientific Computing, 3(3): 233-260.

Jameson A. 1995. Optimum aerodynamic design using CFD and control theory. AIAA Paper, 95-1729.

Jameson A, Farmer J, Martinelli L, et al. 1996. Aerodynamic shape optimization of complex aircraft configurations via an adjoint formulation. Research Institute for Advanced Computer Science, NASA Ames Research Center.

Jameson A, Kim S. 2003. Reduction of the adjoint gradient formula for aerodynamic shape optimization problems. AIAA Journal, 41(11): 2114-2129.

Jameson A, Martinelli L, Pierce N A. 1998. Optimum aerodynamic design using the Navier-Stokes equations. Theoretical and Computational Fluid Dynamics, 10(1-4): 213-237.

Kulfan B M, Bussoletti J E. 2006. "Fundamental" parametric geometry representations for aircraft component shapes//Proceedings of the 11th AIAA/ISSMO Multidisciplinary Analysis and Optimization Conference, Portsmouth: 547-591.

Lee S W, Kwon O J. 2006. Aerodynamic shape optimization of hovering rotor blades in transonic flow using unstructured meshes. AIAA Journal, 44(8): 1816-1825.

Malone J B, Narramore J C. 1991. Airfoil design method using the N-S equations. Journal of Aircraft, 28(3): 216-224.

Nielsen E J, Lee-Rausch E M, Jones W T. 2009. Adjoint-based design of rotors using the Navier-Stokes equations in a noninertial reference frame//American Helicopter Society 65th Annual Forum, Grapevine: 1212-1222.

Perry F J. 1987. The aerodynamics of the world speed record//The 43rd Annual Forum of the American Helicopter Society, St.Louis: 3-15.

Prouty R W. 1986. Helicopter Performance, Stability and Control. London: Krieger Publishing Company.

Reuther J, Jameson A. 1994. Control theory based airfoil design using the Euler equations. AIAA Paper, 94-4272.

Reuther J J, Jameson A, Alonso J J, et al. 1999. Constrained multipoint aerodynamic shape optimization using an adjoint formulation and parallel computers, Part 1. Journal of Aircraft, 36(1): 51-60.

Sandford R W, Belko R P. 1982. CH-47 fiberglass rotor blade design and fabrication. Journal of the American Helicopter Society, 27(2): 43-50.

Sargent R W H, Ding M. 2001. A New SQP algorithm for large-scale nonlinear programming. SIAM Journal on Optimization, 11(3): 716-747.

Shanno D F. 1970. Conditioning of quasi-newton methods for function minimization. Mathematics of Computation, 24(111): 647-656.

Sobieczky H, Fung K Y, Seebass A R. 1978. A new method for designing shock-free transonic configurations. AIAA Paper, 78-1114.

Takanashi S. 1985. Iterative three-dimensional transonic wing design using integral equations. Journal of Aircraft, 22(8): 655-660.

Thibert J J, Gallot J. 1977. A new airfoil family for rotor blades//3rd European Rotorcraft and Powered Lift Aircraft Forum, Aix-en-Provence.

Thibert J J, Pouradier J M. 1980. Design and tests of an helicopter rotor blade with evolutive profile//12th Congress of the International Council of the Aeronautical Sciences, Munich: 429-443.

Totah J. 1993. A Critical assessment of UH-60 main rotor blade airfoil data. NASA-TM-103985.

Wang Q, Zhao Q J. 2018. Rotor airfoil profile optimization for alleviating dynamic stall characteristics. Aerospace Science and Technology, 72: 502-515.

Wang Q, Zhao Q J, Wu Q. 2015. Aerodynamic shape optimization for alleviating dynamic stall characteristics of helicopter rotor airfoil. Chinese Journal of Aeronautics, 28(2): 346-356.

Wilby P G. 1980. The aerodynamic characteristics of some new RAE blade sections, and their potential influence on rotor performance. Vertica, 4(2-4): 121-133.

Wilby P G. 1998. Shockwaves in the rotor world-a personal perspective of 30 years of rotor aerodynamic research in the UK. Aeronautical Journal, 102 (1013): 113-128.

Wu Q, Zhao Q J, Wang B, et al. 2014. Highly-efficient aerodynamic design of rotor with high performance//The 71th American Society Annual Forum & Technology Display Alexandria: 817-827.

Wu Q, Zhao Q J, Wang Q. 2013. Aerodynamic shape optimization of rotor airfoil using a viscous continuous adjoint method//Proceedings of the 2nd Annual Forum of the Asian/Australian Rotorcraft Forum and the 4th International Basic Research Conference on Rotorcraft Technology, Tianjin: 418-428.

Wu Q, Zhao Q J, Wang Q. 2017. Highly-efficient aerodynamic optimal design of rotor airfoil using viscous adjoint method. Transactions of Nanjing University of Aeronautics & Astronautics, 34(2): 134-142.

第 4 章　旋翼桨叶气动外形设计

旋翼是直升机的核心部件，为直升机提供升力、推进力和大部分操纵力，旋翼桨叶气动外形的优劣直接决定了直升机的操纵功效、飞行性能及振动水平的高低。因此，旋翼设计技术是直升机的核心技术之一，新型直升机设计或改型设计中旋翼桨叶气动外形设计是关键的设计内容。在旋翼气动外形设计过程中，需要针对直升机的类型与工作环境确定对旋翼气动性能的要求，不仅需要考虑翼型配置、扭转分布、弦长与弦线分布等多参数耦合设计，还必须考虑到总距、周期变距及前进比等使用参数设计，因此旋翼气动外形设计十分复杂且费时。在早期的直升机旋翼桨叶设计中，主要采用动量理论、叶素理论及涡流理论等方法对旋翼气动特性进行模拟，这类方法具有计算效率高的优点，但同时存在精度不足的问题，难以完成桨叶精细化分析和设计。因此，随着 CFD 技术的发展和成熟，基于 CFD 方法的优化设计逐渐成为旋翼桨叶气动设计的重要手段。

在以往的旋翼桨叶优化设计中，通常以有限几个典型状态为设计点，针对少数几个参数如扭转分布、弦长分布等进行优化设计。但由于旋翼流场的显著非定常特征，旋翼桨叶不同外形设计参数之间存在复杂的耦合关系，如桨叶剖面翼型配置及其弦长分布会直接影响桨盘内气流下洗速度分布，从而决定了不同桨叶剖面的诱导速度与诱导迎角，进而影响到旋翼桨叶的扭转分布设计。基于此，本章以桨叶翼型配置、平面外形、扭转分布及桨尖形式等气动外形参数对旋翼气动特性与性能的影响规律为基础，分别介绍旋翼单参数设计与桨叶综合外形参数优化方法。此外，以提升旋翼气动性能为目标，对共轴刚性旋翼与倾转旋翼两种新构型直升机的旋翼气动外形设计方法分别进行阐述。

4.1　旋翼桨叶三维气动外形设计进展

早期的直升机桨叶曾采用具有良好刚度特性的木材作为主要材料，外形特点为小负扭转、矩形平面形状和对称翼型等。然而，木质桨叶除了加工精度存在较大的缺陷外，还容易发生翘曲、变形，不仅会改变桨叶气动外形，甚至可能导致桨叶损坏。20 世纪 50~60 年代，以铝合金为代表的金属材料逐渐成为桨叶的主要制作材料，之后的 70~80 年代前期，随着复合材料技术的进步，复合材料也逐步开始应用于旋翼桨叶。伴随着制作工艺水平的提升，各种复杂气动外形桨叶的制作有了良好的技术基础。与此同时，随着直升机前飞速度的进一步增加，前行桨叶尖部的激波现象和后行桨叶的失速现象越来越严重, 阻碍了直升机速度的进一步增大。为此, 研究者开始寻找能够改进旋翼气动性能和降低气动噪声的新型桨叶气动外形和高性能旋翼翼型。

除了旋翼翼型外, 桨尖形状也是旋翼气动特性的重要决定因素之一。尽管旋翼桨尖只占整个桨叶很小的一部分, 但是从扭矩来看, 由于桨叶相对来流速度最大的位置出现在桨尖部位, 激波现象往往出现在这一区域并可能导致阻力发散, 同时力臂较大的桨尖产生的扭矩在旋翼整体扭矩 (即功率消耗) 中占有很大比重; 从升力来看, 由于桨尖来流速度较高, 升力较大, 由此会产生强烈的桨尖涡, 带来一些桨/涡干扰、涡/面干扰等气动问题, 从而影响直升机的气动特性。从 20 世纪 60 年代开始, 随着直升机飞行速度的提高, 传统的矩形桨尖导致了多种气动问题, 直升机界对此进行了大量研究。

Spivey 和 Morehouse (1970) 较早开始研究后掠桨尖的气动问题, 着重分析了后掠桨尖带来的气动中心后移效应。NASA-ARC(Ames Research Center)(Mosher, 1983) 对四种形式桨尖 (后掠、尖削、后掠尖削及矩形桨尖) 的旋翼进行了风洞试验, 通过对比旋翼的拉力和扭矩分析了不同桨尖外形对旋翼气动噪声特性的影响。在直升机设计中, 西科斯基公司的 UH-60A "黑鹰" 直升机旋翼采用了具有 20° 后掠角的桨尖 ($r/R = 0.95$ 处开始后掠), 这一设计可以有效抑制前行桨叶尖部激波的产生。Lorber 等 (1989) 针对 UH-60A 直升机旋翼缩比模型的气动特性开展了风洞试验研究。同一时期的 AH-64 "阿帕奇" 直升机的旋翼也采用了后掠桨尖设计 (Amer and Prouty, 1983)。

英国韦斯特兰 (Westland) 公司采用了完全不同的后掠桨尖设计方案 (Brocklehurst and Duque, 1990), 为避免气动中心后移, 将后掠部分整体前移, 使后掠部分的气动中心位置移动到桨叶变距轴线上, 以便解决剖面气动中心后移导致的气弹问题。这一独特的桨尖形成了前缘先前掠再后掠的变化形式, 其设计思路逐渐发展为后来著名的 BERP 桨叶, 采用了这种全新的设计方案后, 不仅旋翼升力有明显提高, 前飞速度也有很大的改善。1986 年, 配备 BERP Ⅲ旋翼 (图 4-1(a)) 的 "山猫" 直升机创造了 400.87km/h 的直升机飞行速度世界纪录 (Perry, 1987)。经过多年的发展, 最新的 BERP Ⅳ旋翼采用了桨尖下反设计 (图 4-1(b), Robinson and Brocklehurst, 2008), 有效改善了旋翼的悬停性能。

法国也很重视对桨尖的研究, 20 世纪 70 年代, ONERA 在 S2CH 风洞中用两片无扭转桨叶的模型旋翼对 30° 常规后掠桨尖和矩形桨尖开展了对比试验 (Desopper et al., 1989), 发现后掠桨尖能有效减弱前行桨叶的激波强度。Roesch (1982) 对 "海豚" 直升机 (SA365N) 的旋翼桨叶气动外形进行了分析, 研究了桨尖形状、负扭转和翼型等对旋翼气动性能的影响。与 UH-60A 直升机旋翼的后掠桨尖不同, 为兼顾气动和噪声特性, ONERA 将桨尖后掠与尖削结合, 开展了前缘抛物后掠桨尖的试验研究；Philippe (1992) 指出，抛物前缘桨尖可以有效地减小旋翼气动噪声；而 Kampa 等 (1999) 的进一步研究表明，在大载荷、大速度前飞状态下，这一桨叶尖部外缘形成了激波，降低了旋翼气动特性，并给出了改进方案。2011 年，Rauch 在 ERATO(Etude d'un Rotor Aéroacoustique Technologiquement Optimisé) 项目 (旨在保持良好气动载荷性能的同时减小气动噪声) 的基础上进行了旋翼气动外形优化设计，从而设计了大尺度后掠–前掠特征的 Blue-Edge 旋翼，数值模拟及试验验证表明，Blue-Edge 旋翼能够有效地削弱桨尖附近的气流分离，从而改善了旋翼的悬停效率。

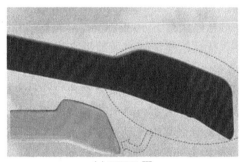 

(a) BERP Ⅲ   (b) BERP Ⅳ

图 4-1 BERP 桨尖外形

相对于后掠、尖削桨尖等二维平面形状，桨尖三维变化的研究开展较晚，Mantay 和 Yeager (1982) 首次研究了矩形–下反、后掠–下反和后掠尖削–下反等桨尖组合形式对旋翼气动特性的影响。Brocklehurst 和 Duque (1990) 通过风洞试验发现，增加了下反的 BERP 桨尖旋翼的气动特性得到了进一步改进。Muller 等 (1987，1990) 开展了下反桨尖对旋翼悬停/前飞气动特性影响的试验，研究了下反起始位置对旋翼气动特性的影响。Pape 和 Beaumier (2005) 采用 CFD 方法对 Helishape 7A/7AD 桨叶进行了基于梯度法的优化设计研究，并分别对桨尖的下反、后掠、尖削等桨叶特征参数进行了优化。

国内，本书作者团队 (招启军等，2005，2007，2009a，2009b，2019；王博，2012；倪同兵，2017) 设计了具有前掠–后掠特征的 CLOR 系列新型桨尖旋翼 (详见第 5 章)，数值模拟及试验结果表明，CLOR 系列新型桨尖旋翼在相同功率下能够有效地提高旋翼拉力系数，并能够有效降低旋翼气动噪声。

除了翼型和桨尖形状外，桨叶扭转分布也会对旋翼气动特性产生重要影响。儒氏旋翼在悬停状态下的诱导功率最小 (王适存，1985；Leishman，2006)，但桨叶扭转变化剧烈，桨叶难以加工，并且前飞时气动性能下降严重，因此并未工程应用。受技术条件限制，早期的桨叶均采用较小的线性负扭转设计。20 世纪 60 年代，美国海军资助西科斯基公司开展的 "改进型旋翼桨叶 (improved rotor blade，IRB)"
研究项目 (Leoni，2007) 中，Jepson (1974) 针对旋翼的扭转分布进行了大量的试
验研究工作，发现在旋翼尖部采用特别的非线性扭转分布可以明显改善旋翼气动
效率，并因此提出了 Beta-Tip 桨尖设计。另外，西科斯基公司的研究发现采用钛
合金代替铝作为桨叶大梁可以明显提高大应变状态下桨叶的疲劳寿命，从而可以
采用更大的桨叶扭转分布，这一研究成果随后被应用于 "黑鹰" 直升机的旋翼设计
(Leoni，2007)。值得一提的是，西科斯基的 UH-60A"黑鹰" 直升机旋翼正是采用后
掠桨尖、先进的 SC1095 系列翼型和非线性大负扭转的组合设计并获得了成功。王
博等 (2012) 基于 CFD 方法和径向基函数 (radial basis function，RBF) 方法，建
立了一套旋翼气动外形优化设计方法，并对悬停状态下 Helishape 7A 旋翼桨叶的
扭转分布进行了优化设计，计算结果表明，优化旋翼能够有效地提高旋翼的悬停
效率。

　　随着直升机旋翼气动性能的快速提升，旋翼气动噪声也成为桨叶气动外形研
究的另一个热点。在 20 世纪 70 年代，美国开展了旋翼气动外形对气动噪声特性
影响的研究，Landgrebe 和 Bellinger (1974) 从降低桨尖流动速度峰值的角度设计
了 Ogee 桨尖。Tangler (1975) 则设计了多种桨尖外形并进行了试验研究，其主要
设计思路是通过改变桨尖形状产生多个桨尖涡，以分散、减弱桨尖涡的强度，从而
减弱 BVI 噪声。1986 年，Beddoes 通过理论研究发现，将集中而强烈的桨尖涡分
裂比增大涡核半径能更有效地降低 BVI 噪声，这促使 Brocklehurst 和 Pike (1994)
设计了 Vane 桨尖并开展了风洞试验研究，该桨尖的特点在于生成了两个强度相
等且间距较大的桨尖涡，试验结果表明，该桨尖可以减小 5.6dB 的 BVI 噪声。除
了 BVI 噪声外，前飞时前行侧桨叶尖部形成的激波会产生强烈的高速脉冲 (high
speed impulse，HSI) 噪声。由前述的内容可知，桨尖形状也对激波的形成有重要影
响。Baeder (1998) 通过数值模拟方法研究了多种形状的桨尖在大速度下的流场特
征，设计了 FASTT (Forward Aeroacoustically Swept Thin and Tapered) 桨尖，计
算表明，该桨尖可以有效减弱 HSI 噪声。英国的 BERP 桨尖由于同时采用了薄翼
型、大尖削、前缘大后掠等有利于减弱桨尖部位激波生成的外形布局，也体现出良
好的 HSI 噪声特性 (Robinson and Brocklehurst，2008)。

4.2　旋翼气动性能参数

4.2.1　桨盘载荷与功率载荷

　　旋翼桨盘载荷 (disk loading) p 是指旋翼单位扫掠面积所需承受的重量，即直
升机重量除以桨盘面积。

$$p = \frac{G}{\pi R^2} \quad (\text{N/m}^2) \tag{4.1}$$

式中，G 为直升机的重量，N；R 为旋翼半径，m。

直升机旋翼功率载荷 (power loading) q 是指直升机重量与需用功率的比值，即单位功率所能产生的拉力：

$$q = \frac{G}{P_{\text{ideal}}} \quad (\text{N/W}) \tag{4.2}$$

式中，P_{ideal} 为旋翼理想功率。

基于旋翼滑流理论 (王适存，1985)，在理想状态下，悬停时旋翼功率为桨盘拉力与诱导速度的乘积，即

$$P_{\text{ideal}} = T v_1 \Rightarrow v_1 = \frac{P_{\text{ideal}}}{T} \tag{4.3}$$

式中，T 为旋翼拉力；v_1 为桨盘平面的诱导速度。

同时，由旋翼拉力可以推导出桨盘处的诱导速度为

$$\left.\begin{array}{r} T = \dot{m} v_2 = 2\dot{m} v_1 \\ \dot{m} = \rho A v_1 \end{array}\right\} \Rightarrow v_1 = \sqrt{\frac{T}{2\rho A}} \tag{4.4}$$

式中，$\dot{m}$ 为单位时间内流过的空气质量；A 为旋翼桨盘面积，$A = \pi R^2$；v_2 为桨盘下方远场诱导速度，$v_2 = 2v_1$；ρ 为空气密度。

联立式 (4.3) 与式 (4.4) 可得

$$\sqrt{\frac{T}{2\rho A}} = \frac{P_{\text{ideal}}}{T} \Rightarrow \sqrt{\frac{p}{2\rho}} = q^{-1} \Rightarrow q\sqrt{p} = \sqrt{2\rho} \tag{4.5}$$

由式 (4.5) 可知，功率载荷与桨盘载荷的平方根成反比。

4.2.2 悬停效率

悬停效率 (figure of merit，FM) 是旋翼设计的重要性能指标，是悬停状态理想功率 P_{ideal} (旋翼拉力与诱导速度的乘积，即旋翼理想诱导功率) 与实际功率 P_{real} (实际诱导功率 P_i 与型阻功率 P_0 之和) 的比值，即

$$\text{FM} = \frac{P_{\text{ideal}}}{P_{\text{real}}} = \frac{P_{\text{ideal}}}{P_i + P_0} \tag{4.6}$$

由旋翼滑流理论 (王适存，1985) 可知，旋翼理想功率与诱导功率分别为

$$P_{\text{ideal}} = \frac{1}{2}\rho\pi R^2 (\Omega R)^3 \left(\frac{C_{\text{T}}^{3/2}}{2}\right) \tag{4.7}$$

$$P_{\mathrm{i}} = \frac{1}{2}\rho\pi R^2(\Omega R)^3\left(\frac{C_{\mathrm{T}}^{3/2}}{2\sqrt{\kappa}}\right) \tag{4.8}$$

式中，C_{T} 为旋翼拉力系数；Ω 为旋翼旋转角速度；κ 为叶端损失因子，其值小于 1。

由旋翼叶素理论 (王适存，1985) 可知

$$P_0 = \frac{1}{2}\rho\pi R^2(\Omega R)^3\left(\frac{1}{4}K_{\mathrm{P}}\sigma C_{\mathrm{d}}\right) \tag{4.9}$$

式中，σ 为旋翼实度；C_{d} 为旋翼阻力系数 (即桨叶典型剖面的阻力系数代替各剖面阻力系数)；K_{P} 为阻力修正系数，用于考虑阻力分布不均匀对旋翼型阻功率带来的影响。

因此，有

$$\mathrm{FM} = \frac{\dfrac{C_{\mathrm{T}}^{3/2}}{2}}{\dfrac{C_{\mathrm{T}}^{3/2}}{2\sqrt{\kappa}} + K_{\mathrm{P}}\sigma\dfrac{C_{\mathrm{d}}}{4}} \tag{4.10}$$

前面式 (4.2) 功率载荷的定义中采用理想状态的功率消耗，但是实际工作时存在非理想功率的消耗，因此对式 (4.2) 加入修正，同时结合式 (4.5) 可得

$$q = \frac{T}{P_{\mathrm{real}}} = \frac{T}{P_{\mathrm{ideal}}/\mathrm{FM}} = \mathrm{FM}\frac{T}{P_{\mathrm{ideal}}} = \frac{\mathrm{FM}\sqrt{2\rho}}{\sqrt{p}} \tag{4.11}$$

由式 (4.11) 可以看出，要获得高的功率载荷，旋翼应有较小的桨盘载荷。

旋翼气动性能与其操作状态有很大关系，即悬停效率与桨盘载荷和旋翼实度关系密切，因此为找出旋翼性能与其参数之间的关系，以旋翼参数形式将功率载荷表示为

$$q = \frac{T}{P_{\mathrm{real}}} = \frac{1}{\Omega R}\frac{C_{\mathrm{T}}}{m_{\mathrm{k}}} = \frac{C_{\mathrm{T}}}{\Omega R}\left(\frac{C_{\mathrm{T}}^{3/2}}{2\sqrt{\kappa}} + K_{\mathrm{P}}\sigma\frac{C_{\mathrm{d}}}{4}\right)^{-1} \tag{4.12}$$

式中，m_{k} 为旋翼功率系数。

由式 (4.12) 可以发现，功率载荷可以看成旋翼拉力系数的函数，对拉力系数求导可得

$$\frac{\partial q}{\partial C_{\mathrm{T}}} = \frac{1}{\Omega R}\left(\frac{C_{\mathrm{T}}^{3/2}}{2\sqrt{\kappa}} + K_{\mathrm{P}}\sigma\frac{C_{\mathrm{d}}}{4}\right)^{-1} - \frac{C_{\mathrm{T}}}{\Omega R}\left(\frac{C_{\mathrm{T}}^{3/2}}{2\sqrt{\kappa}} + K_{\mathrm{P}}\sigma\frac{C_{\mathrm{d}}}{4}\right)^{-2}\left(\frac{3}{4\sqrt{\kappa}}C_{\mathrm{T}}^{1/2}\right) \tag{4.13}$$

令 $\dfrac{\partial q}{\partial C_{\mathrm{T}}} = 0$，则可以找到功率载荷为最大值时拉力系数的取值，有

$$\frac{1}{\Omega R}\left(\frac{C_{\mathrm{T}}^{3/2}}{2\sqrt{\kappa}}+K_{\mathrm{P}}\sigma\frac{C_{\mathrm{d}}}{4}\right)^{-1}=\frac{C_{\mathrm{T}}}{\Omega R}\left(\frac{C_{\mathrm{T}}^{3/2}}{2\sqrt{\kappa}}+K_{\mathrm{P}}\sigma\frac{C_{\mathrm{d}}}{4}\right)^{-2}\left(\frac{3}{4\sqrt{\kappa}}C_{\mathrm{T}}^{1/2}\right) \quad (4.14)$$

$$C_{\mathrm{T}}=(\sqrt{\kappa}K_{\mathrm{P}}\sigma C_{\mathrm{d}})^{2/3} \quad (4.15)$$

将式 (4.15) 代入悬停效率表达式 (4.10)，可得

$$\mathrm{FM}=\frac{\sqrt{\kappa}K_{\mathrm{P}}\sigma C_{\mathrm{d}}}{K_{\mathrm{P}}\sigma C_{\mathrm{d}}+K_{\mathrm{P}}\sigma\dfrac{C_{\mathrm{d}}}{2}}=\frac{2}{3}\sqrt{\kappa} \quad (4.16)$$

在理想状态下 ($\kappa=1$)，功率载荷为最大值时的悬停效率为 0.667；但在实际情况下，κ 始终小于 1，若有最大旋翼功率载荷，则悬停效率小于 0.667。

图 4-2 给出了其他系数固定时功率载荷和悬停效率与桨叶拉力系数的理论关系 (Leishman，2007)，理论公式见式 (4.10) 与式 (4.12)。可以看出，随着桨叶拉力系数的增大，悬停效率增大，但并非悬停效率越大，功率载荷也越大，功率载荷随桨叶拉力系数与悬停效率的增大先增大后减小，在悬停效率为 $\dfrac{2}{3}\sqrt{\kappa}$ 时功率载荷有最大值。理想状态的功率载荷与桨盘载荷关系式 (4.5) 表明，功率载荷与桨盘载荷成反比，即桨盘载荷越小，功率载荷越大，但在实际旋翼设计中，桨盘载荷越小，则桨叶尺寸越大，而桨叶尺寸的增大会引起旋翼重量的增大及阻力增大，因此为了在前飞状态减小重量、载荷与阻力，应将旋翼尺寸减小。由图 4-2 可以发现，在功率载荷超过最大值后，随着桨叶拉力系数的增大，功率载荷的减小趋势较为缓和，因此可以在该区域内对旋翼开展设计，一方面保证旋翼尺寸不至过大 (较大的桨盘载荷)，另一方面不会使功率载荷大幅减小。

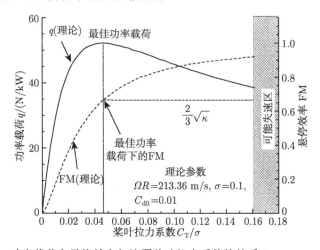

图 4-2　功率载荷和悬停效率与旋翼桨叶拉力系数的关系 (Leishman，2007)

由式 (4.10) 经过变换可知

$$\mathrm{FM} = \frac{\dfrac{C_\mathrm{T}^{3/2}}{2}}{\dfrac{C_\mathrm{T}^{3/2}}{2\sqrt{\kappa}} + K_\mathrm{P}\sigma\dfrac{C_\mathrm{d}}{4}} = \frac{1}{\dfrac{1}{\sqrt{\kappa}} + \dfrac{1}{2}K_\mathrm{P}\sigma\dfrac{C_\mathrm{d}}{C_\mathrm{T}^{3/2}}} \tag{4.17}$$

由旋翼叶素理论，旋翼拉力系数 C_T 与翼型升力系数 C_l 的关系为 $C_\mathrm{T} = \dfrac{\kappa}{3}K_\mathrm{T}\sigma C_\mathrm{l}$ (王适存，1985)，K_T 为拉力修正系数，将其代入式 (4.17) 可得

$$\mathrm{FM} = \frac{1}{\dfrac{1}{\sqrt{\kappa}} + \dfrac{1}{2}K_\mathrm{P}\sigma\dfrac{C_\mathrm{d}}{\left(\dfrac{\kappa}{3}K_\mathrm{T}\sigma C_\mathrm{l}\right)^{3/2}}} = \frac{1}{\dfrac{1}{\sqrt{\kappa}} + \dfrac{2.6K_\mathrm{P}}{(\kappa K_\mathrm{T})^{3/2}\sqrt{\sigma}}\left(\dfrac{C_\mathrm{l}^{3/2}}{C_\mathrm{d}}\right)^{-1}} \tag{4.18}$$

由式 (4.18) 可以发现，当组成旋翼桨叶的翼型均工作在最大 $C_\mathrm{l}^{3/2}/C_\mathrm{d}$ 状态时，旋翼有最大悬停效率。因此，现代直升机旋翼翼型设计的目标是在较大的高升力范围内保持翼型具有最大的 $C_\mathrm{l}^{3/2}/C_\mathrm{d}$。但是，由于旋翼桨叶沿展向不同剖面的来流速度与雷诺数有很大差异，并且不同类型直升机的工作状态也有差异，从严格意义上讲，无法令旋翼桨叶任意剖面翼型在不同飞行状态均有最大的 $C_\mathrm{l}^{3/2}/C_\mathrm{d}$，要获得最优的悬停效率，需要针对不同类型直升机进行专用翼型设计。

图 4-3 给出了指定悬停效率 FM 和旋翼实度 σ 情况下 $C_\mathrm{l}^{3/2}/C_\mathrm{d}$ 与叶端损失因子的关系曲线。从图中可以看出，未来直升机旋翼发展的目标是悬停效率足够大，为获得最先进的旋翼，必须降低诱导损失，即令 κ 无限接近于 1。由图 4-3 和式 (4.18) 可以发现，适当减小旋翼实度有利于提高悬停效率，但实度过小亦可能导致失速发生。与直升机旋翼发展对应，旋翼翼型的发展目标是具有更大的 $C_\mathrm{l}^{3/2}/C_\mathrm{d}$。

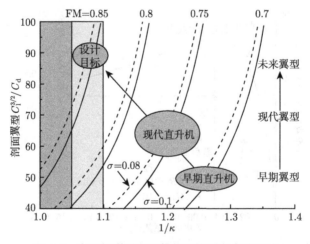

图 4-3　直升机翼型发展趋势及旋翼实度的影响

4.2.3 前飞旋翼当量升阻比

旋翼当量升阻比 L/D 定义为旋翼升力与全机当量阻力的比值, 公式为

$$\frac{L}{D} = \frac{L}{P/V_0 - (D_{全机} - D_{桨毂})} \tag{4.19}$$

式中, L 为旋翼升力 (拉力的垂向分量); P 为旋翼功率; V_0 为前飞速度; $D_{全机}$ 为全机废阻, $D_{桨毂}$ 为桨毂产生的废阻。

考虑到试验场地密度、温度、转速的变化, 采用无量纲化的旋翼当量升阻比公式为

$$\frac{L}{D} = \frac{C_L}{C_Q/\mu - (C_{D,全机} - C_{D,桨毂})} \tag{4.20}$$

式中, C_L 为旋翼桨盘升力系数; C_Q 为旋翼扭矩系数; μ 为旋翼前进比; $C_{D,全机}$ 为全机废阻力系数; $C_{D,桨毂}$ 为桨毂产生的废阻力系数。

在不考虑机身的旋翼试验条件下, 旋翼的升阻比定义为

$$\frac{L}{D} = \frac{C_L - C_{L,桨毂}}{(C_Q - C_{Q,桨毂})/\mu - (C_{h,桨毂} - C_h)} \tag{4.21}$$

式中, $C_{L,桨毂}$ 为桨毂产生的升力系数; $C_{Q,桨毂}$ 为桨毂引起的扭矩系数; $C_{h,桨毂}$ 为桨毂产生的后向力系数; C_h 为旋翼产生的后向力系数。

在数值模拟条件下, 不考虑机身和桨毂时, 旋翼的升阻比定义为

$$\frac{L}{D} = \frac{C_L}{C_Q/\mu} \tag{4.22}$$

4.3 桨叶翼型配置对旋翼气动特性的影响

一般情况下, 希望采用具有大升阻比的翼型构成升力面, 如飞机的机翼。然而, 由于桨叶具有独特的工作环境, 桨叶沿展向各部分的气动特性在整个旋翼性能中所处的地位有很大差异。对于桨尖部位, 桨尖区域的相对来流较大, 可以获得较大升力, 但与此同时, 阻力也有可能较大, 因此产生的扭转也较大, 而旋翼的功率消耗与扭矩直接相关, 因此在选择桨尖翼型时, 希望选取高阻力发散马赫数、低阻力的翼型。而桨叶内段则不同, 因为与桨尖区域相比, 同样的阻力产生的扭矩较小, 所以宜采用高升力的翼型。

本节介绍直升机旋翼翼型的不同几何参数 (弯度、最大弯度位置及厚度等) 对旋翼气动特性的影响，旋翼气动特性计算采用 CLORNS 代码 (招启军和徐国华，2016)。采用 NACA 四位数翼型作为研究对象，分别根据弯度、最大弯度位置及厚度等参数 (Ladson and Center，1996) 生成旋翼翼型。生成了 6 种不同厚度的对称翼型，以阐述不同翼型厚度对旋翼气动特性的影响；生成了 10 种具有不同弯度和最大弯度位置的翼型，以分析不同翼型弯度及最大弯度位置对旋翼气动特性的影响。

4.3.1 翼型弯度影响

为对比分析不同旋翼翼型对悬停状态旋翼流场和性能的影响，这里首先给出参考旋翼模型，该参考旋翼含有 4 片桨叶，直径为 4.2m，展弦比为 15，旋翼实度 $\sigma = 0.0849$，桨叶为无扭转的矩形桨叶。计算状态为：桨尖马赫数 $Ma_{\text{tip}} = 0.617$，总距范围 $\theta_{0.7} = 5° \sim 10°$。

图 4-4 给出了翼型弯度对旋翼拉力系数和扭矩系数的影响。由图可以看出，对于这四种桨叶，拉力系数和扭矩系数均随总距的增加而增加，在总距相同时，旋翼拉力系数和扭矩系数均随翼型弯度的增加而变大。由此可知，增加旋翼翼型弯度能有效地提高旋翼的拉力，而旋翼扭矩也会相应增大。

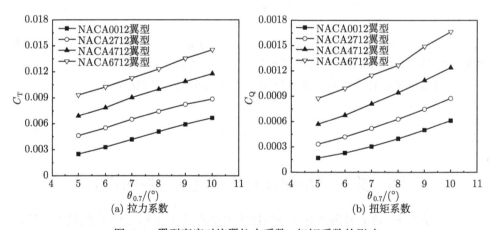

图 4-4 翼型弯度对旋翼拉力系数、扭矩系数的影响

图 4-5 分别给出了不同旋翼的扭矩系数、悬停效率随旋翼拉力系数的变化曲线。可以看出，在相同拉力系数条件下，翼型弯度较大的桨叶对应的旋翼扭矩系数比弯度较小的桨叶要低些。因此，采用的翼型弯度越大，旋翼性能一般更好，从悬停效率的对比中可更清楚地看出该趋势。

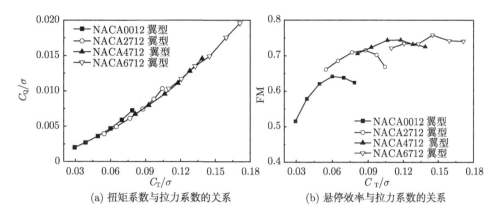

(a) 扭矩系数与拉力系数的关系　　　　(b) 悬停效率与拉力系数的关系

图 4-5　不同翼型配置旋翼的气动特性对比

图 4-6 给出了总距为 $7°$ 状态下桨叶 $r/R = 0.9$ 剖面的压强系数分布对比。可以看出,翼型弯度的增加使翼型上表面的压强系数分布更平缓,从而减小了逆压梯度,有利于延缓在大总距 (大拉力) 状态下桨叶的失速,抑制悬停效率下降过快的特征 (图 4-5),这有利于提高旋翼气动性能。

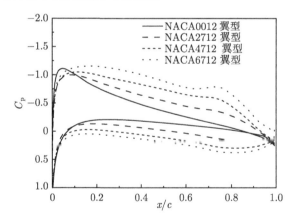

图 4-6　不同翼型配置旋翼剖面压强系数分布对比 ($\theta_{0.7} = 7°, r/R = 0.9$)

图 4-7 给出了不同最大弯度位置对旋翼悬停效率的影响。从图中可以看出,随着最大弯度位置从翼型前缘向后移动,相同总距下拉力逐步增加。相对于 NACA4212 翼型,NACA4512 和 NACA4712 翼型对应的悬停效率均有所增加。图 4-8 给出了这几种旋翼桨叶 $r/R = 0.9$ 剖面的压强系数分布对比。从图中可以看出,最大弯度位置后移对上表面流动影响较大,升力的分布向后缘移动,这一改变有利于旋翼整体升力的增加。

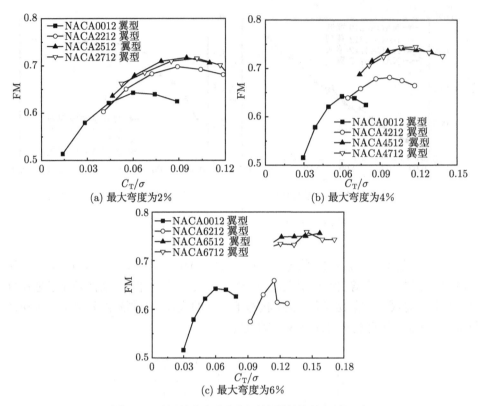

(a) 最大弯度为2%　　　　　　　(b) 最大弯度为4%

(c) 最大弯度为6%

图 4-7　不同最大弯度位置对旋翼悬停效率的影响

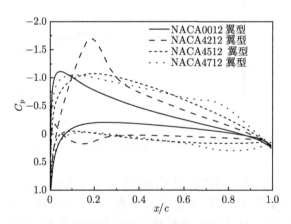

图 4-8　不同最大弯度位置翼型桨叶剖面压强系数分布对比 ($\theta_{0.7} = 7°, r/R = 0.9$)

4.3.2　翼型厚度影响

图 4-9 给出了不同厚度翼型旋翼悬停效率随拉力系数的变化曲线，图 4-10 给

出了不同厚度翼型桨叶剖面压强系数分布对比。以 NACA0012 翼型为基准翼型，通过对比可以发现，更薄的翼型会使小拉力状态下旋翼的悬停效率增加，但在大拉力状态下悬停效率急剧下降，这是因为薄翼型的失速迎角较小，导致扭矩激增 (薄翼型容易发生前缘分离)。随着翼型厚度的增加，在不同拉力状态下悬停效率均有所下降，翼型越厚，下降越明显，并且小拉力状态下悬停效率下降更为明显。

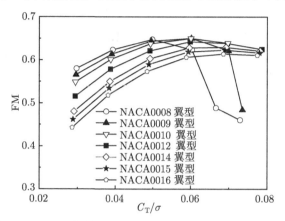

图 4-9 不同厚度翼型旋翼悬停效率随拉力系数的变化曲线

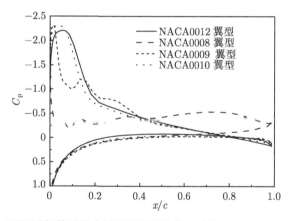

图 4-10 不同厚度翼型桨叶剖面压强系数分布对比 $(\theta = 9^\circ, r/R = 0.966)$

4.4 桨尖设计原理

4.4.1 桨尖气动环境

众所周知，后掠机翼在固定翼飞机上已经取得了广泛应用，主要得益于它的两个特性：一是减弱空气的压缩性，推迟激波的发生；二是提高阻力发散马赫数并抑

制阻力突增。这得益于机翼前缘法向来流速度的减小。以无限翼展斜置机翼为例,
它的临界马赫数可以提高到直机翼的 $1/\cos\Lambda$ 倍 (Λ 为机翼前缘的后掠角), 从而
提高阻力发散马赫数。由于机翼的有效速度低于飞行速度, 作用在翼面上的压力值
也减小 (约按 $\cos\Lambda$ 规律减小), 因此后掠机翼有 "减缓" 阻力突增的优点。

鉴于后掠翼具有减弱高速飞行时机翼上的空气压缩性、推迟激波发生等优点,
加之旋翼前行桨叶上的压缩性影响是限制直升机最大飞行速度的重要原因之一, 于
是采用后掠桨尖的旋翼应运而生, 下面先从理论上分析后掠桨尖的来流速度特征。
图 4-11 给出了后掠桨尖桨叶 (简称后掠桨叶) 来流示意图, 图中 Λ 为后掠角, V_0
为前飞速度, ψ 为方位角, V_{n} 为矩形桨叶前缘法向来流速度, V_{t} 为矩形桨叶前缘
切向来流速度, V_{ns} 为桨尖后掠部分前缘法向来流速度, V_{ts} 为桨尖后掠部分前缘
切向来流速度, r 为桨叶的展向位置。

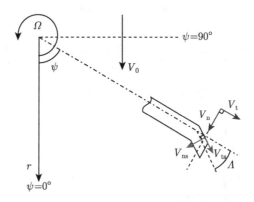

图 4-11   后掠桨尖桨叶来流示意图

矩形桨叶和后掠桨叶剖面的法向速度与切向速度可以由前飞速度与旋转速度
表示为

$$
\begin{aligned}
V_{\mathrm{n}} &= \Omega r + V_0 \sin\psi \\
V_{\mathrm{t}} &= V_0 \cos\psi \\
V_{\mathrm{ns}} &= \Omega r \cos\Lambda + V_0 \sin(\psi - \Lambda) \\
V_{\mathrm{ts}} &= \Omega r \sin\Lambda + V_0 \cos(\psi - \Lambda)
\end{aligned}
\tag{4.23}
$$

由式 (4.23) 可以获得后掠桨叶与矩形桨叶的速度对应关系, 即

$$
\begin{aligned}
V_{\mathrm{ns}} &= V_{\mathrm{n}}\cos\Lambda - V_{\mathrm{t}}\sin\Lambda = V_{\mathrm{n}}\left(1 - \frac{V_{\mathrm{t}}}{V_{\mathrm{n}}}\tan\Lambda\right)\cos\Lambda \\
V_{\mathrm{ts}} &= V_{\mathrm{n}}\sin\Lambda + V_{\mathrm{t}}\cos\Lambda = V_{\mathrm{n}}\left(1 + \frac{V_{\mathrm{t}}}{V_{\mathrm{n}}}\cot\Lambda\right)\sin\Lambda
\end{aligned}
\tag{4.24}
$$

4.4.2 后掠桨尖的剖面等效迎角

桨尖后掠会引起后掠部分桨叶剖面等效迎角的变化，本节将给出后掠部分的剖面等效迎角 α_2 与迎角 α_1 之间的关系。

图 4-12 给出了后掠桨尖局部示意图，其中，$\angle ACB$ 为后掠角 Λ，$\angle CAD$ 为后掠部分某一剖面的安装角 φ_1，$\angle CBD$ 为等效安装角 φ_2，则 φ_1 与 φ_2 的关系可以由以下几何关系导出。

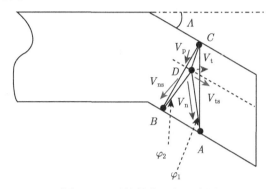

图 4-12 后掠桨尖局部示意图

因为

$$AC \cdot \sin \varphi_1 = BC \cdot \sin \varphi_2 = CD \tag{4.25}$$

又

$$AC \cdot \cos \Lambda = BC \tag{4.26}$$

所以

$$AC \cdot \cos \Lambda \sin \varphi_2 = AC \cdot \sin \varphi_1 \tag{4.27}$$

得到

$$\sin \varphi_2 = \sin \varphi_1 / \cos \Lambda \tag{4.28}$$

因为 φ_1、φ_2 均较小 (一般小于 15°)，近似有

$$\varphi_1 \approx \sin \varphi_1$$
$$\varphi_2 \approx \sin \varphi_2 \tag{4.29}$$

将式 (4.29) 代入式 (4.28)，得到 φ_2 与 φ_1 的关系为

$$\varphi_2 = \varphi_1 / \cos \Lambda \tag{4.30}$$

矩形桨叶剖面迎角 α 与安装角 φ 的关系为

$$\alpha = \varphi - \arctan \frac{V_{\mathrm{p}}}{V_{\mathrm{n}}} \tag{4.31}$$

式中，V_p 为垂直方向的速度；V_n 为矩形桨叶前缘法向来流速度，如图 4-12 所示。

后掠桨叶剖面迎角和等效迎角分别为

$$\alpha_1 = \varphi_1 - \arctan \frac{V_p}{V_n} \tag{4.32}$$

$$\alpha_2 = \varphi_2 - \arctan \frac{V_p}{V_{ns}} \tag{4.33}$$

比较式 (4.32) 和式 (4.33)，可得

$$\frac{\alpha_1 - \varphi_1}{\alpha_2 - \varphi_2} = \frac{\arctan \dfrac{V_p}{V_n}}{\arctan \dfrac{V_p}{V_{ns}}} \tag{4.34}$$

因为在桨尖处有 $V_p \ll V_n(V_{ns})$，所以近似可得

$$\arctan \frac{V_p}{V_n} \approx \frac{V_p}{V_n}$$

$$\arctan \frac{V_p}{V_{ns}} \approx \frac{V_p}{V_{ns}} \tag{4.35}$$

将式 (4.35) 代入式 (4.34)，整理可得

$$\alpha_2 = \frac{V_n}{V_{ns}}\alpha_1 + \varphi_2 - \varphi_1 \frac{V_n}{V_{ns}} \tag{4.36}$$

将 (4.30) 式代入式 (4.36)，可得

$$\alpha_2 = \frac{V_n}{V_{ns}}\alpha_1 + \left(\frac{1}{\cos \varLambda} - \frac{V_n}{V_{ns}} \right) \varphi_1 \tag{4.37}$$

再将式 (4.24) 中的 V_{ns} 表达式代入式 (4.37)，可得到后掠桨叶剖面上的等效迎角为

$$\alpha_2 = \frac{\alpha_1 - \dfrac{V_t}{V_n}\varphi_1 \tan \varLambda}{\cos \varLambda \left(1 - \dfrac{V_t}{V_n} \tan \varLambda \right)} \tag{4.38}$$

4.4.3　后掠桨叶、前掠桨叶与矩形桨叶的对比

1) 悬停状态

因为 V_0 为零，即 $V_t = 0$，所以 $\alpha_2 = \dfrac{\alpha_1}{\cos \varLambda}$，而且 $V_{ns} = V_n \cos \varLambda$，此时后掠桨尖的作用与后掠机翼有相似之处，由于后掠桨叶上的有效来流速度低于相应矩形桨叶上的相对来流速度，可以减弱空气的压缩性，推迟激波的发生，同时可以提

高阻力发散马赫数并减缓阻力突增。但与后掠机翼又有所不同，由于桨叶的旋转运动，桨叶后掠部分的剖面法向来流速度 V_n 沿桨叶展向变大，而且法向来流的方向指向桨叶内段。此时，作用到桨叶后掠剖面上的压力不再满足后掠机翼上的变化规律 (约按 $\cos\Lambda$ 规律减小)，考虑到等效迎角变大，此时的后掠桨叶剖面上的压力可能会大于矩形桨叶。

与后掠桨叶类似，前掠桨叶上的剖面法向来流速度低于对应矩形桨叶上的相对来流速度，因此可以减弱空气的压缩性，推迟激波的发生；同时，尽管桨叶前掠部分的法向来流速度 V_n 沿桨叶展向变大，但是法向来流的方向指向桨叶外端。此时，作用到桨叶前掠剖面上的压力将会小于矩形桨叶，可以起到缓和阻力突增的作用，从而提高旋翼的悬停性能，并且要优于后掠桨叶。

无论是后掠形式还是前掠形式，由于桨叶的旋转运动，桨叶前缘的法向来流速度沿桨叶展向逐渐变大，如果单纯采用直线后掠 (前掠) 形式，桨尖处的相对来流速度可能仍然较大。为了克服这种情况，这里提出一种设计思想，即保证桨叶后掠 (前掠) 部分前缘的相对法向来流速度 V_{ns} (沿展向保持) 为一常数，下面以后掠桨叶为例进行阐述。

令 $V_{ns} = C$ (常数)，有

$$V_{ns} = V_n \cos\Lambda = \Omega r \cos\Lambda = C \tag{4.39}$$

设桨叶后掠的起始位置为 r_0，则 $C = \Omega r_0$，因此只要令后掠角满足

$$\Lambda(r) = \arccos\frac{C}{\Omega r} = \arccos\frac{r_0}{r}, \quad r \in [r_0, R] \tag{4.40}$$

就能使桨叶后掠部分前缘的相对法向来流速度 V_{ns} 保持为常数，从而可较优地利用后掠效应。

确定了桨叶前缘的分布规律与弦长配置即可获得桨叶平面几何外形，因此本书以桨叶前缘的分布规律为例，设计法向来流速度为常数的桨尖外形。以 $r = r_0$ 剖面前缘点为原点建立如图 4-13 所示的坐标系，图 4-13 同时给出了桨叶前缘某点的后掠角与切线示意图。由图可知，桨尖部位任意前缘点切线的斜率为

$$k = -\tan\Lambda(r) = -\frac{\sin\Lambda(r)}{\cos\Lambda(r)} = -\frac{\sqrt{r^2 - r_0^2}}{r_0} \tag{4.41}$$

对式 (4.41) 进行积分即可获得表示桨尖前缘曲线的函数，即

$$y(r) = -\frac{1}{r_0}\int\sqrt{r^2 - r_0^2}\mathrm{d}r$$
$$y(r) = \frac{r}{2r_0}\sqrt{r^2 - r_0^2} - \frac{1}{2}r_0\mathrm{arcosh}\frac{r}{r_0}, \quad r \in [r_0, R] \tag{4.42}$$

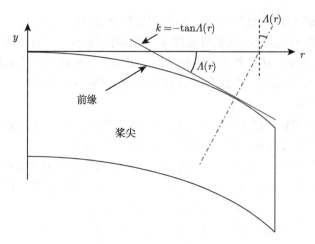

图 4-13　桨尖部位后掠角与前缘点切线示意图

　　此时，满足前缘从零度角开始后掠，对应的 $C = \Omega r_0$，r_0 为后掠起始位置。按照此分布规律的桨叶外形如图 4-14(d) 所示，同时相应地给出了直线前掠桨叶、矩形桨叶及直线后掠桨叶的平面图 (图 4-14(a)~(c))，以供对照。

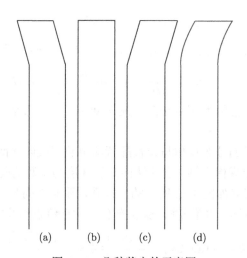

(a)　　　　(b)　　　　(c)　　　　(d)

图 4-14　几种桨尖的示意图

2) 前飞状态

　　因为此时 V_0 不为零，即 $V_t \neq 0$，所以前飞情况要比悬停情况复杂得多，此时，没有悬停时简单的后掠效应关系，并且已很难看出 α_2 与 α_1、V_{ns} 与 V_n 的大小关系。研究发现，在旋翼旋转一周的过程中，后掠桨尖上的剖面法向来流速度不一定小于对应的矩形桨尖上的情况，同时，等效迎角也不一定变大，这就给后掠桨尖的应用带来了负面影响。下面给出 α_2 与 α_1、V_{ns} 与 V_n 大小关系的证明。

(1) V_{ns} 与 V_n 的大小关系证明。

因为 $V_{ns} = \Omega r \cos \Lambda + V_0 \sin(\psi - \Lambda)$，可以看出，当 $\psi = 90° + \Lambda$ 时，有

$$(V_{ns})_{max} = \Omega r \cos \Lambda + V_0 \tag{4.43}$$

假设不等式 $V_{ns} \geqslant V_n$ 成立，将 V_{ns} 与 V_n 的表达式代入，可得

$$\Omega r \cos \Lambda + V_0 \sin(\psi - \Lambda) \geqslant \Omega r + V_0 \sin \psi \tag{4.44}$$

将式 (4.44) 化简，可得到

$$\Omega r(\cos \Lambda - 1) + V_0 \sin \psi(\cos \Lambda - 1) - V_0 \cos \psi \sin \Lambda \geqslant 0 \tag{4.45}$$

对于后掠桨尖，$\cos \Lambda - 1 < 0$ 恒成立，则将式 (4.45) 两边除以 $\cos \Lambda - 1$，可得

$$V_0 \cos \psi \frac{\sin \Lambda}{\cos \Lambda - 1} - V_0 \sin \psi - \Omega r \geqslant 0 \tag{4.46}$$

构造函数 $f(\psi) = V_0 \cos \psi \dfrac{\sin \Lambda}{\cos \Lambda - 1} - V_0 \sin \psi - \Omega r$，并令 $a = \dfrac{\Omega r}{V_0}$ 和 $b = \dfrac{\sin \Lambda}{\cos \Lambda - 1}$。在桨尖处，根据直升机的运动特点，有 $a > 1$ 且 $b < 0$ 成立。于是 $f(\psi)$ 可简化为

$$f(\psi) = V_0 \left(b \cos \psi - \sin \psi - a \right) \tag{4.47}$$

分析得到，当方位角在 $[270°, 360°]$ 和 $[0°, 90°]$ 内时，有 $f(\psi) < 0$，即 $V_{ns} < V_n$，方位角在 $(90°, 270°)$ 内的情况复杂些。函数 $f(\psi)$ 关于方位角 ψ 的导数为

$$f'(\psi) = -V_0 \left(\cos \psi + b \sin \psi \right) \tag{4.48}$$

当 $\psi \in (90°, 180°]$ 时，$f'(\psi) > 0$，说明在此区间内，函数 $f(\psi)$ 递增。如果方程 $f(\psi) = 0$ 有解，表示存在一个连续子区间，满足 $V_{ns} \geqslant V_n$。

将万能公式 $\sin \psi = \dfrac{2 \tan \dfrac{\psi}{2}}{1 + \tan^2 \dfrac{\psi}{2}}$ 和 $\cos \psi = \dfrac{1 - \tan^2 \dfrac{\psi}{2}}{1 + \tan^2 \dfrac{\psi}{2}}$ 代入方程 $f(\psi) = 0$ 中，可整理得到一个一元二次方程：

$$(a + b)x^2 + 2x + a - b = 0 \tag{4.49}$$

式中，$x = \tan\dfrac{\psi}{2}$，此时 $x \geqslant 1$。

要使方程 (4.49) 有解必须满足以下条件：

$$\Delta = 1 - a^2 + b^2 \geqslant 0$$
$$x = \frac{-1 \pm \sqrt{1 - a^2 + b^2}}{a + b} \geqslant 1 \tag{4.50}$$

通过分析得到，当 $a + b \leqslant 0$ 时，方程有解；当 $a + b > 0$ 时，方程无解。

设桨叶后掠的起始位置为 r_0，最大前进比为 $\mu_{\max}$，a 和 b 满足 $a = \dfrac{\Omega r}{V_0} = \dfrac{r}{\mu R}$，$b = \dfrac{\sin\Lambda}{\cos\Lambda - 1} = -\cot\dfrac{\Lambda}{2}$。要使方程无解，有

$$\cot\frac{\Lambda}{2} < \frac{r}{\mu R} \tag{4.51}$$

由式 (4.51) 可解得后掠角必须满足如下关系：

$$\Lambda > 2\mathrm{arccot}\frac{r_0}{R\mu_{\max}} \tag{4.52}$$

只要满足式 (4.52)，此时方位角在 $[270°, 360°]$、$[0°, 180°]$ 内，后掠桨叶上的相对来流马赫数均小于矩形桨叶情况。

当 $\psi \in (180°, 270°)$ 时，$f'(\psi)$ 先大于零，再小于零，即函数 $f(\psi)$ 先增后减。如果方程 $f(\psi) = 0$ 有解，表示存在一个连续子区间，满足 $V_{\mathrm{ns}} \geqslant V_{\mathrm{n}}$。仿照上述方法求得，当 $\sin\dfrac{\Lambda}{2} > \dfrac{\mu R}{r}$ 时，方程无解，即在此象限内，后掠桨叶上的相对来流马赫数均小于矩形桨叶情况。此时后掠角必须满足如下关系：

$$\Lambda > 2\arcsin\frac{R\mu_{\max}}{r_0} \tag{4.53}$$

比较上述两个后掠角满足的关系式，发现只要后掠角满足 $\Lambda > 2\arcsin\dfrac{R\mu_{\max}}{r_0}$，在所有区域内，后掠桨叶上的相对来流马赫数均小于矩形桨叶情况。进一步，当 $a + b < 0$，即 $\Lambda < 2\arcsin\dfrac{r_0}{R\mu_{\max}}$ 时，可以推导出后掠桨叶上的相对来流马赫数大于矩形桨叶的区间，具体表达为

$$\psi \in \left[2\arctan\frac{-1 - \sqrt{1 - a^2 + b^2}}{a + b},\, 360° + 2\arctan\frac{-1 + \sqrt{1 - a^2 + b^2}}{a + b} \right] \tag{4.54}$$

(2) α_2 与 α_1 的大小关系证明。

为分析简便，令 $\varphi_1 = 0$，此时 α_2 与 α_1 的大小关系比较简单，即

$$\alpha_2 = \frac{\alpha_1}{\cos \Lambda \left(1 - \dfrac{V_t}{V_n} \tan \Lambda\right)} \tag{4.55}$$

发现，α_2 与 α_1 的大小关系与 V_{ns} 与 V_n 的大小关系一致，因为

$$V_{ns} = V_n \cos \Lambda \left(1 - \frac{V_t}{V_n} \tan \Lambda\right) \tag{4.56}$$

所以有

$$\frac{\alpha_2}{\alpha_1} = \frac{V_n}{V_{ns}} \tag{4.57}$$

于是上述关于 V_{ns} 与 V_n 大小关系的结论直接可以用来比较 α_2 与 α_1 的大小，但结论正好相反。例如，当后掠角满足 $\Lambda > 2\arcsin \dfrac{R\mu_{max}}{r_0}$ 时，在所有象限内，后掠桨叶上的等效迎角均大于矩形桨叶情况，而此时后掠桨叶上的相对来流马赫数均小于矩形桨叶情况。进一步，当 $a + b < 0$，即 $\Lambda < 2\arcsin \dfrac{r_0}{R\mu_{max}}$ 时，后掠桨叶上的等效迎角小于矩形桨叶的区间也为式 (4.54) 所给的范围。

综合上述证明过程可知，当 $\Lambda > 2\arcsin \dfrac{R\mu_{max}}{r_0}$ 时，有

$$\alpha_2 > \alpha_1 \quad V_{ns} < V_n \tag{4.58}$$

此时阻力发散马赫数提高，有减缓阻力剧增的作用，而且相对来流马赫数均小于矩形桨叶情况，有利于提高桨叶的前飞速度。

需要注意的是，在方位角 $[90°, 180°]$ 范围内，相对法向来流速度可能较大，即最有可能出现超临界流现象。进一步研究表明，当后掠角满足 $\Lambda > 2\mathrm{arccot} \dfrac{r_0}{R\mu_{max}}$ 时，在方位角 $[90°, 180°]$ 范围内不存在后掠桨叶上的超临界流强于矩形桨叶的情况。进一步，当后掠角 $\Lambda < 2\mathrm{arccot} \dfrac{r_0}{R\mu_{max}}$ 时，可证明桨叶方位角在 $[90° + \Lambda, 270°]$ 内的某一连续区域有 $V_{ns} > V_n$，$\alpha_2 < \alpha_1$ 成立，此时可能出现后掠桨尖上的超临界流强于矩形桨叶的情况，即在这些区域，后掠桨尖没有减弱压缩性，阻力有可能会增加，这就给后掠桨尖的应用带来一定影响。如果采用上述条件 $\Lambda > 2\mathrm{arccot} \dfrac{r_0}{R\mu_{max}}$，则后掠角较大，会导致桨叶的重心和气动中心后移，给桨叶的动力学特性带来影响。为了克服上述困难，可以将桨叶的桨尖部分前移，如采用前掠桨尖，从而使重心与气动中心前移。前面已证明了悬停状态下前掠桨尖和后掠桨尖的气动效果相似，表明前飞状态下的前掠桨尖和后掠桨尖的气动效果也很相似，例如，当前掠角满足 $\Lambda > \arcsin \dfrac{R\mu_{max}}{r_0}$ 时，有

$$\alpha_2 > \alpha_1, \ V_{ns} < V_n \tag{4.59}$$

当前掠角 $\Lambda < 2\mathrm{arccot}\dfrac{r_0}{R\mu_{\max}}$ 时，在方位角 $[270°, 360°]$ 与 $[0°, 90° - \Lambda]$ 的某一连续区域，有 $V_{\mathrm{ns}} > V_{\mathrm{n}}, \alpha_2 < \alpha_1$ 成立，此时可能出现前掠桨叶上的超临界流强于矩形桨叶的情况。

基于上述分析，可将前掠桨尖和后掠桨尖结合起来，组成一种新型"锯齿"形桨尖，同时为了使前缘相对法向来流尽量保持均匀，可以结合悬停状态分析的结论，只要后掠 (前掠) 角满足一定的分布规律，就可以实现这一效果。

4.5　桨尖气动外形参数影响规律

4.5.1　桨尖后掠对旋翼气动性能的影响

桨尖形状变化常见的主要形式有后掠、下反和尖削等。由于旋翼做旋转运动，桨叶不同展向剖面的来流马赫数随半径呈线性变化，因此在桨尖处来流速度容易出现跨声速流动。当桨尖表面出现激波后，阻力会急剧增加，同时由于桨尖到桨毂距离较大，扭矩和需用功率快速上升。因此，有效减弱桨尖激波与跨声速流动成为提高直升机前飞速度的重要研究目标。如前面所述，后掠桨尖是一种抑制激波发生的重要方法，著名的 UH-60A"黑鹰"、AH-64"阿帕奇" 等直升机均采用了后掠桨尖形式。

后掠桨尖的布局多种多样，有直线后掠、曲线后掠和前后掠组合等多种形式。为减少其他外形参数的影响，此处采用直线后掠的布局形式，分别针对后掠起始位置和后掠角两个参数对旋翼气动性能的影响进行分析。后掠起始位置分别选在桨叶展向 $r/R = 0.8$、$r/R = 0.85$、$r/R = 0.9$ 和 $r/R = 0.95$ 处，后掠角分别选择 $10°$、$20°$ 和 $30°$。

以矩形桨叶 (Rec) 作为参考桨叶，并在此基础上进行后掠变化。模型旋翼含 4 片桨叶，直径为 4.2m，展弦比为 15，旋翼实度为 0.0849，桨叶由 OA-2 系列翼型配置而成。为了考虑后掠起始位置与后掠角之间的相互影响，采用组合方式生成了 12 组桨叶，所生成桨叶编号与后掠参数如表 4-1 所示 (王博，2012)。同时，为研究不同桨尖马赫数下后掠参数对旋翼气动性能的影响，计算状态的桨尖马赫数 Ma_{tip} 分别为 0.6 和 0.7。

表 4-1　后掠桨叶参数与编号

后掠角/(°)	后掠起始位置			
	$r/R = 0.8$	$r/R = 0.85$	$r/R = 0.9$	$r/R = 0.95$
10	S01	S04	S07	S10
20	S02	S05	S08	S11
30	S03	S06	S09	S12

1) 后掠起始位置对旋翼气动性能的影响

图 4-15 给出了不同桨尖马赫数下矩形桨叶和不同后掠起始位置桨叶旋翼的悬停效率随拉力系数的变化曲线。由图可见，无论后掠起始位置如何变化，旋翼桨尖马赫数较大时对应的悬停效率较小。总体而言，相对于矩形桨叶，后掠桨叶能够明显提升旋翼悬停效率，这主要是因为后掠桨尖减弱了尖部法向来流速度。

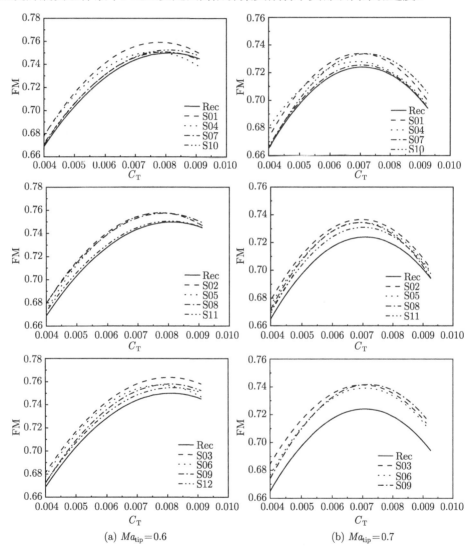

(a) $Ma_{\text{tip}} = 0.6$ (b) $Ma_{\text{tip}} = 0.7$

图 4-15 矩形桨叶和不同后掠起始位置桨叶旋翼悬停效率对比

图 4-16 给出了总距为 $\theta_{0.7} = 9°$ 时，不同桨尖马赫数下矩形桨叶和后掠桨叶 (后掠角 20°) 不同剖面 ($r/R = 0.86$、0.96) 的压强系数分布对比。从图中可以看出，

桨尖后掠部分越靠近后掠起始位置，剖面压强系数峰值相对于矩形桨叶的降低幅度越明显 (如 S05 桨叶的 $r/R = 0.86$ 剖面、S11 桨叶的 $r/R = 0.96$ 剖面)。后掠起始位置越远离桨尖，后掠桨叶越靠近桨尖的剖面压强系数峰值越接近甚至超过矩形桨叶在对应剖面的压强系数峰值。图 4-17 相应给出了不同后掠桨叶上表面压强等值线分布。

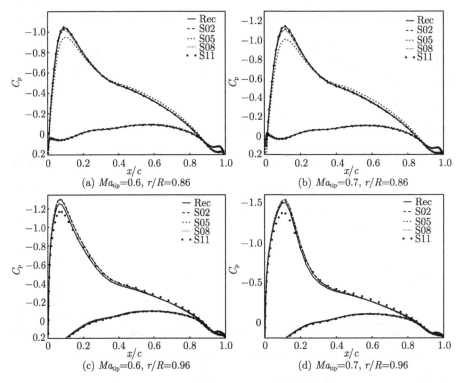

图 4-16　矩形桨叶和不同后掠起始位置桨叶剖面压强系数分布对比

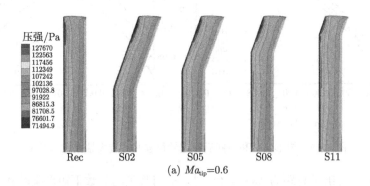

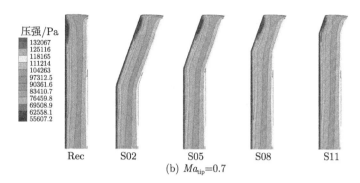

(b) $Ma_{\text{tip}}=0.7$

图 4-17 矩形桨叶和不同后掠起始位置桨叶上表面压强等值线分布

图 4-18 给出了矩形桨叶和不同后掠起始位置桨叶剖面升力系数沿展向分布曲线。从图中可以看出，与矩形桨叶相比，后掠桨叶在尖部外段能够获得更大的升力，且后掠起始位置越向桨毂方向靠近的桨叶在尖部获得的升力增加更多；但在尖部内段，后掠桨叶的升力有所减小。

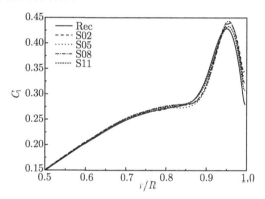

图 4-18 矩形桨叶和不同后掠起始位置桨叶剖面升力系数沿展向分布曲线

$(Ma_{\text{tip}} = 0.7, \theta_{0.7} = 9°)$

2) 后掠角对旋翼气动性能的影响

图 4-19 给出了不同桨尖马赫数下后掠角对旋翼悬停效率的影响。由图可见，随着后掠角的增大，旋翼悬停效率有一定增加。在较大的桨尖马赫数 ($Ma_{\text{tip}} = 0.7$) 下，桨尖后掠带来的性能增加更为明显。

图 4-20 给出了 $Ma_{\text{tip}} = 0.6$ 和 0.7，$\theta_{0.7} = 9°$ 时，矩形桨叶和不同后掠角 (10°、20° 和 30°，后掠角起始位置均为 $r/R = 0.9$) 桨叶各展向剖面的压强系数分布对比。可以看出，在 $r/R = 0.87$ 剖面，后掠角大的桨叶的压强系数峰值相对更小；在 $r/R = 0.96$ 剖面，除 S09 桨叶外，其他后掠桨叶的表面压强负压峰值均有所增大，而 S09 桨叶的负压峰值仍然保持较低的水平。参考图 4-21 桨叶上表面压

强等值线分布可以看出，在 $Ma_{tip} = 0.6$ 和 0.7 时，S07、S08 桨叶的尖部出现了更强的低压区域，而 S09 桨叶的尖部负压区没有进一步增强。这表明随着桨尖后掠角的增加，桨尖后掠抑制了尖端的激波现象，这有利于改善旋翼的气动特性。

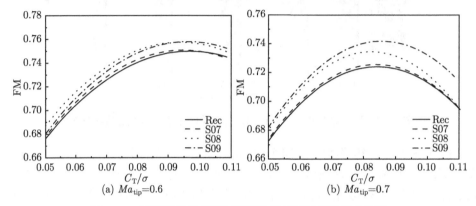

(a) $Ma_{tip}=0.6$　　　　　　　　　　　　　(b) $Ma_{tip}=0.7$

图 4-19　不同桨尖马赫数下后掠角对旋翼悬停效率的影响

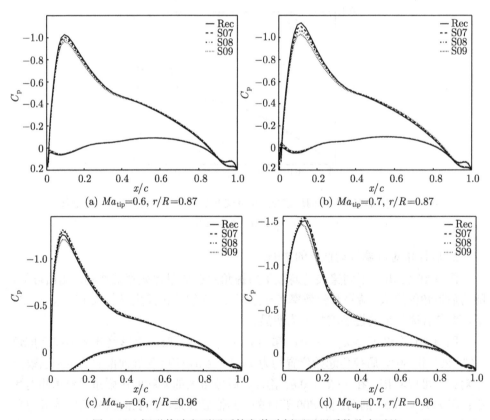

(a) $Ma_{tip}=0.6, r/R=0.87$　　　　　　　(b) $Ma_{tip}=0.7, r/R=0.87$

(c) $Ma_{tip}=0.6, r/R=0.96$　　　　　　　(d) $Ma_{tip}=0.7, r/R=0.96$

图 4-20　矩形桨叶和不同后掠角桨叶剖面压强系数分布对比

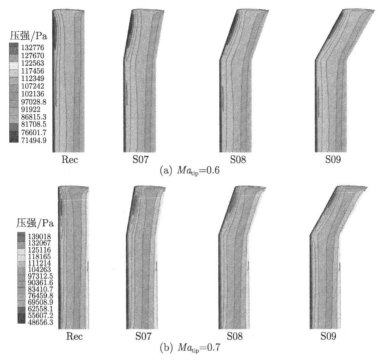

图 4-21 矩形桨叶和不同后掠角桨叶上表面压强等值线分布

4.5.2 桨尖下反对旋翼气动性能的影响

桨尖涡是直升机旋翼流场中不可忽略的流动现象，从桨尖区域逸出的强烈且集中的桨尖涡不仅影响到桨叶尖部的气流流动，而且会对整个旋翼流场产生明显影响，因此改变桨尖涡的空间分布可对旋翼气动性能产生明显的影响。桨尖涡的产生与桨尖外形及其附近流动有着密不可分的关系，因而改变桨尖位置可以影响桨尖涡的分布。如图 4-22 所示，下反桨叶的桨尖涡产生位置低于旋翼桨盘，这增加了桨尖涡到桨盘的距离，因此可以减弱桨尖涡对旋翼桨叶的干扰作用。

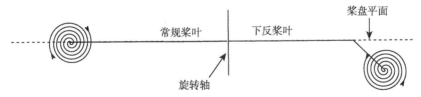

图 4-22 下反桨叶与常规桨叶的桨尖涡位置示意图

本节以下反起始位置和下反角为影响参数阐述下反桨尖对旋翼悬停气动特性的影响。桨叶编号与下反参数如表 4-2 所示。

表 4-2　下反桨叶参数与编号

下反角/(°)	下反起始位置			
	$r/R = 0.8$	$r/R = 0.85$	$r/R = 0.9$	$r/R = 0.95$
10	A01	A04	A07	A10
20	A02	A05	A08	A11
30	A03	A06	A09	A12

1) 下反起始位置对旋翼气动性能的影响

下反桨尖可以减弱旋翼桨尖涡,从而改善旋翼气动性能,但与此同时,在旋翼直径不变的情况下,桨尖下反会令桨叶的浸润面积增大,因此桨叶会产生更大的扭矩。图 4-23 给出了不同桨尖马赫数时下反起始位置对旋翼悬停效率的影响。从图中可以看出,当桨尖下反起始位置靠近桨根时,旋翼悬停效率下降,尤其在小拉力状态下这一现象更为明显;当桨尖下反起始位置靠近桨尖时,旋翼悬停效率有较明显的提升,随着拉力的增加,这一趋势逐步增强。这是因为在小拉力状态下,桨尖涡相对较弱,此时桨尖下反的优势未得到充分发挥,而浸润面积增加导致的扭矩增加使旋翼气动性能下降;在大拉力状态下,桨尖涡较强,下反桨尖抑制桨尖涡强度的作用占主导地位,此时下反桨尖旋翼对悬停效率的提升较为明显。

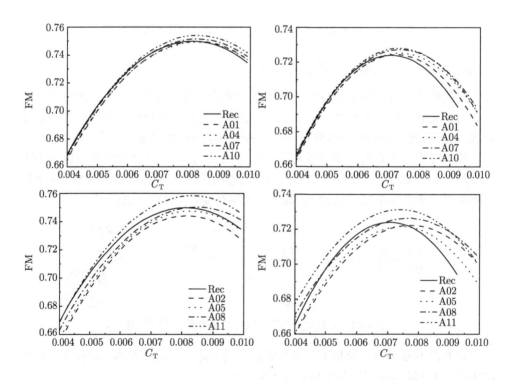

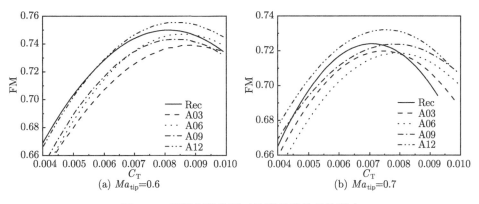

图 4-23 下反起始位置对旋翼悬停效率的影响

图 4-24 给出了 $Ma_{tip} = 0.6$ 和 0.7、$\theta_{0.7} = 9°$ 时,矩形桨叶和不同下反起始位置桨叶 (下反角为 $20°$) 剖面 ($r/R = 0.81$ 和 0.96) 压强系数分布对比。与后掠桨叶类似,在下反起始位置附近桨叶表面负压区域有明显减弱。与后掠桨叶不同的是,

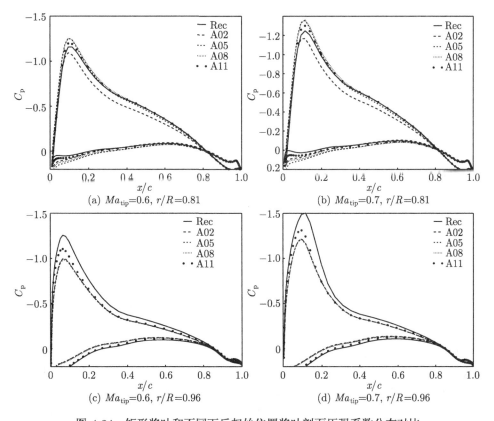

图 4-24 矩形桨叶和不同下反起始位置桨叶剖面压强系数分布对比

桨尖下反改变了桨尖涡的空间分布与桨尖气流分布，使桨尖端部的剖面负压峰值减弱。对照图 4-25 中给出的桨叶上表面压强等值线分布可以看出，A02、A05、A08 和 A11 桨叶的尖部低压峰值减弱，低压区域明显减小。

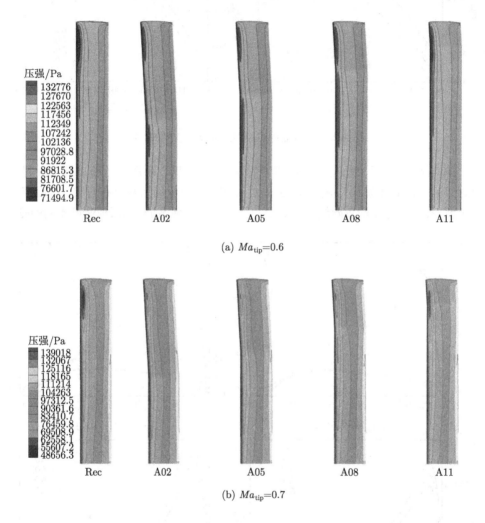

图 4-25　矩形桨叶和不同下反起始位置桨叶上表面压强等值线分布

图 4-26 给出了 $Ma_{tip} = 0.7$、$\theta_{0.7} = 9°$ 时矩形桨叶和不同下反起始位置桨叶剖面升力系数沿展向分布曲线。由图可知，在下反位置起始处，桨叶的拉力出现了剧烈变化，与矩形桨叶相比，下反起始位置靠近桨叶内侧的剖面升力系数有一定增加，而靠近外侧的剖面升力系数出现了明显降低。

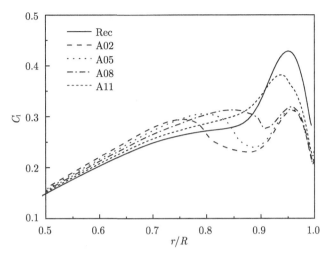

图 4-26 矩形桨叶和不同下反起始位置桨叶剖面升力系数沿展向分布曲线 ($Ma_{\text{tip}} = 0.7$, $\theta_{0.7} = 9°$)

2) 下反角对旋翼气动性能的影响

桨尖下反使桨尖局部的负压峰值减弱，削弱了桨叶载荷在尖部的突增，而下反角的大小决定了桨尖与桨盘平面的距离，较大的下反角可以使桨尖涡距离桨盘更远，因而对桨尖区域负压峰值的削弱更明显。图 4-27 给出了下反起始位置为 $r/R = 0.95$ 的三种旋翼悬停效率随拉力系数的变化曲线。由图可见，不同角度的下反桨尖均能有效提升旋翼的悬停效率，且随着下反角的增大，大拉力状态下的旋翼悬停效率可以保持在更高的水平。

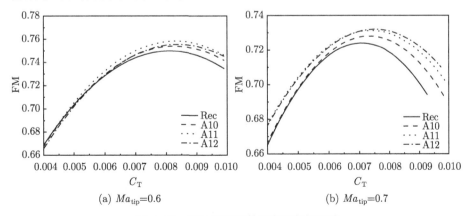

(a) $Ma_{\text{tip}}=0.6$
(b) $Ma_{\text{tip}}=0.7$

图 4-27 下反角对旋翼悬停效率的影响

图 4-28 给出了 $Ma_{\text{tip}} = 0.6$ 和 0.7、$\theta_{0.7} = 9°$ 时，矩形桨叶和不同下反角桨叶剖面 ($r/R = 0.91$ 和 0.96) 的压强系数分布对比。从图中可以看出，下反位置内侧

的桨叶表面负压区域增强,这有利于升力的增加,下反位置外侧的桨叶表面负压区域减弱,有利于减小桨尖的气动载荷。

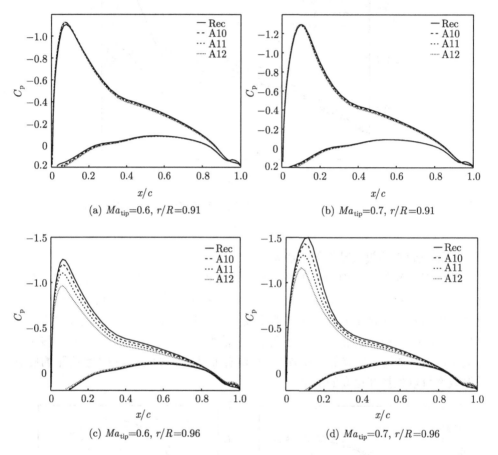

(a) Ma_{tip}=0.6, r/R=0.91 　　　　　　(b) Ma_{tip}=0.7, r/R=0.91

(c) Ma_{tip}=0.6, r/R=0.96 　　　　　　(d) Ma_{tip}=0.7, r/R=0.96

图 4-28　矩形桨叶和不同下反角桨叶剖面压强系数分布对比

图 4-29 给出了矩形桨叶和不同下反角桨叶的上表面压强等值线分布。可以明显看出,下反角大的桨叶对桨尖压强分布改善更明显,对内侧的低压区域起到了增强作用。

图 4-30 给出了 $Ma_{\text{tip}} = 0.7$、$\theta_{0.7} = 7°$ 和 $9°$ 时矩形桨叶和不同下反角桨叶剖面升力系数沿展向分布曲线。由图可知,下反桨叶气动载荷分布更均匀,尽管桨尖区域的剖面升力系数有所下降,但是由于下反起始位置内侧很大范围内桨叶剖面升力系数明显增大,桨叶产生的总升力与矩形桨叶基本相同,从而表明下反桨尖在保持旋翼升力的同时改善了桨尖区域的气动载荷,有利于旋翼气动特性的改善。

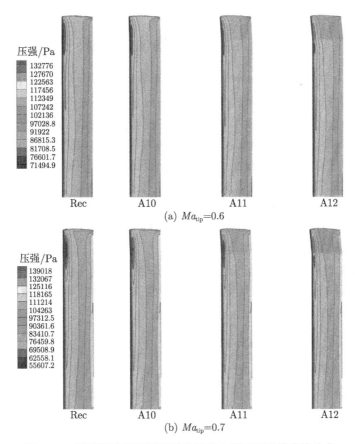

(a) $Ma_{tip}=0.6$

(b) $Ma_{tip}=0.7$

图 4-29 矩形桨叶和不同下反角桨叶上表面压强等值线分布

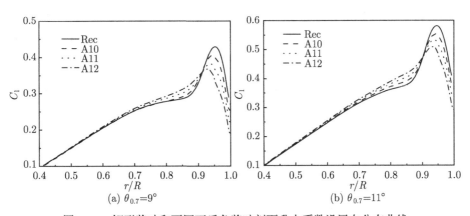

图 4-30 矩形桨叶和不同下反角桨叶剖面升力系数沿展向分布曲线

4.6 旋翼桨叶的优化设计

旋翼桨叶气动外形设计是直升机气动设计的关键技术，开发具有较高精度的桨叶气动外形设计方法具有重要意义。在进行气动外形优化设计时，不仅需要考虑多个桨叶外形参数，还必须考虑到总距、前进比等工作参数，因此优化算法必须具有处理多变量优化问题的能力。由于采用高精度的 CFD 方法进行旋翼气动性能模拟会导致计算量急剧增加，因此所采用的优化算法必须尽可能减少计算次数。采用不同的优化算法需要进行的计算次数和优化效果差别较大，一般来说，采用确定性算法 (如梯度法) 的计算次数较小，但容易陷入局部最优，而采用非确定性算法可达到全局最优，但所需计算次数比确定性算法要增加很多。因此，如何避免局部最优并提高优化效率是选择优化算法的重点。

本节将第 3 章建立的优化方法应用于旋翼桨叶的优化设计，建立桨叶气动外形优化设计流程，以提高旋翼气动性能和降低旋翼噪声水平等为目标，对桨叶气动外形参数进行优化分析。

4.6.1 旋翼桨叶单一外形参数的优化设计

基准桨叶参数为：展弦比 15，线性扭转 $-16°$，桨叶由 OA-213、OA-209、OA-206 三段翼型配置而成；设计状态为：$Ma_{\text{tip}} = 0.662$，$\theta_{0.7} = 7° \sim 13°$，$Re = 2.06 \times 10^6$。

1. 扭转分布优化

图 4-31 给出了基准旋翼在不同总距状态下桨叶展向剖面升力系数、扭矩系数及诱导速度分布对比。可以看出，随着总距的增加，桨叶各剖面产生的升力和扭矩整体增大；而旋翼诱导速度略有不同，桨叶内段产生的诱导速度随总距的增大而增大，在靠近桨尖附近，桨尖涡诱导产生上洗的气流，上洗气流速度会随总距的增大

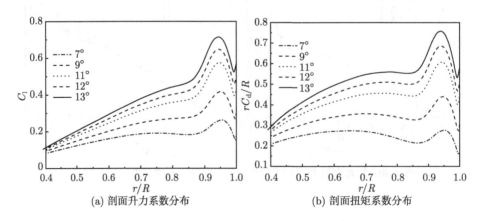

(a) 剖面升力系数分布   (b) 剖面扭矩系数分布

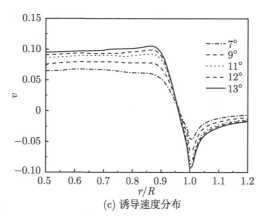

(c) 诱导速度分布

图 4-31 基准桨叶剖面升力系数、扭矩系数及诱导速度分布对比

而增大，这主要是因为总距的增大引起桨尖涡的增强。值得注意的是，桨尖部位的气流上洗现象会引起局部迎角过大的现象，可能导致局部气流分离，因此将负扭转优化的重点部位选定为旋翼桨尖区域。

为了减少优化计算工作量，根据图 4-31，以 $\theta_{0.7} = 12°$ 作为优化状态 (典型工作状态)，并选择 D_{T1} 和 D_{T2} 两个设计变量进行优化。D_{T1} 为负扭转改变的起始位置，范围为 $0.88R \sim 0.98R$；D_{T2} 为负扭转改变角度，范围为 $-10° \sim 10°$。

1) 桨尖局部扭转优化

采用代理模型方法，设计 25 个样本点，通过数值模拟方法建立代理模型并寻找到最优值，最后计算优化桨叶旋翼在多个总距 ($\theta_{0.7} = 5° \sim 13°$) 状态下的气动性能。图 4-32 给出了优化结果的 Pareto 前沿。

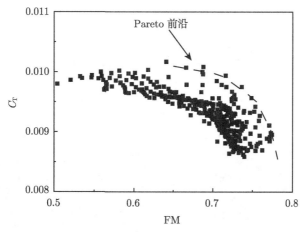

图 4-32 优化结果的 Pareto 前沿 ($\theta_{0.7} = 12°$)

　　图 4-33 为基准桨叶与优化桨叶桨尖扭转外形及旋翼气动性能对比。可以看出，优化桨叶尖部的负扭转角度明显大于基准桨叶，这可有效地减小尖部的来流迎角。在大拉力工作状态下，采用优化桨叶的旋翼悬停效率增大，仅在较小拉力状态 (非典型工作状态) 下，优化桨叶悬停效率下降。这是因为优化桨叶在桨尖处的迎角较小，引起桨尖气动力下降。由此可见，采用优化扭转分布可以在典型工作状态改善旋翼气动性能。

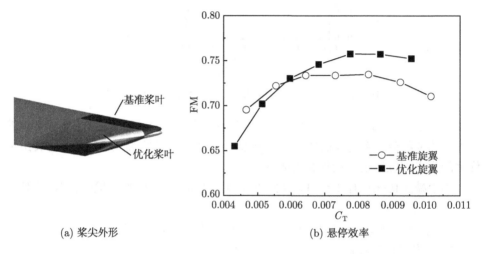

(a) 桨尖外形   (b) 悬停效率

图 4-33　基准桨叶与优化桨叶桨尖扭转外形及旋翼气动性能对比

　　图 4-34 进一步给出了基准桨叶与优化桨叶在 $\theta_{0.7} = 7°$ 时，桨叶后方不同距离

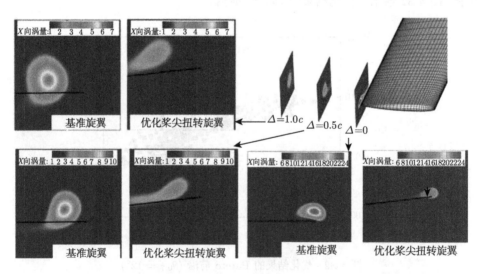

图 4-34　桨尖后方不同位置涡量分布对比 ($\theta_{0.7} = 7°$) (见彩图)

位置涡量分布，图中黑色粗线为桨叶后缘在该剖面上的投影。由图可见，距离后缘 $0\sim0.5c$ 时，基准桨叶桨尖后缘上方脱出较强的桨尖涡，而优化桨叶产生的桨尖涡明显较弱。这是由于在大总距状态下，优化桨叶的负扭转改进了桨尖区域的剖面拉力分布特征，从而减弱了桨尖涡的强度，有利于削弱桨/涡干扰现象。

图 4-35 给出了 $\theta_{0.7} = 13°$ 状态下桨尖上表面流线分布。由图可见，基准桨叶上表面出现了气流分离现象，而优化桨叶未发生气流分离。由于优化后旋翼表面气流仍保持为附着状态，避免了阻力突增，从而有利于提高大拉力系数下的旋翼性能。

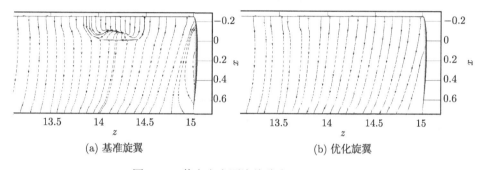

(a) 基准旋翼   (b) 优化旋翼

图 4-35   桨尖上表面流线分布 $(\theta_{0.7} = 13°)$

2) 桨叶整体扭转优化

对旋翼桨叶负扭转进行整体优化，旋翼扭转分布由不同半径处 5 个节点控制的 Bezier 曲线生成。为综合改善旋翼在不同拉力状态下的悬停效率，将总距也作为一个设计变量。

采用基于排列遗传算法改进的拉丁超立方抽样 (permutation genetic algorithm Latin hypercube sampling, PermGA LHS) 方法按照 6 个设计变量生成了 120 个样本点，采用代理模型方法进行桨叶扭转优化，优化前后桨叶扭转分布对比如图 4-36

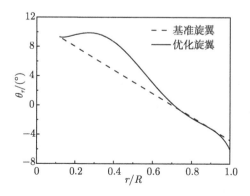

图 4-36   优化前后桨叶扭转分布对比

所示。优化后桨叶内段具有较大的迎角，这有利于提高旋翼内段升力；与桨尖扭转优化的结果相同，尖部负扭转增大。图 4-37 给出了优化前后桨叶剖面升力系数分布与旋翼悬停效率对比。可以看出，在所计算的工作状态范围内，优化旋翼的悬停效率增大，这表明优化旋翼整体上具有更好的悬停性能。此外，从图 4-37(b) 可以看出，优化桨叶内段由于安装角较大，产生的升力相对于基准旋翼桨叶显著增大，同时升力沿半径分布也更均匀，从而有利于提高旋翼悬停效率。

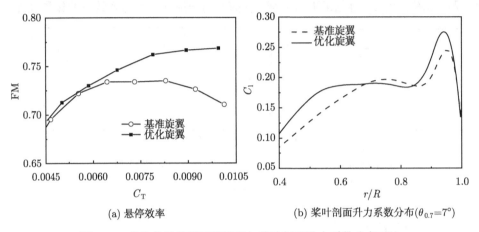

(a) 悬停效率 (b) 桨叶剖面升力系数分布($\theta_{0.7}=7°$)

图 4-37 优化前后旋翼悬停效率与桨叶剖面升力系数分布对比

2. 桨尖后掠优化

以 $\theta_{0.7}=12°$ 为优化状态 (典型工作状态)，选择两个设计变量进行优化：D_{sb1} 为后掠起始位置，范围为 $r/R=0.80\sim0.98$；D_{sb2} 为后掠量，范围为 $0\sim2c$，后掠采用抛物线变化规律。

图 4-38(a) 给出了基准桨叶与优化后的后掠桨叶桨尖外形对比。可以看出，优化后桨尖的后掠角已经达到最大后掠量，后掠起始位置趋近于 $r/R=0.80$ 剖面，这种大后掠的设计可以更显著地降低桨尖区域桨叶剖面的弦向入流速度。图 4-38(b) 给出了优化前后旋翼的悬停效率，在不同拉力范围内，优化旋翼的悬停效率明显增加，相对于大拉力状态，在较小拉力状态下优化旋翼悬停效率的增加量较小。

图 4-39 给出了优化前后桨叶剖面升力系数、扭矩系数沿展向分布对比。可以看出，优化桨叶后掠起始位置附近的升力系数与扭矩系数减小，在靠近桨尖处比基准桨叶有所增大，整体上升力系数峰值略有增大，扭矩系数峰值略有减小，峰值位置向桨尖移动，桨尖附近升力系数的增大也使后掠桨叶的桨尖涡稍有增强，如图 4-40 所示 (图中十字为桨叶尖端后缘位置)。

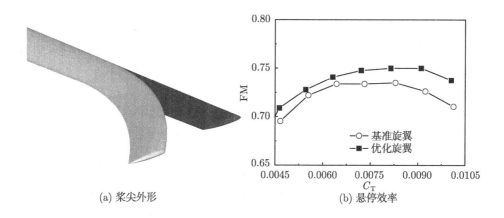

(a) 桨尖外形   (b) 悬停效率

图 4-38 优化前后旋翼外形与悬停效率对比

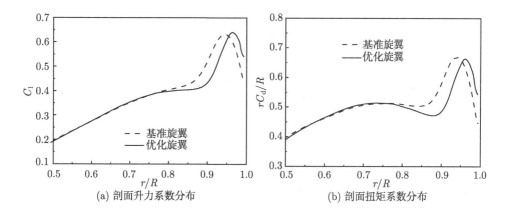

(a) 剖面升力系数分布   (b) 剖面扭矩系数分布

图 4-39 基准旋翼和后掠优化旋翼桨叶剖面升力系数、扭矩系数沿展向分布对比 ($\theta_{0.7} = 12°$)

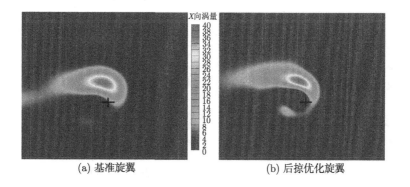

(a) 基准旋翼   (b) 后掠优化旋翼

图 4-40 基准旋翼和后掠优化旋翼的桨尖涡量分布对比 ($\theta_{0.7} = 12°$) (见彩图)

3. 桨尖下反优化

下反桨尖的设计参数选择与后掠类似，以 $\theta_{0.7} = 12°$ 作为优化计算状态，并选择两个设计变量进行优化：D_{a1} 为下反起始位置，范围为 $r/R = 0.80 \sim 0.98$；D_{a2} 为下反量，范围为 $0 \sim 1c$。

图 4-41 给出了基准旋翼与优化旋翼桨尖外形与悬停效率对比。可以看出，优化桨叶的桨尖下反角已经达到优化最大边界值，下反起始位置也趋向于更加靠近桨根方向，这有利于显著增大桨尖涡与旋翼桨盘平面的轴向距离。在小拉力状态下，优化旋翼的悬停效率下降，在大拉力状态下，基准旋翼的悬停效率开始下降，而优化旋翼的悬停效率仍呈现出明显增大趋势，从而表明桨尖下反的优化能够显著提升旋翼的拉力水平与大拉力状态下的悬停性能。图 4-42 给出了基准旋翼和优化旋翼桨尖涡量分布对比，可以看出，优化旋翼的桨尖涡强度明显减弱。

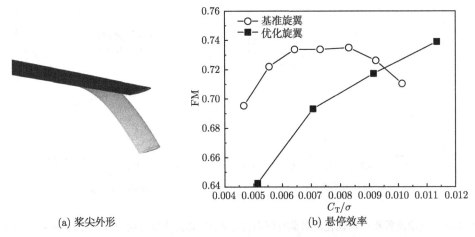

(a) 桨尖外形　　　　　　　　(b) 悬停效率

图 4-41　桨尖外形与旋翼悬停效率对比

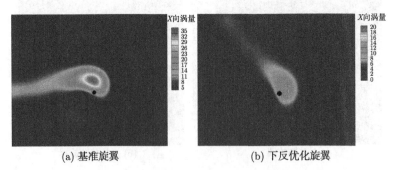

(a) 基准旋翼　　　　　　　　(b) 下反优化旋翼

图 4-42　基准旋翼与下反优化旋翼的桨尖涡量分布对比 ($\theta_{0.7} = 9°$) (见彩图)

图 4-43 给出了 $\theta_{0.7} = 11°$ 时基准旋翼和下反优化旋翼桨叶剖面升力系数、扭矩系数沿展向分布对比。可以看出，在桨尖区域，优化桨叶的升力系数和扭矩系数均明显减小，有助于削弱桨尖涡强度。

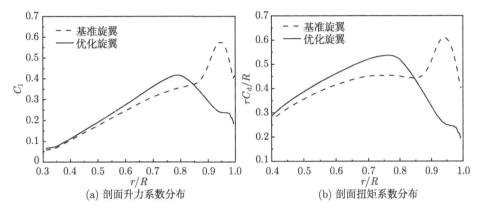

(a) 剖面升力系数分布   (b) 剖面扭矩系数分布

图 4-43 基准旋翼和下反优化旋翼桨叶剖面升力系数、扭矩系数沿展向分布对比 ($\theta_{0.7} = 11°$)

4.6.2 旋翼桨叶气动外形综合设计

1. 基于气动性能的桨叶外形优化

1) 优化流程

结合旋翼 CFD 方法、综合优化方法的旋翼桨叶气动外形优化的设计流程如图 4-44 所示。可以看出，优化过程由两部分组成：

第一部分：采用 Kriging 模型构造桨叶特征参数的代理模型；为了满足桨叶结构及动力学要求，在构造设计空间时对设计变量进行有效约束。此外，为了提高代理模型对极值点的模拟，采用 EI 加点方法进行样本加点处理。在此基础上，采用遗传算法搜索桨叶气动性能初步最优外形，具体过程如图 4-44 中①区域所示。

第二部分：在初步优化外形的基础上，采用 SQP 算法进行深度优化。为了提高优化计算效率，线性搜索采用一维搜索策略，形成最终优化桨叶气动外形，具体过程如图 4-44 中标号②所示。

2) 初始优化结果

以 Helishape 7A 旋翼桨叶为基准，优化状态为桨尖马赫数 $Ma_{tip} = 0.617$，在 $r/R = 0.2$ 处的安装角为 $10°$，开展悬停状态旋翼桨叶气动外形优化。旋翼桨叶气动外形优化的目标函数及约束条件为

$$\begin{aligned} \max \quad & FM \\ \text{s.t.} \quad & C_T \geqslant C_{T0} \end{aligned} \tag{4.60}$$

式中，下标 0 表示基准桨叶的气动参数。

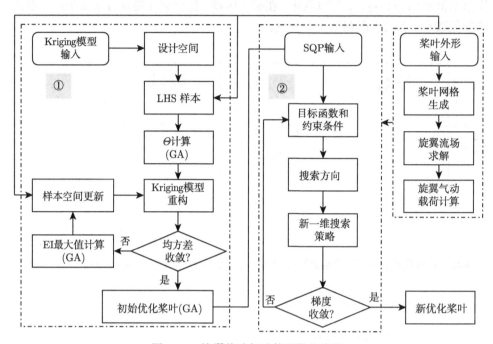

图 4-44　旋翼桨叶气动外形优化流程

　　采用 LHS 方法进行样本点创建，为了获得全局最优解，首先采用 Kriging 模型进行不同旋翼桨叶外形特征参数下的气动特性拟合，并采用 EI 加点方法进行样本点加点处理。在构造 Kriging 代理模型中，优化问题的约束函数采用罚因子的方式添加到目标函数中。为了减小旋翼优化的计算量，提高优化的计算效率，采用 B 样条方法拟合旋翼桨叶外形的特征参数，共 12 个设计变量，即后掠分布、弦长分布、扭转分布及上下反分布各采用 3 个设计变量。

　　初始样本点为 50 个，在此基础上，经过 30 次加点，最终构建了包含 80 个样本点的样本空间。为了避免旋翼桨叶的动力学问题，设置桨叶外形约束条件为：后掠分布的变化范围小于 $0.8c$，弦长分布的变化范围小于 $1.2c$，下反分布的变化范围小于 $0.3c$，扭转角分布的范围控制在 $10°$ 以内。

　　图 4-45 给出了初始优化旋翼桨叶的几何外形。优化桨叶在 $r/R = 0.890$ 剖面存在上反，最大上反位置距离桨叶平面 $0.12c$，桨尖下反角为 $13.80°$，桨尖下反起始位置距离桨叶平面 $0.08c$。优化桨叶在 $r/R = 0.889$ 处有明显前掠，最大前掠量为 $0.15c$，优化桨叶在桨尖位置处后掠，桨尖前缘的后掠角为 $35.98°$，桨尖后缘的后掠角为 $7.85°$。优化桨叶在桨尖位置处的弦长为 $0.557c$。

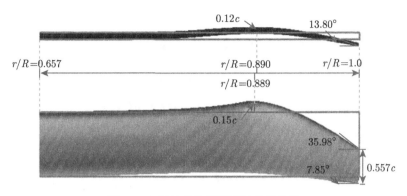

图 4-45　初始优化旋翼桨叶几何外形

3) 深度优化结果

在初始优化中，由于 Kriging 模型在处理约束条件时有所欠缺，仅以 C_T 为约束条件，因此优化旋翼桨叶的扭矩系数 C_Q 有可能增加，如表 4-3 所示。为了满足旋翼功率需求，并提高旋翼的悬停效率，在初始优化的基础上，采用 SQP 算法进行二次深度优化。优化以 C_Q 为目标函数，保持悬停效率 FM 及 C_T 不减小，同时为了保证桨叶结构上的需要，保持桨叶面积不减小。优化过程的目标函数及约束条件为

$$
\begin{aligned}
&\min \quad C_Q \\
&\text{s.t.} \quad \begin{cases} \text{FM} \geqslant \text{FM}_1 \\ C_T \geqslant \alpha C_{T_1} \\ A \geqslant \beta A_1 \end{cases}
\end{aligned}
\tag{4.61}
$$

式中，A 表示旋翼桨叶面积；α 和 β 为控制约束条件范围的系数，这里 α 取 0.95，β 取 0.92，以增加优化结果的可行域。优化过程中在 $r/R = 0.2$ 位置处的桨距角为 $12.0°$。SQP 算法优化收敛过程如图 4-46 所示。从图中可以看出，旋翼的扭矩系数从 6.78×10^{-4} 减小到 6.36×10^{-4}，降低了 6.19%。优化桨叶的气动特性参数如表 4-3 所示，从表中可以看出，初始优化及深度优化的结果在提高悬停效率的同时满足约束条件。

表 4-3　优化桨叶与基准桨叶的气动特性对比

桨叶	FM	C_T	C_Q	实度
Helishape 7A 旋翼桨叶	0.729	7.11×10^{-3}	5.82×10^{-4}	0.0678
初始优化桨叶	0.748	8.04×10^{-3}	6.78×10^{-4}	0.0671
深度优化桨叶	0.763	7.78×10^{-3}	6.36×10^{-4}	0.0637

注：实度为桨叶面积占桨盘面积的比例。

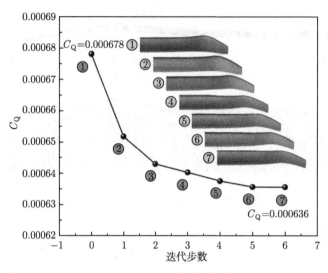

图 4-46　SQP 算法优化收敛过程

深度优化桨叶的几何外形及参数如图 4-47 和图 4-48 所示。可以看出，与初始优化桨叶相比，深度优化桨叶桨尖附近的弦长更小，桨尖位置的弦长 $(0.560c)$ 与初始优化桨叶的弦长 $(0.557c)$ 相近。深度优化非线性扭转分布的最大扭转角为 $-3.21°$，扭转角与基准桨叶 $(-4.55°)$ 相比更小，这有助于改善旋翼前飞时的气动特性。与此同时，相对于初始优化桨叶，深度优化桨叶前缘的前掠量减小，桨尖前缘及后缘的后掠角分别为 $27.68°$ 和 $16.73°$。

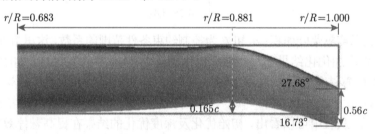

图 4-47　深度优化旋翼桨叶几何外形

4) 悬停状态旋翼气动特性

悬停状态优化旋翼和基准旋翼的气动特性对比如图 4-49 所示。从图 4-49(a) 可以看出，初始优化及深度优化旋翼在相同扭矩系数 $(C_Q = 0.00058)$ 下的拉力系数均得到了有效增加，其中深度优化旋翼的拉力系数从 0.00708 增加到了 0.00727，提升了 2.68%。从图 4-49(b) 可以看出，深度优化旋翼最大悬停效率相对于基准旋翼提高了 3.42%。

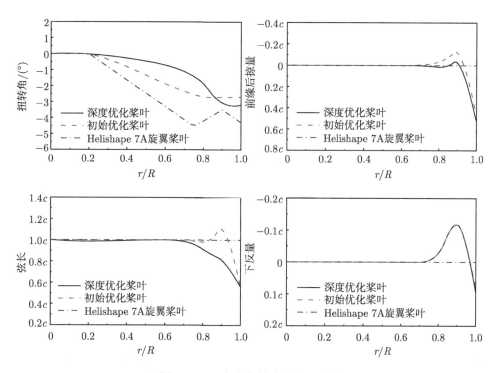

图 4-48 深度优化桨叶的外形参数

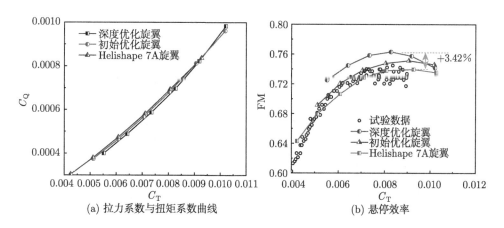

(a) 拉力系数与扭矩系数曲线 (b) 悬停效率

图 4-49 悬停状态优化旋翼和基准旋翼气动特性对比

由于不同桨叶的扭转分布不同，在相同的拉力系数 ($C_T = 0.0071$) 下，$r/R = 0.7$ 剖面下的桨距角各不相同，基准桨叶的桨距角为 $8.0°$，初始优化桨叶的桨距角为 $8.8°$，深度优化桨叶的桨距角为 $9.8°$，不同桨叶的扭转分布对比如图 4-50 所示。

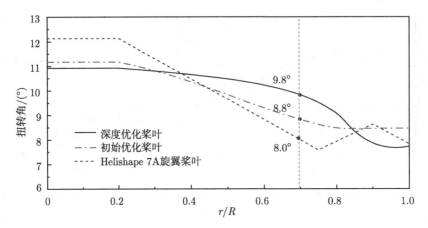

图 4-50　优化旋翼和基准旋翼桨叶在相同拉力下的扭转分布对比 ($C_{\mathrm{T}} = 0.0071$)

图 4-51 和图 4-52 给出了在拉力系数 $C_{\mathrm{T}} = 0.0071$ 下不同桨叶的表面无量纲压强分布云图以及剖面 ($r/R = 0.92$ 及 $r/R = 0.98$) 压强系数分布对比。深度优化桨叶的无量纲压强最小值区域要小于基准桨叶，而且由于后掠的影响，压强最小值区域更靠近桨尖位置。深度优化桨叶在 $r/R = 0.92$ 剖面处的负压峰值小于基准桨叶的负压峰值，因此深度优化桨叶在此剖面前缘处的逆压梯度也较小。相反，深度优化桨叶在 $r/R = 0.98$ 剖面处的负压峰值大于基准桨叶的负压峰值，这有利于拉力的增加。

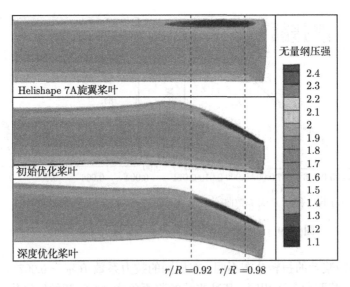

图 4-51　不同桨叶表面无量纲压强分布云图对比 ($C_{\mathrm{T}} = 0.0071$)

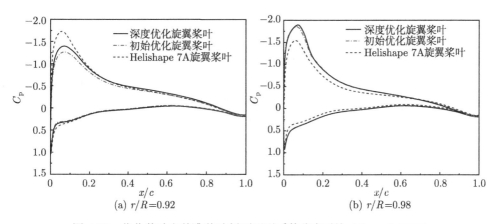

图 4-52 优化桨叶和基准桨叶剖面压强系数分布对比 ($C_\mathrm{T} = 0.0071$)

相同拉力 ($C_\mathrm{T} = 0.0071$) 状态下，不同旋翼桨叶的法向力系数 (以基准桨叶弦长为无量纲标准) 对比如图 4-53 所示。从图中可以看出，受到优化后非线性扭转分布的影响，深度优化桨叶在桨尖位置处的有效迎角较小，在桨叶中段的有效迎角较大，因此在 $r/R = 0.4 \sim 0.85$ 桨叶段，深度优化桨叶的剖面法向力系数大于基准桨叶，在 $r/R = 0.85 \sim 1.0$ 桨叶段，深度优化桨叶剖面的法向力系数小于基准桨叶。由此可以看出，设计桨叶在桨尖附近有明显的卸载效应，这可以有效减小桨尖涡的强度。图 4-54 给出了不同桨叶桨尖涡量对比，剖面分别为距离桨叶后缘 (以基准桨叶为标准)$1.0c$、$2.0c$ 和 $3.0c$。从图中可以看出，与基准桨叶相比，两类优化桨叶明显削弱了桨尖涡强度，并且深度优化桨叶的效果更为显著。由于深度优化桨叶的桨尖存在较大的下反角，桨尖涡距离桨盘平面更远，可以进一步有效地削弱桨/涡干扰现象，从而提高旋翼的悬停效率。

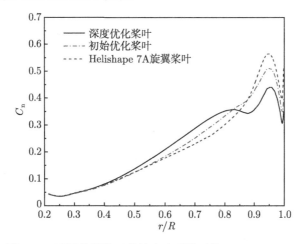

图 4-53 不同旋翼桨叶的法向力系数对比 ($C_\mathrm{T} = 0.0071$)

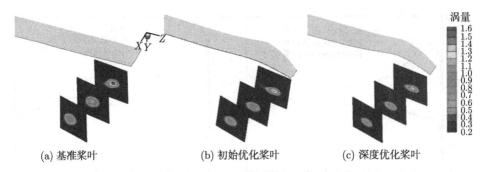

(a) 基准桨叶　　　　　　(b) 初始优化桨叶　　　　　　(c) 深度优化桨叶

图 4-54　不同桨叶桨尖涡量对比 ($C_\mathrm{T} = 0.0071$) (见彩图)

5) 前飞状态旋翼气动特性

图 4-55 给出了基准旋翼和深度优化旋翼在前飞状态不同前进比 ($Ma_\mathrm{tip} = 0.617$, $\mu = 0.25$、0.3、0.35 和 0.4) 情况下的升阻比对比, 配平后的拉力系数分别为 0.007、0.0075、0.008 和 0.0085。从图中可以看出, 深度优化旋翼在前飞状态下的升阻比明显大于基准旋翼。

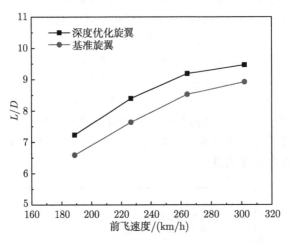

图 4-55　不同旋翼前飞状态下的升阻比对比

图 4-56 为不同旋翼前飞状态下桨叶在 $270°$ 方位角处的表面无量纲压强分布对比, 图 4-57 给出了桨叶不同剖面的压强系数分布对比, 旋翼的拉力系数为 0.0075, 前进比为 0.3。从图中可以看出, 深度优化旋翼桨叶上表面前缘附近的压强分布与基准旋翼桨叶相比更加均匀, 即桨叶前缘附近的逆压梯度更小。与此同时, 可以发现, $r/R = 0.9$ 剖面位置处深度优化桨叶的负压峰值显著小于基准桨叶的负压峰值, 这一方面有利于推迟失速的发生, 同时在一定程度上降低了桨叶压差阻力, 减小了桨尖产生的扭矩, 提高了旋翼的前飞升阻比。

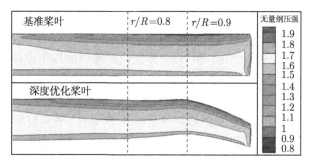

图 4-56 不同旋翼桨叶表面无量纲压强分布对比

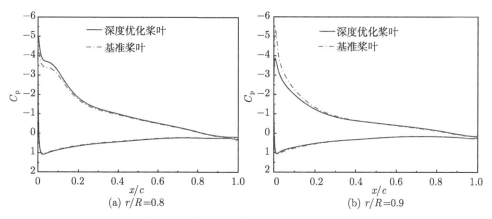

图 4-57 桨叶不同剖面压强系数分布对比

2. 基于噪声特性的桨叶气动外形优化

1) 桨尖平面外形参数化方法

AH-1/OLS 模型旋翼为美国 AH-1 "眼镜蛇" 攻击直升机主旋翼的 1/7 缩比模型, 模型旋翼有两片桨叶, 桨叶半径为 0.958m, 弦长为 0.104m, 负扭转为 10°, 桨尖平面形状为矩形。美国学者 Schmitz 等 (1984) 在 DNW 风洞中测量了 AH-1/OLS 模型旋翼多个状态下的噪声数据, 其中 "9006" 状态前进比高达 0.345, 桨尖马赫数为 0.666, 旋翼前行侧桨尖马赫数接近 0.9。该状态下桨尖区域处于典型的跨声速状态, 将会产生严重的高速脉冲噪声, 旋翼四极子噪声成为旋翼气动噪声的主要成分。因此, 在进行前飞状态下低噪声旋翼桨尖的优化工作时, 参照 "9006" 状态, 以 AH-1/OLS 模型旋翼桨叶为初始桨叶, 噪声计算采用 CLORNS 代码的噪声计算模块 (Zhao et al., 2018)。

图 4-58 给出了前掠–后掠–尖削组合桨尖平面外形参数化和设计变量示意图, R 表示旋翼半径, c 表示基准弦长, r 表示展向位置, y 表示弦向位置, 图中虚线

为 1/4 弦线。P_1、P_2 和 P_3 为桨叶平面外形前缘的三个点，P_4、P_5 和 P_6 为后缘的三个点，其中 P_1 和 P_4 分别对应展向 $r/R = 0.85$ 剖面前缘点和后缘点。var_1、var_2、var_3、var_4、var_5 和 var_6 为优化过程中的六个设计变量，从桨叶根部到展向 $r/R = 0.85$ 剖面弦长均为基准弦长。为了保证桨尖前缘和后缘光滑过渡，通过数学函数拟合特征点之间的桨叶前后缘外形。首先对 P_1 点和 P_2 点之间的前缘外形进行参数化，定义 P_2 点的展向位置坐标为 var_1，弦向位置坐标为 var_2，P_1 点和 P_2 点之间的曲线为三次函数曲线；P_3 点位于前缘桨尖处，定义 P_3 点的弦向位置坐标为 var_3，P_2 点至 P_3 点之间的前缘外形曲线为抛物线；桨叶后缘外形的变化起始于 P_4 点，P_5 点的展向位置坐标为 var_4，弦向位置坐标为 var_5，P_4 点和 P_5 点之间的曲线同样为三次函数曲线；P_6 点位于后缘桨尖处，弦向位置坐标为 var_6，P_5 点和 P_6 点之间采用直线过渡。采用如图 4-58 所示的三次函数和抛物线的优点在于连接处均相切，可以实现光滑过渡的效果。

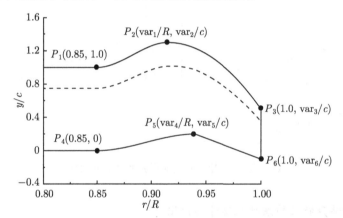

图 4-58　前掠-后掠-尖削组合桨尖平面外形参数化和设计变量示意图

桨尖平面外形参数化方式如下。

(1) $0.85R < r \leqslant var_1$ 时的前缘部分。

$$y = a_1(r - 0.85R)^3 + b_1(r - 0.85R)^2 + c \tag{4.62}$$

式中，$\begin{cases} a_1 = 2\dfrac{-(var_2 - c)}{(var_1 - 0.85R)^3} \\ b_1 = 3\dfrac{var_2 - c}{(var_1 - 0.85R)^2} \end{cases}$ 。

(2) $var_1 < r \leqslant R$ 时的前缘部分。

$$y = -k_1(r - var_1)^2 + var_2 \tag{4.63}$$

式中, $k_1 = \dfrac{\mathrm{var}_2 - \mathrm{var}_3}{(R - \mathrm{var}_1)^2}$。

(3) $0.85R < r \leqslant \mathrm{var}_4$ 时的后缘部分。

$$y = a_2(r - 0.85R)^3 + b_2(r - 0.85R)^2 \tag{4.64}$$

式中, $\begin{cases} a_2 = 2\dfrac{-\mathrm{var}_5}{(\mathrm{var}_4 - 0.85R)^3} \\ b_2 = 3\dfrac{\mathrm{var}_5}{(\mathrm{var}_4 - 0.85R)^2} \end{cases}$ 。

(4) $\mathrm{var}_4 < r \leqslant R$ 时的后缘部分。

$$y = -k_2(r - \mathrm{var}_4) + \mathrm{var}_5 \tag{4.65}$$

式中, $k_2 = \dfrac{\mathrm{var}_5 - \mathrm{var}_6}{R - \mathrm{var}_4}$。

为了在变量空间中能够有效地实现前掠–后掠–尖削组合桨尖平面外形构建, 需要对各个变量施加一定的数值约束, 即

$$\begin{cases} 0.85R < \mathrm{var}_1 < R, \quad c < \mathrm{var}_2 < 1.5c, \quad 0 < \mathrm{var}_3 < c \\ 0.85R < \mathrm{var}_4 < R, \quad 0 < \mathrm{var}_5 < \mathrm{var}_2, \quad 0.3c < \mathrm{var}_3 - \mathrm{var}_6 < c \end{cases} \tag{4.66}$$

除此之外, 为了保持旋翼实度基本一致, 桨叶面积与矩形桨叶相比变化不得超过 10%。经过试验设计方法获得的样本点变量范围均为 $0 \sim 1$, 需经过换算转换为实际的变量输入值。假设六个初始无因次化变量分别为 x_1、x_2、x_3、x_4、x_5 和 x_6, 且 $x_{(\cdot)} \in [0, 1]$, 对应的实际变量值分别为 var_1、var_2、var_3、var_4、var_5 和 var_6。考虑变量约束条件的换算公式如下:

$$\begin{cases} \mathrm{var}_1 = 0.25R \cdot x_1 + 0.85R \\ \mathrm{var}_2 = 0.5c \cdot x_2 + c \\ \mathrm{var}_3 = c - c \cdot x_3 \\ \mathrm{var}_4 = 0.25R \cdot x_4 + 0.85R \\ \mathrm{var}_5 = (\mathrm{var}_2 - c) \cdot x_5 + c \\ \mathrm{var}_6 = \mathrm{var}_3 - (0.7c \cdot x_6 + 0.3c) \end{cases} \tag{4.67}$$

为了避免配平过程带来的巨大计算量, 对于优化过程中不同桨尖形状的旋翼, 操纵量设置为与初始桨叶相同。前飞状态下旋翼高速脉冲噪声传播有着明显的方向性, 在旋翼桨盘正前方辐射最为强烈。因此, 观察点位置选取为前进方向旋翼桨盘平面正前方距离桨毂中心 $3.44R$ 的点, 该位置的声压级即目标函数, 并且有试

验值可做比较。在获得良好的噪声特性时，还必须使旋翼具有较好的气动性能。因此，针对低噪声旋翼的桨尖外形优化，将前飞状态旋翼升阻比作为约束条件引入优化过程中。优化桨叶旋翼的升阻比应当不低于基准旋翼。目标函数为

$$
\begin{aligned}
&\text{min.}\quad \text{SPL}\\
&\text{s.t.}\quad \left(\frac{L}{D}\right)_{\text{new}} \geqslant \left(\frac{L}{D}\right)_{\text{origin}}
\end{aligned}
\tag{4.68}
$$

式中，SPL (sound pressure level) 表示声压级。

考虑到旋翼气动外形优化设计的变量较多、计算量较大，采用结合基于径向基函数的代理模型和遗传算法的组合优化方法来进行低噪声桨尖外形优化设计。

2) 优化过程

采用 PermGA LHS 试验设计方法获得初始样本点分布，变量个数为 6，样本点数量为 120。优化过程共历经四代，图 4-59 给出了优化过程中所有种群的目标函数值分布。由于设计目标以低噪声作为优先考虑条件，旋翼拉力和升阻比作为约束条件，随着优化迭代过程的进行，样本点目标函数值总体上朝着低噪声、大拉力及高升阻比的有利方向推进，尤其是噪声值的变化最为明显。

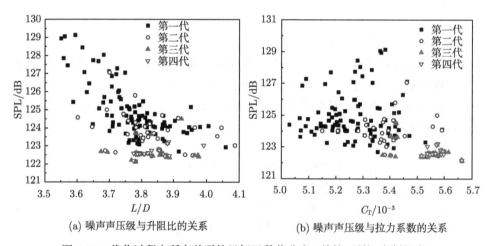

(a) 噪声声压级与升阻比的关系　　　　(b) 噪声声压级与拉力系数的关系

图 4-59　优化过程中所有种群的目标函数值分布 (前掠-后掠-尖削组合)

表4-4给出了迭代过程中近似模型的误差比较，评价函数采用均方根误差 (root mean square error, RMSE) 和平均相对误差 (mean relative error, MRE)。从表中可以看出，无论是均方根误差还是平均相对误差，均随着优化迭代的进行逐渐减小，达到了相对较高的拟合精度。图 4-60～ 图 4-62 直观地给出了不同子代中旋翼拉力系数、升阻比和噪声水平的拟合值与计算值对比。从图中可以直观地看出，从第二

代到第四代子代样本点的目标函数值拟合精度越来越高,这充分说明该方法在控制整体种群数量、节约计算资源的同时,在优秀个体进化方向上展现出令人满意的精确度。

表 4-4 近似模型的误差值 (前掠–后掠–尖削组合)

进化代数	C_T		L/D		SPL	
	RMSE/%	MRE/%	RMSE/%	MRE/%	RMSE/%	MRE/%
第二代	1.676	1.256	1.482	1.151	1.623	1.264
第三代	0.426	0.340	0.822	0.551	0.578	0.441
第四代	0.161	0.174	0.209	0.219	0.188	0.201

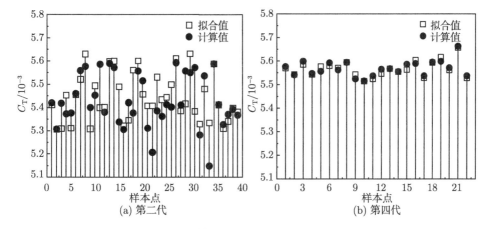

图 4-60 旋翼拉力系数拟合值与计算值对比

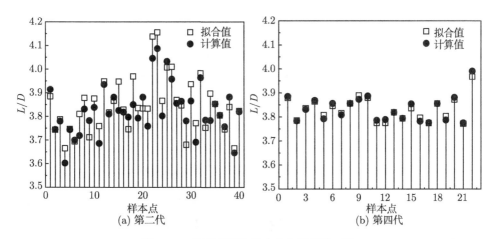

图 4-61 旋翼升阻比拟合值与计算值对比

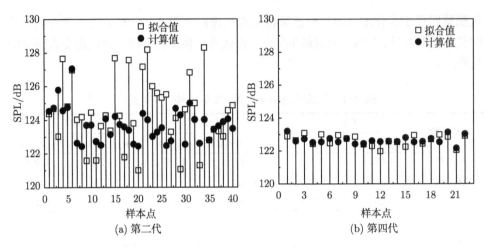

(a) 第二代　　　　　　　　　　　　(b) 第四代

图 4-62　旋翼噪声水平拟合值和计算值对比

3) 优化结果

图 4-63 给出了优化桨叶和基准桨叶桨尖平面外形对比。优化桨叶先前掠，前缘前掠角为 $25°$，再大幅度后掠，桨尖前缘后掠角达到 $64°$，并且在桨叶尖部有一定的尖削，桨尖弦长为 $0.69c$。在弦长变化方面，从 $r/R = 0.85$ 开始，弦长逐渐增大，紧接着逐渐减小，相比于基准桨叶，旋翼实度减小了 5.5%。

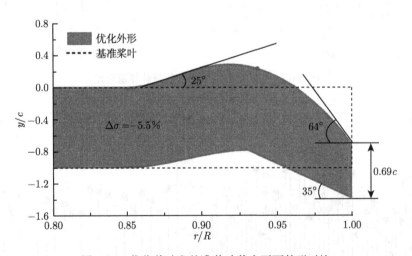

图 4-63　优化桨叶和基准桨叶桨尖平面外形对比

图 4-64 给出了优化旋翼和基准旋翼声压对比，观察点位置选取为桨盘平面内旋翼正前方离桨毂中心 $3.44R$ 处。从图中可以看出，基准桨叶声压负峰值为 $461.6\mathrm{Pa}$，优化桨叶在相同位置的声压负峰值为 $109.4\mathrm{Pa}$，降低了 76.3%，这说明优化桨叶显

著降低了高速脉冲噪声辐射强度。

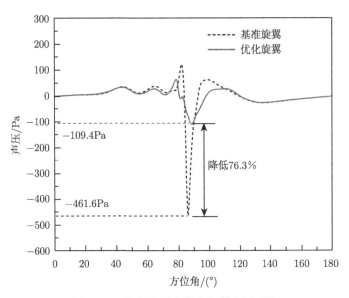

图 4-64 优化旋翼和基准旋翼声压对比

图 4-65 给出了优化桨叶和基准桨叶在旋翼下半球面的噪声声压级云图对比, 球面半径为 3.44R, 图 4-66 给出了二者的水平面噪声传播特性对比。可以明显看出, 高速脉冲噪声在 180° 方位角靠近桨尖位置最为强烈 (即旋翼正前方), 因此优化桨叶降低高速脉冲噪声的能力在此处最为突出。而在旋翼后方, 旋翼高速脉冲噪声声压级较低, 因此优化桨叶的降噪效果也不明显。

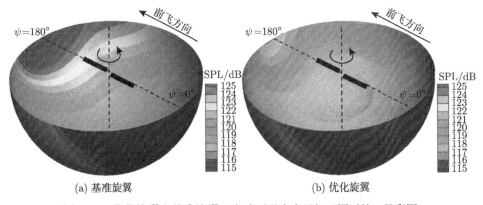

图 4-65 优化旋翼和基准旋翼下半球面噪声声压级云图对比 (见彩图)

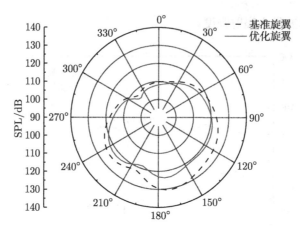

图 4-66　优化旋翼和基准旋翼水平面噪声传播特性对比

图 4-67 分别给出了优化旋翼和基准旋翼悬停状态噪声声压级及悬停效率对比，桨尖马赫数为 0.666。从对比结果可以看出，虽然前面针对前飞状态进行了优化设计工作，但是相比于基准旋翼，优化旋翼在悬停状态仍然具有良好的噪声特性和气动性能。

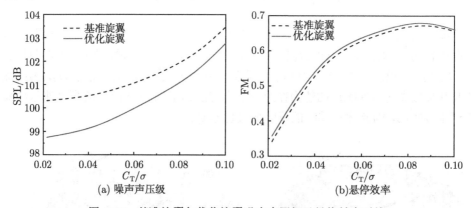

图 4-67　基准旋翼与优化旋翼噪声声压级及悬停效率对比

4.6.3　高性能共轴刚性旋翼桨叶设计

共轴刚性旋翼是当前国际高速直升机领域内的研究热点 (Wachspress 和 Quackenbush，2006)，因此其旋翼气动布局设计至关重要，深刻影响着共轴刚性旋翼乃至高速直升机的整体性能指标。本节将介绍基于旋翼 CFD 方法和代理模型–遗传算法组合优化方法的共轴刚性旋翼平面外形设计思路与设计流程。

1) 桨尖平面外形参数化方法

相对于矩形桨叶，后掠桨尖的负压区域明显减小，负压中心和激波位置向桨尖移动, 且分离区域明显减小, 因此后掠桨叶共轴旋翼的高速前飞性能明显优于矩形旋翼。此外, 弦长分布采用具有桨叶尖削而中段弦长增大的特点也有助于改善激波分离现象, 从而提高旋翼前飞性能 (Bagai, 2008)。

以提高共轴刚性旋翼大前飞速度状态的气动性能为目标, 综合考虑后掠、尖削和非线性弦长分布等特点, 将桨叶气动外形参数化, 进行共轴刚性旋翼先进气动外形优化设计。图 4-68 给出了桨尖平面外形参数化和设计变量示意图, R 表示旋翼半径, c 表示基准弦长, r 表示展向位置, y 表示弦向位置。P_1、P_3、P_5 和 P_7 为桨叶平面外形前缘的四个点, P_2、P_4、P_6 和 P_8 为后缘的四个点。P_7 和 P_8 分别对应展向 $r/R = 0.25$ 剖面前缘点和后缘点, 从桨叶根部到展向 $r/R = 0.25$ 剖面弦长均为基准弦长。var_1、var_2、var_3、var_4、var_5、var_6、var_7 和 var_8 为优化过程中的八个设计变量。P_1 点和 P_2 点的展向坐标均为 var_1, P_3 点和 P_4 点的展向坐标均为 var_4。P_5 点和 P_6 点是桨尖前后缘的两个点, 桨尖弦长大小为 var_8。首先进行外形参数化设计, 通过数学函数构建特征点之间的外形。P_7 点和 P_1 点之间的前缘外形曲线为三次函数曲线; P_1 点和 P_3 点之间的前缘外形曲线为抛物线; P_8 点和 P_2 点之间、P_2 点和 P_4 点之间的后缘曲线连接均为三次函数; 桨尖部位采用直线后掠尖削的外形。采用如图 4-68 所示的三次函数和抛物线的优点在于连接处均相切, 可以实现光滑过渡的效果。

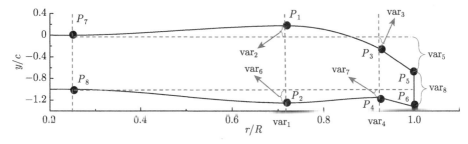

图 4-68 桨尖平面外形参数化和设计变量示意图

桨尖平面外形参数化方式如下。

(1) $0.25R < r \leqslant \mathrm{var}_1$ 时的前缘部分。

$$y = a_1(r - 0.25R)^3 + b_1(r - 0.25R)^2 \tag{4.69}$$

式中, $\begin{cases} a_1 = 2\dfrac{-\mathrm{var}_2}{(\mathrm{var}_1 - 0.25R)^3} \\ b_1 = 3\dfrac{\mathrm{var}_2}{(\mathrm{var}_1 - 0.25R)^2} \end{cases}$。

(2) $\mathrm{var}_1 < r \leqslant \mathrm{var}_4$ 时的前缘部分。

$$y = -k_1(r - \mathrm{var}_1)^2 + \mathrm{var}_2 \tag{4.70}$$

式中，$k_1 = \dfrac{\mathrm{var}_2 + \mathrm{var}_3}{(\mathrm{var}_4 - \mathrm{var}_1)^2}$。

(3) $\mathrm{var}_4 < r \leqslant R$ 时的前缘部分。

$$y = -k_2(r - \mathrm{var}_4) - \mathrm{var}_3 \tag{4.71}$$

式中，$k_2 = \dfrac{\mathrm{var}_5 - \mathrm{var}_3}{R - \mathrm{var}_4}$。

(4) $0.25R < r \leqslant \mathrm{var}_1$ 时的后缘部分。

$$y = -a_2(r - 0.25R)^3 + b_2(r - 0.25R)^2 - c \tag{4.72}$$

式中，$\begin{cases} a_2 = 2\dfrac{-\mathrm{var}_6}{(\mathrm{var}_1 - 0.25R)^3} \\ b_2 = -3\dfrac{\mathrm{var}_6}{(\mathrm{var}_1 - 0.25R)^2} \end{cases}$。

(5) $\mathrm{var}_1 < r \leqslant \mathrm{var}_4$ 时的后缘部分。

$$y = -a_3(r - \mathrm{var}_4)^3 + b_3(r - \mathrm{var}_4)^2 - c - \mathrm{var}_7 \tag{4.73}$$

式中，$\begin{cases} a_3 = 2\dfrac{-\mathrm{var}_6 + \mathrm{var}_7}{(\mathrm{var}_1 - \mathrm{var}_4)^3} \\ b_3 = 3\dfrac{-\mathrm{var}_6 + \mathrm{var}_7}{(\mathrm{var}_1 - \mathrm{var}_4)^2} \end{cases}$。

(6) $\mathrm{var}_4 < r \leqslant R$ 时的后缘部分。

$$y = -(r - \mathrm{var}_4) \cdot k_2 - (c + \mathrm{var}_7) \tag{4.74}$$

式中，$k_2 = \dfrac{\mathrm{var}_5 + \mathrm{var}_8 - \mathrm{var}_7 - c}{c - \mathrm{var}_4}$。

为保持共轴刚性旋翼桨叶后掠、尖削及桨叶中段大弦长的平面外形特点，对各个变量施加一定的数值约束，即

$$\begin{cases} 0.6R < \mathrm{var}_1 < 0.7R, \quad 0 < \mathrm{var}_2 < 0.2c, \quad 0 < \mathrm{var}_3 < 0.2c, \quad 0.85R < \mathrm{var}_4 < 0.95R \\ \mathrm{var}_3 < \mathrm{var}_5 < 0.8R, \ \mathrm{var}_2 < \mathrm{var}_6 < 0.3c, \ 0 < \mathrm{var}_7 < \mathrm{var}_6, \ 0.3c < \mathrm{var}_8 < \mathrm{var}_7 + c - \mathrm{var}_3 \end{cases}$$
$$\tag{4.75}$$

桨尖弦长下限设定为 0.3 倍基准弦长。除此之外，为了保持旋翼实度基本一致，桨叶面积与矩形桨叶相比变化不得超过 10%。经过试验设计方法获得的样本点变量范围均为 $0 \sim 1$，需经过换算转换为实际的变量输入值。假设八个初始无因次化变量分别为 x_1、x_2、x_3、x_4、x_5、x_6、x_7 和 x_8，且 $x_{(.)} \in [0,1]$，对应的实际变量值分别为 var_1、var_2、var_3、var_4、var_5、var_6、var_7 和 var_8。考虑变量约束条件的

换算公式如下:

$$
\begin{cases}
\text{var}_1 = 0.1R \cdot x_1 + 0.6R \\
\text{var}_2 = 0.2c \cdot x_2 \\
\text{var}_3 = 0.2c \cdot x_3 \\
\text{var}_4 = 0.1R \cdot x_4 + 0.85R \\
\text{var}_5 = (\text{var}_5 - \text{var}_3) \cdot x_5 + \text{var}_3 \\
\text{var}_6 = (0.3c - \text{var}_2) \cdot x_6 + \text{var}_2 \\
\text{var}_7 = \text{var}_6 \cdot x_7 \\
\text{var}_8 = (\text{var}_7 - \text{var}_3 + 0.7c) \cdot x_8 + 0.3c
\end{cases}
\tag{4.76}
$$

共轴刚性旋翼模型的每副旋翼由四片外形完全相同的桨叶组成, 则共轴旋翼共有八片桨叶。设置上旋翼为右旋, 下旋翼为左旋。上旋翼四片桨叶初始方位角设置为 45°、135°、225° 和 315°, 下旋翼四片桨叶初始方位角设置为 0°、90°、180° 和 270°, 因此初始时刻上下旋翼相邻桨叶夹角均为 45°。基准模型桨叶的半径为 2.6m, 基准弦长为 0.2m。桨叶根切为 0.2 倍旋翼半径。上旋翼和下旋翼之间存在一定的轴间距, 轴间距定为 0.15 倍旋翼半径。扭转角采用正负扭转分布, 从桨根到 0.4R 为 2.8° 正扭转线性分布, 从 0.4R 到桨尖为 4.8° 负扭转分布。翼型配置采用椭圆翼型 (Dea) 和 OA 系列翼型, 具体分布和平面外形参数相关, 详见表 4-5。

表 4-5 沿桨叶展向的翼型配置

展向位置	$0.2R \sim 0.25R$	$0.25R \sim (\text{var}_1 - 0.1R)$	$(\text{var}_1 - 0.1R) \sim \text{var}_1$	$\text{var}_1 \sim R$
翼型配置	Dea $\sim$ OA-209 (过渡段)	OA-209	OA-209 $\sim$ OA-206 (过渡段)	OA-206

针对共轴刚性旋翼高速前飞状态 (前进比为 0.6) 的旋翼气动性能进行优化设计, 桨尖马赫数为 0.528 (179.55m/s)。优化时不同桨叶外形的共轴刚性旋翼的总拉力系数 (0.013) 和升力偏置量 (0.35) 保持一致, 通过配平策略改变总距和横向周期变距保证总拉力系数和升力偏置量不变。

优化目标为前飞状态旋翼升阻比最大, 即

$$
\max \left(\frac{L}{D} \right)
\tag{4.77}
$$

2) 优化流程

采用 PermGA LHS 试验设计方法获得初始样本点分布, 变量个数为 8, 样本点数量为 100, 变量范围均为 0 ~ 1。优化过程总共历经四代, 图 4-69 将每代种群中目标函数从小到大排列, 从而给出了优化过程中所有种群的目标函数值对比。可以看出, 随着优化迭代过程的进行, 样本点目标函数值朝着高升阻比的有利方向推进。

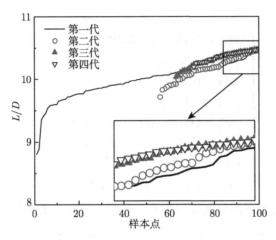

图 4-69 优化过程中所有种群的目标函数值分布 (共轴刚性旋翼)

表 4-6 给出了迭代过程中近似模型的误差比较, 评价函数采用均方根误差 (RMSE) 和平均相对误差 (MRE)。从表中可以看出, 无论是均方根误差还是平均相对误差, 均随着优化迭代的进行逐渐减小, 达到了相对较高的拟合精度。从第二代到第四代子代样本点的目标值拟合精度越来越高, 这充分说明该方法在控制整体种群数量、节约计算资源的同时, 在优秀个体进化方向上具有很好的精度。

表 4-6 近似模型的误差值 (共轴刚性旋翼)

	误差	第二代	第三代	第四代
L/D	RMSE/%	1.98	0.799	0.617
	MRE/%	1.36	0.614	0.427

3) 优化结果

图 4-70 给出了优化桨叶平面外形与弦长分布情况。优化桨叶先前掠再大幅度后掠, 并且在桨叶尖部有较大的尖削。从桨根开始, 弦长逐渐增大, 随后逐渐减小, 体现出典型的非线性弦长变化特征。

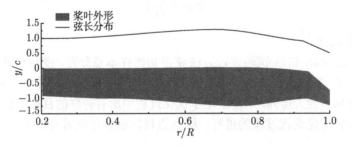

图 4-70 优化桨叶平面外形与弦长分布情况

图 4-71 给出了优化共轴刚性旋翼和基准共轴刚性旋翼前飞气动性能对比。基准共轴刚性旋翼在前进比为 0.6 时的升阻比为 8.06，而采用优化桨叶的共轴刚性旋翼的升阻比达到 10.48，提高了约 30%。从图中可以看出，虽然只针对前进比为 0.6 的前飞状态进行了优化，但是采用优化桨叶的共轴刚性旋翼在不同前飞速度时的气动性能均明显优于基准桨叶共轴刚性旋翼。

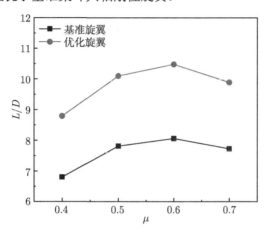

图 4-71　优化共轴刚性旋翼和基准共轴刚性旋翼前飞气动性能对比

图 4-72 给出了优化桨叶和基准桨叶表面流线对比。可以明显看出，前行侧桨叶桨尖区域的剖面处于跨声速区，因而在该区域会有激波产生，激波与附面层流动的干扰诱导了桨叶表面气流的分离，进一步导致激波失速的出现。相比于基准矩形桨叶，优化桨叶表面气流分离现象得到明显改善，从而有助于旋翼气动效率的提高。

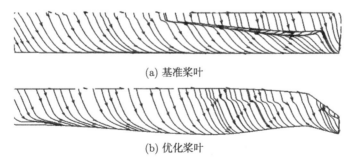

(a) 基准桨叶

(b) 优化桨叶

图 4-72　优化桨叶和基准桨叶表面流线对比

图 4-73 给出了优化共轴刚性旋翼与基准共轴刚性旋翼在三个典型时刻 (0、1/16Rev (Rev 表示转，即一个周期) 和 1/8Rev，其中 1/16Rev 为上、下旋翼桨叶相遇时刻) 的表面压强系数分布对比，图中还突出展现了前行侧优化桨叶和基准桨

叶表面压强系数分布的对比。可以看出，无论是上旋翼桨叶还是下旋翼桨叶，前行桨叶均出现了明显的负压区域，尤其以 90° 方位角时的负压区域最为明显。相对于基准矩形桨叶表面压强系数分布，优化桨叶的后掠桨尖使剖面相对法向来流速度减小、展向流动增大，从而使负压区域明显减小。而桨叶中段弦长增大使高速前飞时桨叶中段比较集中的激波分散开来，有效减弱了激波强度。

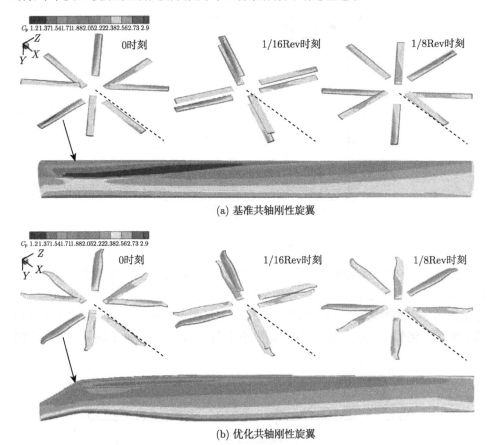

图 4-73　优化共轴刚性旋翼和基准共轴刚性旋翼桨叶表面压强系数分布对比 (见彩图)

图 4-74 给出了桨叶剖面 C_1Ma^2 分布云图，图中白线代表上、下旋翼桨叶相遇处 (上、下旋翼桨叶相遇方位角分别为 67.5°、157.5°、247.5° 和 337.5°)。可以看出，在相遇时刻，靠近桨尖区域的气动载荷变化最明显，桨叶内侧变化较小。此外，无论上旋翼还是下旋翼，相对于基准桨叶，优化桨叶在前行侧的升力最大区域更加靠近桨叶内侧，优化桨叶尖部所承受的载荷明显小于基准桨叶，这充分说明优化桨叶能够对高速前飞时的桨叶尖部进行有效卸载。

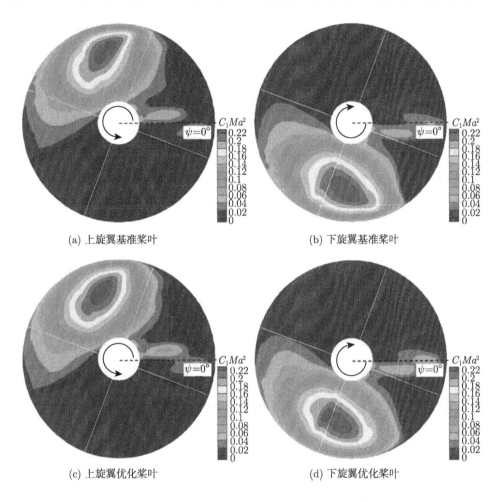

(a) 上旋翼基准桨叶　　　　　　　　(b) 下旋翼基准桨叶

(c) 上旋翼优化桨叶　　　　　　　　(d) 下旋翼优化桨叶

图 4-74　桨叶剖面 $C_l Ma^2$ 分布云图

图 4-75 给出了优化共轴刚性旋翼和基准共轴刚性旋翼拉力系数对比。可以明显地看出,上、下旋翼在相遇时刻气动载荷发生了明显变化,上旋翼桨叶拉力减小而下旋翼桨叶拉力增加。

图 4-76(a) 给出了优化共轴刚性旋翼和基准共轴刚性旋翼的声压时间历程对比,观察点位于桨盘平面正前方距离桨毂中心 $5R$ 位置,图 4-76(b) 给出了水平面内的噪声传播特性对比。在当前的高速前飞状态下,共轴刚性旋翼会产生严重的高速脉冲噪声,并且在旋翼正前方传播较为强烈。从图中可看出,优化共轴刚性旋翼正前方负压峰值降低了约 50%,声压级降低了约 7dB,可见优化共轴刚性旋翼有效降低了高速脉冲噪声强度,改善了旋翼气动噪声特性。

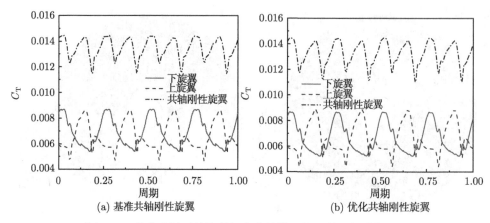

图 4-75　优化共轴刚性旋翼与基准共轴刚性旋翼拉力系数对比

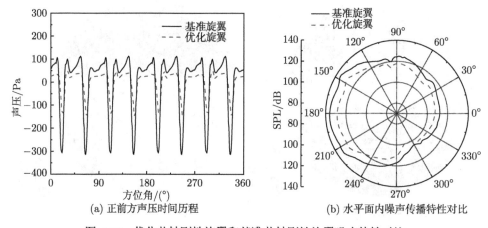

图 4-76　优化共轴刚性旋翼和基准共轴刚性旋翼噪声特性对比

4.6.4　倾转旋翼机旋翼桨叶设计

　　倾转旋翼机依靠倾转旋翼实现直升机状态与固定翼状态之间的相互转换,从而兼具直升机垂直起降、低空低速性能优异与固定翼飞机大航程、高速巡航等优势,在军事和民用领域均有着广阔的应用前景。但倾转旋翼机在兼具螺旋桨飞机与直升机优点的同时,引入了复杂的旋翼气动设计问题,倾转旋翼在直升机状态和固定翼状态面临完全不同的气动环境,桨盘载荷有很大差异,在进行其气动外形设计时必须融合直升机旋翼大展弦比、小扭转与螺旋桨小展弦比、大扭转等矛盾的设计特征。因此,旋翼的气动外形设计是倾转旋翼机设计的关键问题。

　　本节针对倾转旋翼的运动特征与外形特点,选取一种包含前后掠及尖削等组合变化外形的倾转旋翼作为基准构型,介绍悬停状态和巡航状态下旋翼三维桨尖外形的优化设计方法 (李鹏，2016)。

1. 基准倾转旋翼气动特性

1) 悬停状态

分析状态为：$Ma_{\text{tip}} = 0.68$，$C_{\text{T}} = 0.017$，旋翼含三片桨叶，该状态下的悬停效率 FM $= 0.625$。图 4-77 给出了基准倾转旋翼桨叶外形、桨叶表面流线及展向升力系数分布。可以看出，桨叶展向内段的升力系数较小，且沿展向变化剧烈，并且桨尖上表面附近出现了明显的气流分离现象，这对其气动性能会造成一定影响。

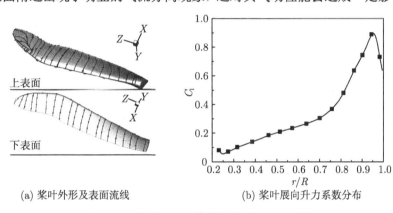

(a) 桨叶外形及表面流线   (b) 桨叶展向升力系数分布

图 4-77 悬停状态基准倾转旋翼的气动特性

2) 巡航状态

分析状态为：$\mu = 0.703$，$Ma_{\text{tip}} = 0.68$，$C_{\text{T}} = 0.006$，该状态下的巡航效率 $\eta = 0.805$。图 4-78(a) 给出了基准倾转旋翼的流场涡量图，可以看出，桨叶后缘拖出的涡比较复杂，除了强烈的桨尖涡，在桨叶中段还有较强的尾随涡出现。图 4-78(b)

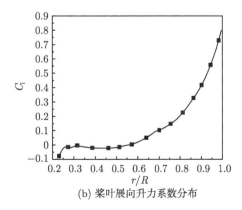

(a) 流场涡量图   (b) 桨叶展向升力系数分布

图 4-78 巡航状态基准倾转旋翼的气动特性

给出了巡航状态下桨叶展向升力系数分布,可以看出,桨叶尖部气动力变化较为剧烈,并且桨叶内侧存在负拉力区域。

2. 倾转旋翼的气动外形优化

从悬停状态与巡航状态倾转旋翼的气动特性可以看出,桨尖对倾转旋翼气动性能有较大影响,基准倾转旋翼桨尖附近存在气流分离现象,而且升力沿桨叶展向的分布也不理想。针对这一现象,为提高倾转旋翼的悬停和巡航气动性能,对模型旋翼的桨尖进行三维外形优化。

悬停效率是衡量直升机旋翼悬停性能的核心指标,巡航效率 $(\eta = \mu C_{\mathrm{T}}/C_{\mathrm{Q}})$ 是衡量固定翼螺旋桨飞机巡航性能的重要指标,而倾转旋翼融合了直升机旋翼与固定翼螺旋桨的典型特征,具有悬停状态与巡航状态的双重功能。因此,在倾转旋翼的优化设计时,兼顾悬停性能与巡航性能,设置如下目标函数:

$$P_{\mathrm{o}} = \frac{\mathrm{sgn}(\mathrm{FM} - \mathrm{FM}_0) + \mathrm{sgn}(\eta - \eta_0)}{2}\left(\frac{\mathrm{FM}}{\mathrm{FM}_0} + \frac{\eta}{\eta_0}\right) \tag{4.78}$$

式中,下标 0 表示基准值;$\mathrm{sgn}(x) = \begin{cases} 1, & x > 0 \\ 0, & x = 0 \\ -1, & x < 0 \end{cases}$。

图 4-79 给出了桨叶的六个特征剖面位置,主要针对特征剖面的扭转、弦长、上下反等参数进行优化,具体实施方案如下。

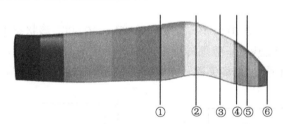

① $r/R = 0.67$　③ $r/R = 0.86$　⑤ $r/R = 0.94$
② $r/R = 0.78$　④ $r/R = 0.90$　⑥ $r/R = 1.0$

图 4-79　桨叶优化参数示意图

(1) 桨叶扭转及其弦长的优化。设置三个设计变量,分别为桨叶展向剖面③的扭转 (设计变量 1) 和弦长 (设计变量 2)、展向剖面⑤的扭转,约束条件设置为

$$\begin{aligned} &c_5 < c_3 < c_1 \\ &c_6 < c_5 < c_3 \\ &\theta_3 < \theta_5 < \theta_6 \end{aligned} \tag{4.79}$$

式中，c 为对应剖面的弦长；θ 为对应剖面的扭转角。

(2) 三维桨尖外形参数优化。设置三个设计变量，分别为桨叶展向剖面⑥、⑤和②的上下反角度 (设计变量 4、5 和 6)，以桨叶展向剖面①的下反角为基准，约束条件为三个剖面上反角最大为 5°，下反角最大为 10°。

3. 气动外形优化结果

表 4-7 给出了 Pareto 前沿上五种优化构型倾转旋翼的气动性能结果，图 4-80 给出了样本点及五种优化构型悬停效率与巡航效率分布。可以看出，相对于基准构型，Pareto 前沿上的桨叶气动性能均有明显提高，最优悬停效率提高了 8.4%，最优巡航效率提高了 6.48%。基于目标函数 P_o 获得的悬停/巡航气动性能最优的旋翼为 C 构型。

表 4-7 不同构型旋翼的气动性能对比

构型	FM/FM$_0$	η/η_0	P_o
基准构型	1.0	1.0	2.0
A 构型	1.08401	1.01257	2.09658
B 构型	1.07553	1.03324	2.10877
C 构型	1.06558	1.04958	2.11516
D 构型	1.04556	1.063	2.10857
E 构型	1.02429	1.0648	2.08909

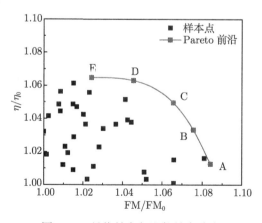

图 4-80 悬停效率与巡航效率分布

图 4-81 给出了 A、C、E 构型与基准构型桨叶的气动外形对比。可以看出，A 构型相对于基准构型的典型特征是具有上下反的组合；E 构型相对于基准构型出现了更大的上反，并且实度略微增加；C 构型则集成了 E 构型尖部内侧大上反和 A 构型尖部下反的构型特点。

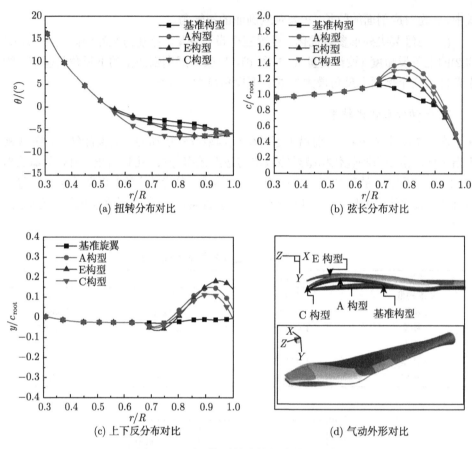

(a) 扭转分布对比　　　　　　　　　(b) 弦长分布对比

(c) 上下反分布对比　　　　　　　　(d) 气动外形对比

图 4-81　不同构型桨叶的气动外形对比

图 4-82 给出了优化构型与基准构型的桨叶展向升力系数分布对比。可以看出,

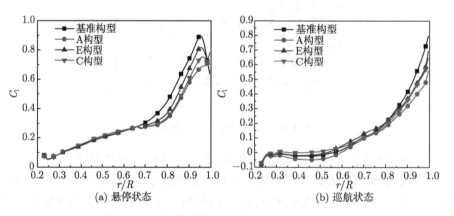

(a) 悬停状态　　　　　　　　　　(b) 巡航状态

图 4-82　不同构型桨叶展向升力系数分布对比

相对于基准构型,悬停状态优化构型的升力分布更加缓和,桨叶内侧的升力略微提高,且桨尖部位的升力峰值位置明显外移,这在一定程度上削弱了桨叶前缘的气流分离,从而有利于提高倾转旋翼的悬停性能;巡航状态优化构型桨叶内侧的升力均得到了一定程度的提高,C 构型的内段升力从负值变为正值,且桨尖部位的升力峰值明显降低,从而提高了倾转旋翼的巡航性能。

参 考 文 献

李鹏. 2016. 倾转旋翼机非定常气动特性分析及气动设计研究. 南京: 南京航空航天大学.

倪同兵. 2017. 旋翼 (尾桨) 气动噪声的主/被动抑制方法及机理研究. 南京: 南京航空航天大学.

王博. 2012. 基于 CFD 方法的先进旋翼气动特性数值模拟及优化研究. 南京: 南京航空航天大学.

王博, 招启军, 徐国华. 2012. 悬停状态直升机桨叶扭转分布的优化数值计算. 航空学报, 33(7): 1163-1172.

王适存. 1985. 直升机空气动力学. 航空专业教材编审组出版.

招启军. 2005. 新型桨尖旋翼流场及噪声的数值模拟研究. 南京: 南京航空航天大学.

招启军, 蒋霜, 李鹏, 等. 2017. 基于 CFD 方法的倾转旋翼/螺旋桨气动优化分析. 空气动力学学报, 35(4): 544-553.

招启军, 徐国华. 2009a. 新型桨尖旋翼悬停气动性能试验及数值研究. 航空学报, 30(3): 422-429.

招启军, 徐国华. 2009b. 具有特型桨尖旋翼悬停状态气动噪声的初步试验研究. 空气动力学学报, 27(3): 320-324.

招启军, 徐国华. 2016. 直升机计算流体动力学基础. 北京: 科学出版社.

赵国庆, 招启军, 吴埼. 2016. 新型桨尖抑制旋翼跨声速特性的影响分析. 航空动力学报, 31(1): 143-152.

朱正. 2017. 共轴刚性旋翼气动布局优化及噪声特性研究. 南京: 南京航空航天大学.

Amer K B, Prouty R W. 1983. Technology advances in the AH-64 apache advanced attack helicopter // Proceedings of the 39th Annual Forum of the American Helicopter Society, St. Louis: 550-568.

Baeder J D. 1998. Passive design for reduction of high-speed impulsive rotor noise. Journal of the American Helicopter Society, 43(3): 222-234.

Bagai A. 2008. Aerodynamic design of the X2 technology demonstrator™ main rotor blade // Proceedings of the 64th Annual Forum of the American Helicopter Society.

Boxwell D A, Schmitz F H, Splettstoesser W R. 1987. Helicopter model rotor-blade vortex interaction impulsive noise: Scalability and parametric variations. Journal of the American Helicopter Society, 32(1): 3-12.

Brocklehurst A, Barakos G N. 2013. A review of helicopter rotor blade tip shapes. Progress in Aerospace Sciences, 56: 35-74.

Brocklehurst A, Duque E P N. 1990. Experimental and numerical study of the British experimental rotor programme blade. AIAA Paper, 90-3008-CP.

Brocklehurst A, Pike A C. 1994. Reduction of BVI noise using a vane tip // AHS Specialists' Conference on Aerodynamics, Dynamics and Acoustics.

Desopper A, Lafon P, Ceroni P, et al. 1989. Ten years of rotor flow studies at ONERA. Journal of the American Helicopter Society, 34(1): 34-41.

Jepson W D. 1974. Helicopter blade. US: 3822105.

Kampa K, Enenkl B, Polz G, et al. 1999. Aeromechanic aspects in the design of the EC135. Journal of the American Helicopter Society, 44(2): 83-93.

Ladson C L, Center L R. 1996. Computer program to obtain ordinates for NACA airfoils. National Aeronautics and Space Administration, Langley Research Center.

Landgrebe A J, Bellinger E D. 1974. Experimental investigation of model variable-geometry and ogee tip rotors. NASA CR-2275.

Leishman J G. 2006. Principles of Helicopter Aerodynamics. 2nd ed. Cambridge: Cambridge University Press.

Leishman J G. 2007. The Helicopter, Thinking Forward, Looking Back. Silver Spring, MD: College Park Press.

Leoni R D. 2007. Black Hawk: the Story of a World Class Helicopter. Reston: American Institute of Aeronautics and Astronautics, Inc.

Lorber P F, Stauter R C, Landgrebe A J. 1989. A comprehensive hover test of the airloads and airflow of an extensively instrumented model helicopter rotor // Proceedings of the 45th Annual Forum of the American Helicopter Society, Beston.

Mantay W R, Yeager J W T. 1983. Parametric tip effects for conformable rotor applications. NASA TM85682.

Mosher M. 1983. Acoustic measurements of a full-scale rotor with four tip shapes. NASA TM85878.

Muller R H G. 1990. Winglets on rotor blades in forward flight-a theoretical and experimental investigation. Vertica, 14(1): 31-46.

Muller R H G, Staufenbiel R. 1987. The influence of winglets on rotor aerodynamics. Vertica, 11(4): 601-618.

Pape A L, Beaumier P. 2005. Numerical optimization of helicopter rotor aerodynamic performance in hover. Aerospace Science and Technology, 9: 191-201.

Perry F J. 1987. Aerodynamics of the helicopter world speed record // Proceedings of the 43rd Annual Forum of the American Helicopter Society, St. Louis: 3-15.

Philippe J J. 1992. ONERA makes progress in rotor aerodynamics, aeroelasticity, and acoustics. Vertiflite, 38(5): 48-53.

Rauch P, Gervais M, Cranga P, et al. 2011. Blue edge[TM]: the design, development and testing of a new blade concept // Proceedings of the 67th Annual Forum of the American Helicopter Society, Virginia Beach: 542-555.

Robinson K, Brocklehurst A. 2008. BERP IV: aerodynamics, performance, and flight envelope // The 34th European Rotorcraft Forum, Liverpool: 245-252.

Roesch P. 1982. Aerodynamic design of the Aerospatiale SA 365N dauphin 2 helicopter. Journal of the American Helicopter Society, 27(2): 27-33.

Schmitz F H, Boxwell D A, Splettstoesser W R. 1984. Model rotor high-speed impulsive noise: full-scale comparisons and parametric variations. Vertica, 8(4): 395-422.

Spivey W A, Morehouse G G, 1970. New insights into the design of swept-tip rotor blades // The 26th Annual National Forum of the American Helicopter Society, Alexandria.

Tangler J L. 1975. The design and testing of a tip to reduce blade slap // Proceedings of the 31th Annual Forum of the American Helicopter Society.

Wachspress D A, Quackenbush T R. 2006. Impact of rotor design on coaxial rotor performance, wake geometry and noise // Proceedings of the 62th Annual Forum of the American Helicopter Society, Phoenix: 41-63.

Wang Q, Zhao Q J. 2019. Rotor aerodynamic shape design for improving performance of an unmanned helicopter. Aerospace Science and Technology, 87: 478-487.

Zhao Q J, Xu G H. 2007. A study on aerodynamic and acoustic characteristics of advanced tip-shape rotors. Journal of the American Helicopter Society, 52(3): 201-213.

Zhao Q J, Zhao G Q, Wang B, et al. 2018. Robust Navier-Stokes method for predicting unsteady flowfield and aerodynamic characteristics of helicopter rotor. Chinese Journal of Aeronautics, 31(2): 214-224.

第5章　新型桨尖旋翼设计实例

现代直升机的发展趋向于更高的前飞速度和更大的机动性能，因此传统的矩形桨叶很难满足现代直升机的性能需求，为了减少在大前进比、大拉力状态下容易出现的激波、失速及桨/涡干扰等不利因素，新型桨尖逐步在直升机旋翼上取得应用。通过大量的理论与试验研究，对具有简单桨尖外形旋翼的气动特性有了较为充分的了解，对复杂外形桨尖也有了初步认识，一些新型桨尖旋翼已用于先进直升机型号中。

本章将在旋翼桨叶气动外形设计基础上，重点阐述旋翼桨尖构型的设计原理，分析国内外典型直升机旋翼桨尖的设计思路，并介绍作者团队提出的几型兼顾优良气动与噪声特性的新型桨尖旋翼，同时介绍针对新型旋翼开展的试验验证工作。

5.1　新型桨尖基本构型

桨尖涡对旋翼入流有诱导作用，因此会对桨叶升力分布产生显著影响。桨尖附近激波导致的阻力发散也会使旋翼扭矩急剧增加，从而限制旋翼的飞行包线。桨尖气动外形对旋翼桨尖脱出的强烈桨尖涡和前飞时桨尖部位的激波现象有直接影响，采用先进的桨尖外形设计，有助于减弱旋翼前行侧的激波阻力发散并抑制后行桨叶动态失速，从而有效地改善旋翼气动特性并提高直升机的前飞速度。新型桨尖在现代直升机上的应用已经成为一种必然发展趋势，通过精细的桨尖外形设计改善旋翼的气动特性已成为直升机空气动力学设计的重要环节。

然而，旋翼桨尖流场、畸变尾迹等复杂的气动环境给旋翼的气动外形设计带来了极大困难，虽然国内外已有许多直升机型号采用了新型桨尖旋翼，但是在复杂桨尖外形对旋翼气动特性影响机理方面的研究仍不够充分。因此，目前许多学者仍致力于组合变化形式桨尖的气动特性及新构型桨尖设计研究。

早期针对桨尖外形对旋翼气动特性影响的研究主要采用试验方法和传统理论模型，如动量理论、叶素理论和涡流理论等方法。然而，这些方法在面对激波及桨/涡干扰等复杂的非定常流动现象分析时显示出不足，因此关于桨尖外形对旋翼气动特性影响的机理研究并不充分，甚至部分研究结论存在分歧。目前，针对桨尖气动特性的研究主要采用旋翼自由尾迹分析方法和 CFD 方法，自由尾迹分析方法的优点是相对高效，已经在旋翼设计中得到了较为广泛的应用 (Quackenbush et al., 1989, 1991; 徐国华和王适存, 1997, 1998)，其不足之处是采用了势流假设，不能有效地从本质上分析桨尖跨声速区域的黏性流动特征。CFD 方法采用 N-S 方程为控制方程,计入黏性影响,可以有效地模拟桨尖区域的流场细节,精确地捕捉激波特性和涡流场特征,已经成为旋翼非定常流场分析与桨叶气动外形设计的一种重要手段。

英国采用试验与数值模拟技术相结合的方法设计出 BERP 系列桨尖,其中最新的 BERP IV 桨尖已经在 EH101 直升机上应用,据报道,其悬停功率消耗相对于 BERP III 旋翼降低了 5%,巡航功率消耗降低了 0~15%(Leverton,1991)。美国将已有的 UH-60A"黑鹰"直升机进行了技术改进,推出了最新一代的 UH-60M,其中着重对主旋翼气动外形进行了改进设计,除增加桨叶宽度外,还在原后掠桨尖基础上增加了桨尖下反,改进后旋翼有效载荷增加了 532kg (Fletcher,2008)。欧洲的"虎"式直升机旋翼气动外形也采用了抛物型后掠桨尖 (Podratzky and Bansemir,2007)。与国外研究进展相比,国内关于桨尖气动外形的研究开展较晚,目前仍存在较大差距,宋文萍等 (2001) 采用 CFD 方法开展了不同桨尖外形对旋翼气动噪声影响的定量分析,获得了一些有意义的结论,在此基础上针对旋翼桨尖外形开展了气动/声学综合优化设计研究 (郭旺柳等,2012)。林永峰等 (2011) 和曹亚雄等 (2016) 通过风洞试验研究了抛物后掠/下反桨尖的气动特性与噪声特性,获得了一些重要的试验结果。本书作者团队从 20 世纪 90 年代开始,采用试验与数值分析相结合的方法针对具有非常规桨尖旋翼的悬停性能开展了研究,并自主设计了具有非常规气动外形的 CLOR (China Laboratory of Rotorcraft) 桨尖旋翼系列,分析结果表明新型桨尖在提高旋翼气动性能方面具有明显效果。

旋翼桨尖区域是一个敏感区域,它既是桨叶的最高动压区,也是产生高阻力的区域,同时还是桨尖涡的形成和脱落之处。目前已经出现了不少类型的新型桨尖,图 5-1 给出了几种典型的桨尖外形,按照几何外形可以将桨尖变化形式归纳为以下四类。

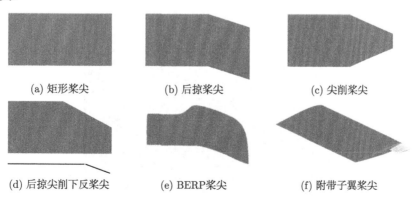

(a) 矩形桨尖　　　　　(b) 后掠桨尖　　　　　(c) 尖削桨尖

(d) 后掠尖削下反桨尖　　(e) BERP桨尖　　　(f) 附带子翼桨尖

图 5-1　各种典型桨尖形状

(1) 桨尖形状的直线变化，主要包括后掠、前掠、尖削及它们的组合形状，如美国的 UH-60A、AH-64 等直升机旋翼采用的后掠桨尖。

(2) 桨尖形状的曲线变化，主要包括曲线后掠、曲线前掠等，以英国的 BERP 桨叶和法国的 PF2 桨叶为代表。

(3) 桨尖形状的三维变化，主要包括下反、上反及与前两类形状的组合等，以 S-92 直升机旋翼为代表。

(4) 桨尖形状的特殊变化，如附带子翼等。

5.2　"黑鹰"直升机旋翼

5.2.1　"黑鹰"直升机概况

在越南战争中，直升机第一次被美军大规模应用于实战，并在地面兵力部署方面发挥了巨大作用。然而，由于当时的直升机 (如 UH-1 "休伊" 直升机) 在设计时并未考虑越南战争的任务需求，在恶劣环境下，很快暴露出两大主要缺陷：一是不能在高温和高海拔条件下进行满载荷运输；二是无法提供令人满意的战场生存能力，严重影响了当时的空中突击任务和救援任务。因此，在 20 世纪 60 年代末，美国军方开始考虑发展新一代的中型通用直升机替代 UH-1 直升机，由此提出了 UTTAS 计划，并提出了两个基本要求，即能够在高海拔和高温条件下具有优秀的运输能力和战场生存力。1972 年 8 月，美陆军在此计划中选定西科斯基公司的 S-70 型民用直升机的军用试验型号 YUH-60A 和波音公司的 YUH-61A 试验机作为该计划的两个竞争对手。1976 年 12 月，西科斯基公司的 YUH-60A 击败波音公司的 YUH-61A，获得了 UTTAS 计划的订单，同时获得正式代号 "黑鹰"(图 5-2) (Leoni，2007)。

图 5-2　"黑鹰" 直升机

"黑鹰" 中型通用直升机采用双发动力, 融合了当时西科斯基公司的大量先进技术, 尤其是旋翼系统。旋翼包含四片桨叶, 桨叶采用在低速和高速时能满足升力要求的高升力翼型 (SC1095), 相对厚度为 0.095。为了避免前行桨叶在巡航飞行时产生气流分离, 桨叶中段翼面前缘下垂, 后缘有调整片, 从桨根到桨尖负扭转 18°, 桨尖后掠 20°。每片桨叶由中空钛合金椭圆形大梁、Nomex 蜂窝芯、石墨后缘和桨根、玻璃钢/环氧树脂蒙皮、塑料前缘配重以及钛合金前缘包条、Kevlar 桨尖等组成, 桨叶可人工折叠。桨叶的设计使用寿命无限, 桨叶耐 23mm 炮弹损伤, 充压并装有气压表保证整片桨叶结构完整和破损安全。旋翼和尾桨的每片桨叶前缘都有电加温防冰覆盖层。桨毂用钛合金整体锻造而成, 桨毂上采用弹性轴承, 无需润滑, 减少了零件数量, 维护工作量减少 60%, 桨毂顶上装有双线减摆器。

UH-60 衍生出了许多型号和版本, 彰显了良好的通用性, 如美国海军陆战队运输型 "夜鹰"(Night Hawk)、美国空军特种行动机型 "铺路鹰" (Pave Hawk)、澳大利亚武装型 "战斗鹰" (Battle Hawk)、美国海军反潜/运输型 "海鹰" (Sea Hawk) 等。除美国之外, 还有 20 多个国家和地区购买了 UH-60, 这些出口型号一般都称为 S-70 直升机 (即 UH-60 在西科斯基公司内部的编号)。UH-60 以其至今 4500 多架的生产量成为世界上生产数量最多的直升机之一 (Leoni, 2007), 证明了其设计的优异性。

5.2.2 旋翼设计思路与桨叶外形特征

美国陆军 UTTAS 计划要求通用战术运输直升机必须在多种状态下工作, 这就使旋翼可能出现前行桨叶的跨声速激波失速与后行桨叶的动态失速现象。另外, 考虑到需要对直升机进行空运, 旋翼的尺寸要尽可能缩小, 这就需要旋翼的气动效率比当时传统直升机旋翼效率提高 5%~10%。这些要求给设计人员提出了较大的挑战, 20 世纪 70 年代的军用直升机工业水平难以满足陆军在各方面的苛刻要求, 因此 UTTAS 计划的设计方案不可能在已有直升机的基础上进行简单改型, 必须进行全新设计, 尤其是作为直升机设计核心的旋翼系统。

1) 翼型设计

早期旋翼桨叶一般采用对称翼型, 如经典的 NACA0012 翼型, 以保持较低的力矩。然而, NACA0012 翼型的气动特性一般, 不能满足 UH-60 的设计目标, 尤其是悬停效率。为此, 西科斯基公司设计了非对称的 SC1095 翼型来代替原有的翼型。SC1095 翼型的相对厚度为 0.095, 具有良好的失速特性和力矩特性, 从两个方面提高了悬停效率: 一是由于其最大升力系数较高, 产生的升力较大; 二是由于其力矩为低头力矩, 增加了桨叶的固有负扭转 (飞行试验表明能够额外增加 1.5° 的负扭转), 从而使悬停效率得到了有效提高。

在实际作战需求中, 机动能力的提高对直升机生存能力的改善至关重要, 为了规避地面弹道武器对直升机的威胁,常需要贴地飞行。为了在低空飞行躲避障碍物时最大限度地避免暴露给地面火力,美国陆军提出了直升机在飞越 60m 障碍物时拉升和机头向下的飞行路径,即 UTTAS 机动 (Leoni,2007),如图 5-3 所示。

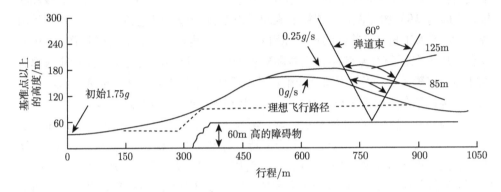

图 5-3　UTTAS 机动示意图

为了满足 UTTAS 机动的性能要求,先进翼型的设计必不可少。UH-60 初始方案中采用的 SC1095 翼型表现出良好的气动性能,但当飞行包线试图扩大到 UTTAS 机动要求范围时,无法保持 3s 的 $1.75g$ 过载。气动专家研究发现,旋翼瞬态升力不足的原因是 UH-60 直升机机动飞行时在旋翼桨叶 $r/R = 0.85$ 展向位置处出现了失速,因此在此位置处需要采用更大失速迎角和升力的翼型。为此,西科斯基公司的工作小组基于 SC1095 翼型设计了 SC1094-R8 翼型,见第 3 章图 3-2。飞行试验表明,具有新翼型配置方案的旋翼满足 UTTAS 机动要求。

2) 扭转分布

增加旋翼桨叶负扭转能够有效地改善旋翼的悬停效率,但是较高的扭转将增加桨叶的振动应力,从而限制直升机的前飞速度。因此,在以往的直升机中,旋翼的负扭转不是很大。然而,美国陆军要求在满足悬停效率的同时,还要提高飞行速度,因此单纯地增加旋翼桨叶扭转对 UH-60 直升机设计来说是不现实的。为此,西科斯基公司的 Jepson(1974) 创造性地设计了 "贝塔" 桨尖,其特点是在桨叶内段采用 $-18°$ 的线性扭转,而在桨叶外侧 $r/R = 0.96$ 位置处采用正扭转,最终形成 $-16.4°$ 的等量线性扭转,如图 5-4 所示。这种桨尖扭转设计的原理是令桨尖经过前一片桨叶桨尖涡流轨迹的外侧,以减弱桨/涡干扰,使桨尖部分的升力得到增加,从而提高旋翼悬停效率。在前飞过程中,桨尖正扭转会减小前行桨叶的桨尖负载荷,从而提高前飞气动性能。

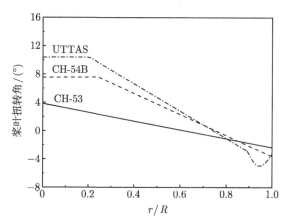

图 5-4 不同直升机旋翼桨叶扭转分布对比

3) 后掠桨尖

从 20 世纪 60 年代开始,随着直升机飞行速度的提高,传统的矩形桨尖会导致多种气动问题,直升机界对此进行了大量的研究。通过桨尖外形设计改善旋翼气动特性的目标主要有两个方面:

(1) 减小尖部产生的桨尖涡强度,如通过减小桨叶尖部载荷以减小桨尖部位上下表面压差,从而削弱桨尖涡强度;改变桨尖涡逸出的位置,达到减弱桨/涡干扰的效果,如采用桨尖部位下反设计方法。

(2) 减弱桨叶尖部激波的产生,通过采用桨尖部位前、后掠方法或采用先进翼型,减弱桨尖区域的压缩性效应,抑制激波。

考虑到"黑鹰"直升机要求具有较大的前飞速度,旋翼前行侧桨叶桨尖位置容易出现激波,从而增加旋翼的扭矩,影响到旋翼的前飞性能。为此,西利斯基公司在桨叶 $r/R = 0.95$ 位置采用了 $20°$ 后掠设计,以避免出现桨尖在高马赫数时桨叶轨迹偏离的现象。后掠桨尖产生的气动合力位于桨叶变距轴后侧,如图 5-5 所示,由于后掠角造成的载荷偏移,桨尖产生扭转变化,这种扭转变化在悬停状态下可以达到 $-1.5°$,从而使旋翼气动效率进一步提高。

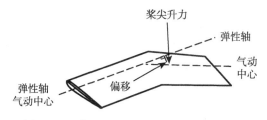

图 5-5 后掠桨叶引起的气动中心后移示意图

后掠桨尖的设计主要是为了减小压缩性的影响,然而,这种设计存在潜在的不

足：后掠桨尖将不可避免地造成质量中心的后移，桨尖部分剖面翼型甚至整体上都
在变距轴线后面。针对这一不足，通常可以在桨尖后缘位置采用轻质材料来阻滞质
量重心的后移。

4) 最新改进

随着对下反桨尖的深入研究，这一技术开始逐步得到实际应用，"黑鹰" 直升
机的最新改型 UH-60M 桨尖部位在原来的后掠基础上增加了尖削和下反设计。
图 5-6 给出了 UH-60M 的桨尖气动外形变化。

(a) UH-60A   (b) UH-60M

图 5-6　UH-60M 直升机旋翼的桨尖气动外形变化

到 20 世纪 90 年代，随着美国陆军单兵装备的升级，每个士兵携带装备的总
重量由 108.86kg 提高到了 131.54kg，以往的 UH-60A/L 无法满足陆军的要求。为
此，西科斯基公司设计了新的旋翼桨叶，使旋翼气动性能提高了 4%，其中包括旋
翼翼型的改进。新旋翼采用了 SC2110 翼型和 SSC-A09 翼型，使 UH-60M 的巡航
速度从 UH-60A 的 259.26km/h 提高到了 283.33km/h，总重 7620kg 时的垂直爬升
速率从 UH-60L 的 6.68m/s 提高到了 8.36m/s，总重 8165kg 时的垂直爬升速率从
UH-60L 的 3m/s 提高到了 5.05m/s。

UH-60A 直升机设计中，采用了非对称翼型、非线性大扭转和后掠桨尖设计，
进而使直升机具有出色的垂直性能和巡航性能。20 世纪 90 年代，西科斯基公司对
原有的旋翼桨叶进行了新的改进设计，如图 5-7 所示。与原有旋翼桨叶相比，新旋
翼桨叶采用了新的翼型和桨尖外形，桨叶弦长增加了 0.4445m，从而增加了直升机
的巡航速度及机动性，极大地提高了直升机的悬停和垂直爬升性能，这种设计被应
用到西科斯基公司的 S-92 通用运输直升机中。

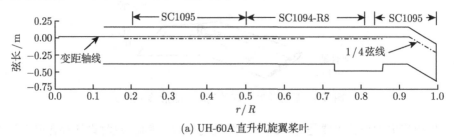

(a) UH-60A直升机旋翼桨叶

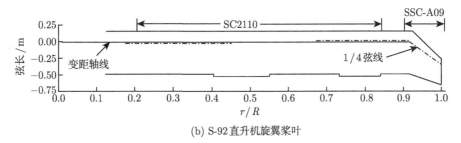

(b) S-92 直升机旋翼桨叶

图 5-7　直升机旋翼桨叶改进

5.3　BERP 旋翼

5.3.1　BERP 旋翼设计思路

随着直升机巡航速度的提高, 旋翼桨尖马赫数也逐渐提高, 因此研究人员开始关注桨尖的气动特性。Spivey (1968) 首先提出了通过将后掠桨尖部分位置前移来补偿后掠引起的气动中心后移现象, 如图 5-8 所示。此外, 他还提出了在桨叶外端进行大后掠处理, 整体呈现多重后掠的设计思路, 之后形成了桨叶前缘曲线前掠、桨叶后缘略微后掠的特征。这一研究成果为之后的旋翼桨尖外形提供了新的设计思路。

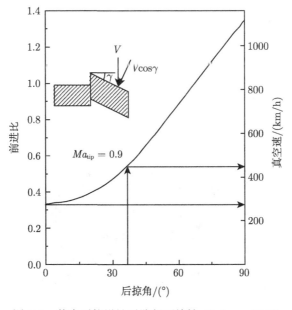

图 5-8　桨尖后掠设计以降低压缩性 (Spivey, 1968)

　　Spivey (1968) 的开创性研究工作使人们意识到前/后掠组合桨尖旋翼的气动特性具有较大的研究价值。在英国,原 Westland 公司的专家采用了不同的后掠桨尖设计方案,为避免气动中心后移,将后掠部分整体前移,使后掠部分的气动中心位置移动到桨叶气动轴上,以便解决剖面气动中心后移导致的气弹问题。这一独特的桨尖形成了前-后掠桨尖前缘变化形式。在这一设计理念的指引下,英国开展了先进旋翼桨叶研究计划——BERP,其设计思路逐渐发展为后来著名的 BERP 桨尖,其主要特征是大范围后掠,并且进行一定的前掠气动补偿,如图 5-9 所示。采用这种全新的设计方案后,旋翼不仅升力有明显提高,前飞速度也有很大的改善,先后为 Sea King、Lynx"山猫" (曾创造直升机前飞速度纪录,前行桨叶的桨尖马赫数为 0.977,前进比高达 0.5) 和 EH-101 等型号的直升机提供了不同版本的先进 BERP 桨叶。

图 5-9　英国 Westland 公司的 BERP 桨尖外形

　　BERP 桨叶气动外形研究主要经历了四个阶段,BERP I 的研究起始于 1975 年,这一阶段的研究仅针对复合材料桨叶设计技术,没有涉及翼型设计。该型旋翼应用于 Sea King 直升机,如图 5-10 所示。

图 5-10　装备 BERP I 桨叶的 Sea King 直升机

从 1978 年开始，英国着重研究先进旋翼翼型及桨叶气动外形设计技术，结合 BERP I 旋翼桨尖的研究结果，发展了 BERP II 桨尖。到 1982 年，Westland 公司开始第三阶段的 BERP 计划，其目标是进一步完善桨叶气动外形设计技术。在翼型方面，BERP III桨叶使用了一种载荷偏后的高升力翼型，在桨叶外端具有低头力矩，要依靠内段具有抬头力矩的翼型来平衡。BERP III采用了三段翼型分布，根部为 RAE9648，中段为 RAE9645，桨尖为 RAE9634，如图 5-11 所示。

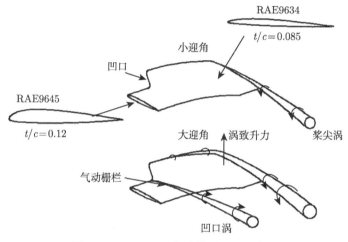

图 5-11　BERP III桨叶翼型配置示意图

试验表明，与矩形桨叶相比，BERP 桨尖能够有效地抑制桨尖部分的超临界流，从而减小了逆压梯度，进而降低了需用功率，提高了悬停效率。与常规后掠相比，BERP 桨尖的前置在一定程度上将桨尖的质量重心前移到靠近变距轴线，从而避免了气动中心过度后移的缺点。BERP III旋翼的桨叶载荷提升了大约 40%，被应用于"山猫"直升机，如图 5-12 所示。正是由于 BERP III桨叶气动性能的重要改进，"山猫"直升机于 1986 年创造了世界直升机前飞速度纪录。

图 5-12　装备 BERP III桨叶的"山猫"直升机

5.3.2　BERP 桨尖的最新改进——BERP Ⅳ

BERP Ⅳ旋翼桨尖的研究于 1997 年 10 月启动，桨叶设计的要求是在保持与 BERP Ⅲ旋翼相当前飞性能的同时进一步提高悬停性能。基于高悬停效率的设计要求，BERP Ⅳ方案采用增加桨叶扭转分布的方式实现，通过数值分析与风洞试验，最终确定了 16° 的负扭转。在此基础上，BERP Ⅳ旋翼针对桨叶剖面翼型和桨尖外形进行了改进，以适应桨叶较大的负扭转 (Brocklehurst and Barakos，2013)。在桨叶根部段、$r/R = 0.50 \sim 0.75$ 段、$r/R = 0.82$、$r/R = 0.86$、$r/R = 0.95$ 位置，分别设计了一组高升阻比、低力矩的翼型。

BERP Ⅳ与 BERP Ⅲ旋翼旋翼桨尖气动外形对比如图 5-13 所示。BERP Ⅳ旋翼桨尖设计的主要特征如下：

(1) 桨尖前缘凹槽处具有更平滑的弯曲形状，以减小阻力。

(2) 增加桨尖弦长并优化桨尖大迎角状态的气动性能，以减小型阻。

(3) 桨尖向外一直后掠以保证高马赫数下具有良好的气动性能。

(4) 在桨尖外端继续保留下反形状，以改善悬停性能。

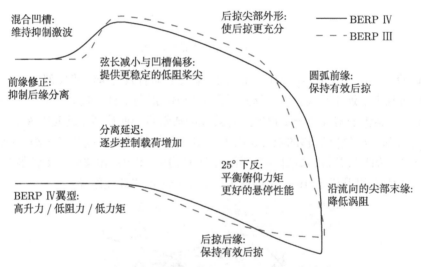

图 5-13　BERP Ⅳ旋翼与 BERP Ⅲ旋翼桨尖气动外形对比

风洞试验结果表明，BERP Ⅳ旋翼在悬停状态和不同速度前飞状态下的功率消耗均明显小于 BERP Ⅲ旋翼，如图 5-14 所示 (设计方未列出具体数据)。BERP Ⅳ旋翼具有更优异的气动性能，并被成功应用于 AW-101 直升机，如图 5-15 所示，使其具有更宽的飞行包线。

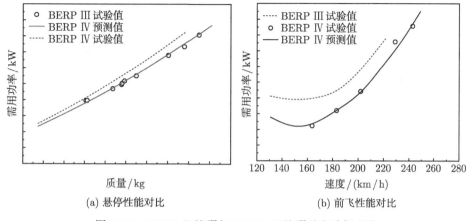

(a) 悬停性能对比   (b) 前飞性能对比

图 5-14 BERP Ⅳ旋翼与 BERP Ⅲ旋翼功率消耗对比

图 5-15 装备 BERP Ⅳ旋翼的 AW-101 直升机

5.4 新型低噪声旋翼

5.4.1 ERATO 旋翼

旋翼的桨/涡干扰噪声是直升机低速着陆和机动飞行的主要噪声，因此减小桨/涡干扰噪声是民用市场和军用需求的一个关键问题。早期降低桨/涡干扰噪声的主要手段是通过设计复杂的桨尖外形来改变桨尖涡的结构，使桨尖涡在形成之前增强耗散，进而减小桨尖涡的强度。1992 年，DLR 和 ONERA 合作开展了一个新的项目来进行桨/涡干扰噪声被动控制研究，即 ERATO 项目 (Prieur and Splettstoesser, 1999)。ERATO 项目计划通过设计新的旋翼气动外形方案，将桨/涡干扰噪声在初始旋翼基础上降低 6dB，并用于 4~6 吨级别的直升机上。

根据欧洲直升机公司的要求，噪声优化的飞行状态优先次序为：速度 125km/h

的下降飞行状态、速度 215~260km/h 的前飞状态、速度 350km/h 的高速前飞状态。

ERATO 项目在探索阶段以 ONERA 的 7AD 模型旋翼为基准旋翼，进行气动和噪声预测方法的改进及桨叶参数影响研究。7AD 模型旋翼的桨尖速度为 210m/s（$Ma_{\text{tip}} = 0.617$)，旋翼半径为 2.1m，弦长为 0.14m，含 4 片桨叶，以此为基准，对旋翼的桨尖速度、桨叶片数及弦长进行参数影响分析，桨尖速度分别为 185m/s、210m/s 和 221m/s，桨叶片数分别为 4 ± 1 片，弦长分别为 0.14m±0.035m。

为了避免盲目的优化设计及结构对噪声信号的干扰，DLR 和 ONERA 计划在参数分析的基础上，以一个低噪声的双掠 (前后掠结合) 概念旋翼为基准旋翼 (代号 OPT1) 进行气动外形优化设计。考虑到前掠在工程应用中气弹稳定性的风险，基准旋翼在桨尖位置处采用后掠设计，基准旋翼采用 $-10°$ 的线性预扭转，最大弦长位于桨叶 $r/R = 0.7$ 剖面，并在 $r/R = 0.8$ 位置处开始后掠，翼型由原来的 OA-2 系列替换为更先进的 OA-3 系列和 OA-4 系列。最终优化的 ERATO 旋翼桨叶平面外形如图 5-16 所示。

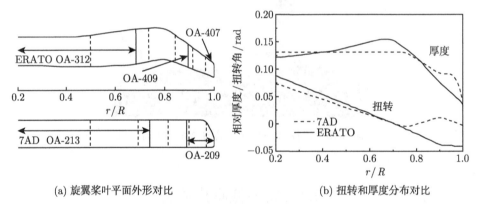

　　(a) 旋翼桨叶平面外形对比　　　　　　　　(b) 扭转和厚度分布对比

图 5-16　ERATO 旋翼桨叶平面外形

ERATO 旋翼的实度为 0.085，桨叶具有 $-8.3°$ 线性扭转。ERATO 旋翼与 7AD 旋翼在 125km/h 前飞速度下的噪声特性对比如图 5-17 所示。从图中可以看出，在 $-6°$ 的下降飞行中，ERATO 旋翼的噪声比 7AD 旋翼 (桨尖速度为 223m/s) 下降了 8dB。同时，在前飞速度为 215km/h 和 260km/h 的状态下，噪声水平分别下降了 7dB 和 9dB。

在完成了旋翼桨叶的气动外形设计、结构设计、工程设计优化的基础上，ERATO 旋翼分别在 S1MA 和 DNW 风洞中进行了高速、低速状态下的风洞试验，在 DNW 风洞中进行了低速状态下的气动噪声试验，如图 5-18 所示。

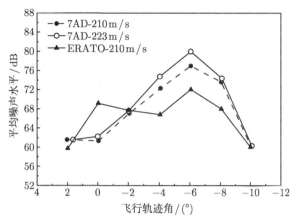

图 5-17 ERATO 旋翼与 7AD 旋翼气动噪声特性对比 (前飞速度为 125km/h)

图 5-18 ERATO 旋翼在 DNW 风洞中进行试验

受到风洞尺寸的限制, 噪声测量点位于距离旋翼下方 $1.1R$ 位置。试验测量结果如图 5-19 所示, 在标准转速下, ERATO 旋翼的最大噪声比 7AD 旋翼的最大噪声低 4dB。

为了检验 ERATO 旋翼在高速状态下的噪声特性, ERATO 旋翼在 S1MA 风洞中进行了噪声测量试验, 如图 5-20 所示。试验测试表明, ERATO 旋翼在各个状态下的噪声特性均明显优于 7AD 旋翼, 如图 5-21 所示, 图中 7AD 旋翼的桨尖速度固定为 223m/s, ERATO 旋翼的桨尖速度分别为 223m/s、210m/s、195m/s。从图中可以看出, 在 210m/s 的标准桨尖速度下, ERATO 旋翼在 260km/h 前飞速度下的噪声降低了约 7dB, 在 290km/h 速度下的噪声降低了约 10dB, 这一结果非常接近数值模拟结果。

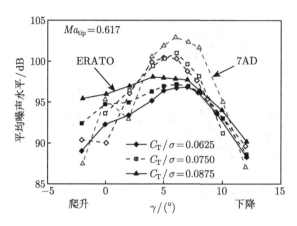

图 5-19　DNW 风洞噪声测量结果对比 (前飞速度为 125km/h)

图 5-20　ERATO 旋翼在 S1MA 风洞中进行试验

　　在进行噪声测量的同时, 在 S1MA 风洞中测量了 ERATO 旋翼的气动性能, 图 5-22 给出了 ERATO 旋翼和 7AD 旋翼在桨尖速度为 210m/s 状态下的功率消耗对比, 纵坐标为功率系数 $P_{\mathrm{b}}^* = 200C_{\mathrm{Q}}^*/\sigma$, 其中 C_{Q}^* 表示以旋翼参考旋转角速度 $\Omega^*(\Omega^* = 100\mathrm{rad/s})$ 为无量纲化标准的旋翼功率系数。从图中可以看出, 不同前进比情况下, ERATO 旋翼的功率消耗均小于 7AD 旋翼。在低桨叶拉力系数状态下,前进比为 0.423 时 ERATO 旋翼的功率消耗比 7AD 旋翼小 12%。同时，前进比为 0.344 时，在所有桨叶拉力系数状态下，ERATO 旋翼的功率消耗比 7AD 旋翼小 4%。

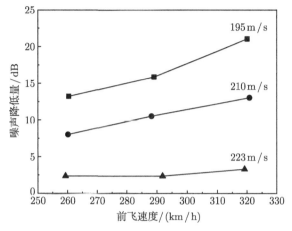

图 5-21 S1MA 风洞噪声测量结果

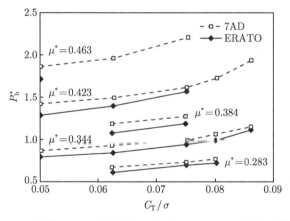

图 5-22 ERATO 旋翼与 7AD 旋翼在桨尖速度为 210km/s 状态下的功率消耗对比

5.4.2 Blue-Edge 旋翼

Blue-Edge 旋翼计划来自法国与德国合作的 ERATO 项目，属于欧直 "绿色直升机技术" 计划，旨在降低旋翼的气动噪声 (Prieur and Splettstoesser, 1999)。Blue-Edge 旋翼桨叶采用 "双后掠" 构型，其设计理念是在保持优良气动性能的同时，减小桨/涡干扰带来的噪声 (ONERA, 2011)。

1) Blue-Edge 旋翼的气动外形设计 (Rauch et al., 2011)

Blue-Edge 旋翼计划的第一阶段是仿照 ERATO 旋翼设计方案，提出一种具有前后掠组合桨尖的新型旋翼，以有效抑制旋翼噪声，同时显著提高旋翼悬停效率。为此，设计者提出了多种桨叶设计方案，且桨叶主升力段均增加了剖面弦长，如图 5-23 所示。针对这些方案，以 CFD 方法模拟了旋翼悬停状态的气动性能，并与欧直设计的 C0 旋翼 (图 5-23) 的气动特性进行对比，与 C0 旋翼相比，所有设计方案的悬停效率均大幅提升，其中 C4 构型的旋翼具有最好的悬停效率，与参考桨叶 C0 相比，最大悬停效率提高了 2.8% 左右，如图 5-24 所示。研究表明，相对于参考桨叶 C0，设计旋翼悬停效率提升的主要原因是增加了桨叶扭转与桨尖部位的下反。

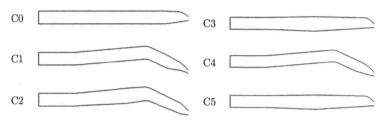

图 5-23　Blue-Edge 旋翼桨叶设计

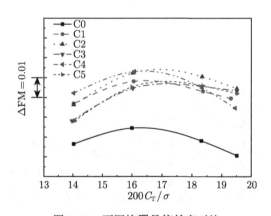

图 5-24　不同旋翼悬停效率对比

　　在上述基础上，选择 C4 桨叶，以其为基准进行桨尖外形的进一步优化设计。值得注意的是，在 Blue-Edge 旋翼桨叶的设计中，首次引入了 CFD 方法。在进行桨叶外形设计时，通过桨尖 ($r > 0.9R$) 部位扭转分布与下反分布的优化，提升旋翼的悬停效率。通过优化设计，获得了几种悬停性能提升的桨叶外形结果，最终从这些优化方案中选出在典型下降飞行状态下桨/涡干扰噪声水平最低的桨叶外形方案，即 C4P-OPT 桨叶。

　　由于在设计的第一阶段进行的所有优化均基于刚性桨叶假设，在第二阶段对桨叶进行结构设计时，采用弹性桨叶假设验证设计旋翼的气动特性与噪声特性。考虑桨叶的弹性变形后，优化旋翼的悬停性能并未出现明显变化，但是旋翼的噪声特性有所降低，尤其是在斜下降角度大于 6° 时，如图 5-25 所示。

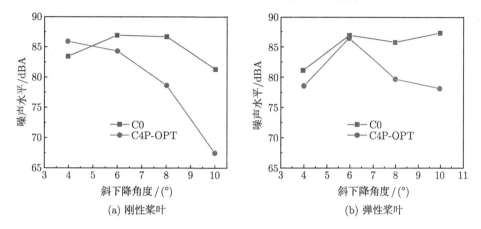

(a) 刚性桨叶　　　　　　　　(b) 弹性桨叶

图 5-25　桨叶弹性变形对旋翼斜下降状态噪声水平的影响 (前飞速度为 148km/h)

在 Blue-Edge 计划研究过程中，发现在高速前飞时桨叶扭转变形和控制载荷过高，这主要是因为新型前后掠桨尖引起了桨叶的弯扭耦合，而减小扭转变形的最佳方法是改变桨叶的前后掠角度。但由于直升机下降飞行过程中的噪声辐射特性对桨尖前后掠角度十分敏感，如何在降低旋翼噪声与减小桨叶扭转变形之间进行折中设计给 Blue-Edge 旋翼的设计提出了很大挑战。在这一阶段，通过改变前后掠角度，同时减小桨叶后掠部分的展向长度，形成了 Blue-Edge 旋翼的最终方案，使 Blue-Edge 旋翼具有很好的气动–噪声–动力学特性 (如图 5-26 所示)，即在悬停时有较高的悬停效率，在低速下降飞行时有较低的气动噪声。通过数值计算对 Blue-Edge 旋翼的气动噪声特性进行评估，Blue-Edge 旋翼在不同飞行状态的气动噪声相对于 C0 旋翼的降低量云图如图 5-27 所示，从中可以发现 Blue-Edge 旋翼噪声特性提升最明显的状态是低速–大斜下降角度状态 (飞行速度约 111km/h，斜下降角度大于 6°)。

图 5-26　Blue-Edge 最终方案: 悬停状态压力分布及桨尖流线

2) Blue-Edge 旋翼气动与噪声特性试验 (Rauch et al., 2011)

　　Blue-Edge 旋翼在初步方案确定之后，设计人员开始进行结构设计、动力学特性优化、强度评估及一些细节问题设计，并进行了相应的验证研究与分析。最后，在 EC155 验证机上进行了飞行试验，如图 5-28 所示，验证其气动性能、噪声及动力学特征。

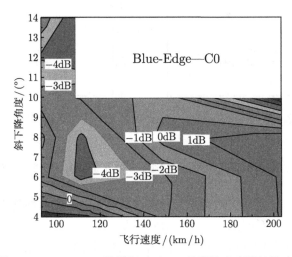

图 5-27　Blue-Edge 旋翼相对于 C0 旋翼的噪声降低量云图

图 5-28　Blue-Edge 旋翼飞行验证试验

(1) 旋翼气动性能试验。

　　图 5-29 为 Blue-Edge 旋翼与原 EC155 直升机旋翼悬停效率及需用功率对比。从图 5-29(a) 可以看出，在小拉力状态下，Blue-Edge 旋翼与 EC155 直升机旋翼的悬停效率基本相同；而在大拉力状态下，Blue-Edge 旋翼的悬停效率有明显提升，最大悬停效率提高了 7%。从图 5-29(b) 可以看出，在前飞状态下，Blue-Edge 旋翼的功率消耗与 EC155 直升机旋翼基本相当。

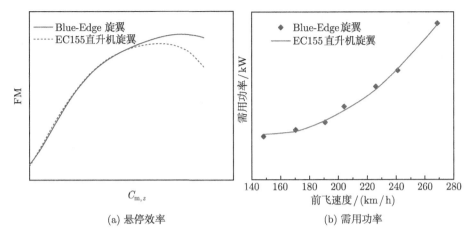

(a) 悬停效率   (b) 需用功率

图 5-29 Blue-Edge 旋翼与 EC155 直升机旋翼悬停效率及需用功率对比

(2) 旋翼噪声特性试验。

为了验证 Blue-Edge 旋翼的桨/涡干扰噪声特性，ONERA 在 EC155 直升机上安装全尺寸 Blue-Edge 旋翼，使用在直升机外部安装的五个麦克风进行旋翼近场噪声测量试验，并与原始旋翼的噪声特性进行对比。图 5-30 为机身上布置的三个麦克风，另外两个置于水平尾翼。

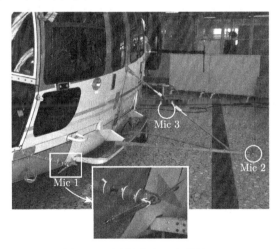

图 5-30 近场麦克风安装情况

飞行试验结果表明，对于 EC155 直升机旋翼，在 92.6~166.7km/h 的飞行速度、3°~9° 的斜下降角度情形下，桨/涡干扰的区域较大，而最高桨/涡干扰噪声出现在飞行速度为 111km/h、斜下降角度为 6°~8° 的状态。图 5-31 给出了 EC155 直升机旋翼与 Blue-Edge 旋翼在飞行速度 111km/h、斜下降角度 8° 时，2 号麦克风测得的声压。由图可以发现，EC155 直升机旋翼存在桨/涡干扰引起的强脉冲峰值，从而导致较高的噪声水平，而 Blue-Edge 旋翼在该状态下并未产生桨/涡干扰脉冲峰值，即 Blue-Edge 旋翼可以有效地避免桨/涡干扰现象。

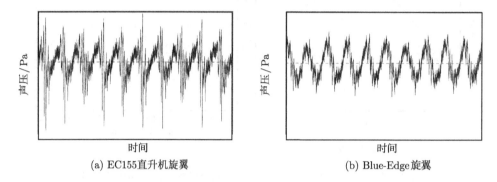

(a) EC155直升机旋翼　　　　　　　　　　(b) Blue-Edge旋翼

图 5-31　旋翼近场噪声声压对比

通过噪声特性的飞行测量试验发现，在斜下降角度为 3° ~ 9° 时，Blue-Edge 旋翼能够完全消除 92.6~166.7km/h 飞行速度区域旋翼的强桨/涡干扰噪声。图 5-32 给出了 2 号麦克风测量获得的 Blue-Edge 旋翼相对于 EC155 直升机旋翼近场 A-计权声压级的降低量。可以看出，Blue-Edge 旋翼在很大飞行条件范围内可以显著降低旋翼噪声水平，尤其是在 EC155 直升机旋翼的强桨/涡干扰噪声区。

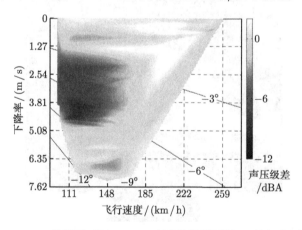

图 5-32　Blue-Edge 旋翼相对于 EC155 直升机旋翼近场 A-计权声压级的降低量

虽然近场噪声测量已能证实 Blue-Edge 旋翼能够极大程度地减小桨/涡干扰噪声水平，但近场测量无法获得噪声的指向性特征。因此，除近场噪声特性测量试验外，在地面布置麦克风阵列，测量 EC155 直升机旋翼与 Blue-Edge 旋翼的噪声特性差异。

地面测量结果与近场测量结果基本一致，表明 Bule-Edge 旋翼在所有下降飞行条件下均成功降低了桨/涡干扰噪声，并且在飞行速度 111km/h、斜下降角 8° 时对桨/涡干扰噪声的抑制效果最好。在此斜下降飞行条件下，地面麦克风测得的 Blue-Edge 旋翼的噪声比 EC155 直升机旋翼平均降低 3~ 4 个 EPNdB (噪声级有效感觉噪声分贝)。在单个麦克风上，最大降低约 5 EPNdB，图 5-33 给出了该麦克风测得的两副旋翼的噪声时间历程。由图可知，在直升机处于麦克风正上方之前，EC155 直升机旋翼具有最高噪声水平，这符合桨/涡干扰噪声传播的典型特征。而 Blue-Edge 旋翼削弱了桨/涡干扰噪声，从而有效降低了总体噪声水平，并且当直升机在麦克风正上方时，麦克风测得的 Blue-Edge 旋翼的噪声水平最高。

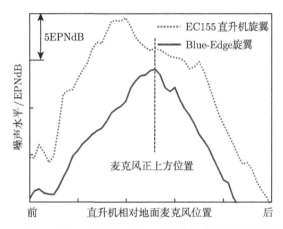

图 5-33　Blue-Edge 旋翼与 EC155 直升机旋翼噪声水平的对比

试飞试验结果很好地证明了 Blue-Edge 的双掠桨尖不仅能够显著提升悬停状态旋翼的悬停效率，还能在较大范围的斜下降飞行包线内有效削弱桨/涡干扰噪声。

5.5　CLOR 系列旋翼

本书作者团队采用试验与数值仿真相结合的方法，针对具有非常规桨尖气动外形旋翼的悬停和前飞性能开展研究，并自主设计了具有非常规气动外形的 CLOR 系列桨尖旋翼，获得了一些良好的结果，表明新型桨尖在提高旋翼气动性能与降低旋翼噪声方面具有明显效果。

5.5.1　CLOR-I 旋翼

1) CLOR-I 旋翼气动特性

CLOR-I 旋翼的设计目标是抑制桨尖区域的压缩性影响，并进一步降低旋翼噪声水平 (Zhao and Xu，2007)。为了对比分析 CLOR-I 旋翼的气动特性，设计了另外两种旋翼桨叶, 即旋翼一 (矩形桨叶) 和旋翼二 (常规后掠桨叶), 所有旋翼均含有两片桨叶, 半径为 1.2m, 详细参数如表 5-1 所示, 三副旋翼桨叶平面外形及 CLOR-I 旋翼的气动外形参数分别如图 5-34 和图 5-35 所示。

表 5-1   不同旋翼外形参数

旋翼名称	平面形状	旋翼实度	扭转角/(°)	翼型
旋翼一	矩形	0.04087	−9	NACA0012
旋翼二	20° 线性后掠 (始于 $r/R = 0.93$)	0.04087	−9	SC1095
CLOR-I 旋翼	前后掠组合	0.04102	−9	SC1095

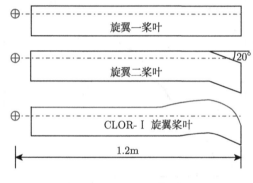

图 5-34   旋翼桨叶平面外形对比

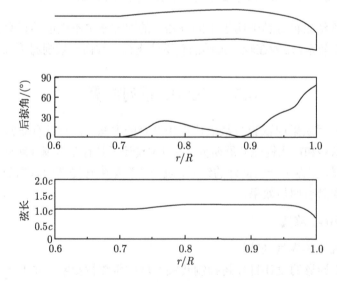

图 5-35   CLOR-I 旋翼桨尖气动外形参数

图 5-36 和图 5-37 分别给出了三副旋翼桨叶在悬停状态下的剖面压强系数分布对比,工作条件分别为:$Ma_{tip} = 0.8$、$\theta_{0.7} = 8°$,$Ma_{tip} = 0.88$、$\theta_{0.7} = 8°$。图 5-38 还给出了 $Ma_{tip} = 0.88$ 状态下桨叶上表面的压强等值线分布。由前面可知,后掠可以减弱激波的强度,同时减小跨声速临界流的范围,这有利于减小激波阻力,尤其是在桨叶后掠的起始位置附近。与后掠桨尖相比,由于 CLOR-I 旋翼桨尖具有曲线前后掠的分布特征,在改进跨声速特性方面具有明显优势,跨声速区域明显减小,在桨尖部位基本无激波。

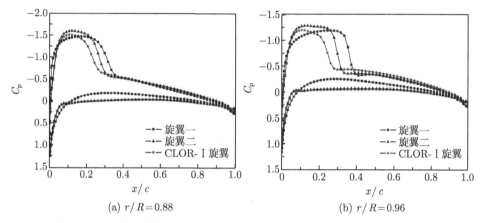

(a) $r/R=0.88$ (b) $r/R=0.96$

图 5-36 不同旋翼桨叶剖面压强系数分布对比 ($Ma_{tip} = 0.8$, $\theta_{0.7} = 8°$)

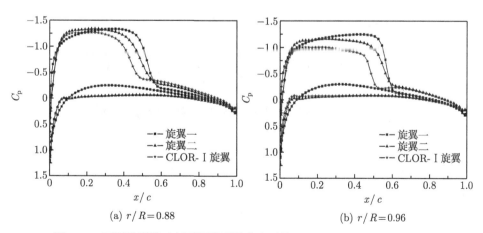

(a) $r/R=0.88$ (b) $r/R=0.96$

图 5-37 不同旋翼桨叶剖面压强系数分布对比 ($Ma_{tip} = 0.88$, $\theta_{0.7} = 8°$)

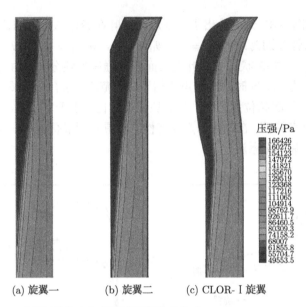

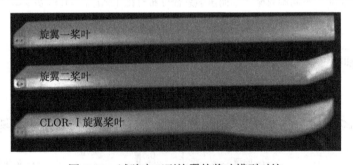

(a) 旋翼一　　　(b) 旋翼二　　　(c) CLOR-Ⅰ旋翼

图 5-38　不同旋翼桨叶上表面压强等值线分布 ($Ma_{\text{tip}} = 0.88$, $\theta_{0.7} = 8°$)

2) CLOR-Ⅰ旋翼风洞试验

在南京航空航天大学直升机旋翼动力学国家级重点实验室的 2m 旋翼试验台上进行三副模型旋翼的悬停气动性能试验，图 5-39 给出了三副旋翼的桨叶模型。

图 5-39　试验中三副旋翼的桨叶模型对比

图 5-40 给出了 1000r/min 转速下三副旋翼在悬停状态测得的拉力系数及扭矩系数对比。从图中可以看出，旋翼的拉力系数和扭矩系数随总距的增加而增加，在总距相同时，CLOR-Ⅰ旋翼的拉力系数及扭矩系数最大，旋翼二的拉力系数及扭矩系数次之，旋翼一的拉力系数及扭矩系数最小。

图 5-41 给出了不同转速下三副旋翼的气动性能对比。从图中可以看出，在相同桨叶拉力系数下，CLOR-Ⅰ旋翼的扭矩系数最小，旋翼二次之，旋翼一的扭矩系数最大，由此可以看出，CLOR-Ⅰ旋翼的气动效率最高。

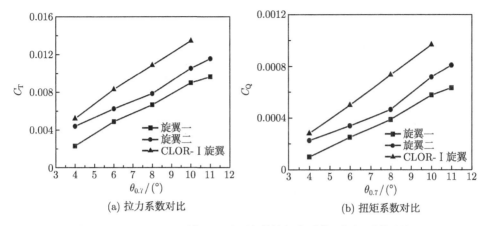

图 5-40   1000r/min 转速下不同旋翼的拉力系数及扭矩系数对比

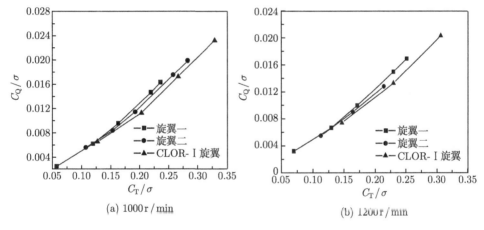

图 5-41   不同旋翼在不同转速下的气动性能对比

3) CLOR-I 旋翼噪声特性数值模拟

为了比较具有新型桨尖的 CLOR-I 旋翼的跨声速噪声特性, 计算了悬停状态下不同观测点的噪声声压在一个旋转周期内的变化。在状态一 (桨尖马赫数 0.88、总距 0°) 和状态二 (桨尖马赫数 0.88、总距 8°) 两种工作条件下进行计算, 并且选取桨盘平面内的三个点作为噪声观测点, 坐标分别为 $(0, 1.8R, 0)$、$(0, 3R, 0)$ 和 $(0, 10R, 0)$。

图 5-42 给出了状态一时在噪声观测点上计算的不同旋翼噪声声压时间历程对比。由于 CLOR-I 旋翼能够有效抑制桨尖区域的跨声速流, 在同一噪声观测点上, 其在整个旋转周期内的声压值明显低于其余两种旋翼, 表明 CLOR-I 旋翼能够有效降低噪声水平。

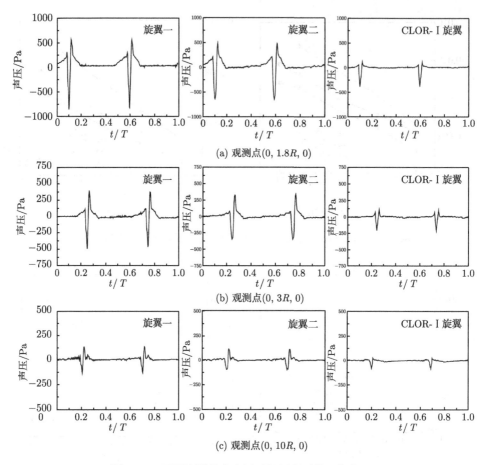

(a) 观测点(0, 1.8R, 0)

(b) 观测点(0, 3R, 0)

(c) 观测点(0, 10R, 0)

图 5-42　不同旋翼噪声声压时间历程对比 (状态一)

图 5-43 给出了状态二时, 在噪声观测点 $(0, 1.8R, 0)$ 上计算的不同旋翼噪声声压时间历程对比。从图中可以看出, CLOR-I 旋翼桨叶的噪声峰值明显小于矩形桨叶和常规后掠桨尖旋翼的噪声峰值。

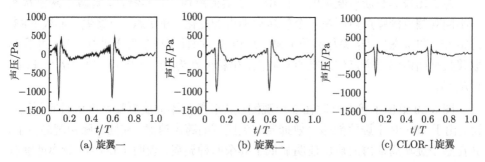

(a) 旋翼一　　　　　　　(b) 旋翼二　　　　　　(c) CLOR-I旋翼

图 5-43　不同旋翼噪声声压时间历程对比 (状态二)

4) CLOR-I 旋翼噪声特性试验

针对矩形、常规后掠与 CLOR-I 旋翼, 固定旋翼总距和桨尖马赫数, 测量噪声声压时间历程和频谱, 旋翼轴水平放置。试验中对旋翼桨盘下方距桨毂中心 4m 的两个位置点进行了测量, 测点 1、2 分别位于旋翼旋转平面下方夹角为 $45°$ 和 $30°$ 方向上。为了尽可能减少背景噪声, 选择在夜间进行试验。为了防止地面反射, 在地面上固定传声器的位置布置了尖劈, 其余位置布置了大块玻璃棉。图 5-44 为旋翼噪声试验现场, 图中给出了布置的传声器及防止声反射的玻璃棉与尖劈。

图 5-44 旋翼噪声试验现场

表 5-2 和表 5-3 给出了旋翼转速分别为 $n = 1000 \text{r/min}$ 和 $n = 1200 \text{r/min}$、总距为 $8°$ 时旋翼一、旋翼二、CLOR-I 旋翼在不同观测点上的噪声对比。可以看出, CLOR-I 旋翼的噪声值最小, 旋翼二与旋翼一的噪声大小相近, 没有展示出桨尖后掠的优势, 这是因为试验桨尖马赫数较小, 无法体现后掠桨尖对压缩性的缓解作用。

表 5-2　$n = 1000 \text{r/min}$、$\theta_{0.7} = 8°$ 时不同旋翼噪声对比　　(单位: dBA)

观测点	旋翼一	旋翼二	CLOR-I 旋翼
1	81.6	80.9	78.8
2	83.4	82.6	80.7

表 5-3　$n = 1200 \text{r/min}$、$\theta_{0.7} = 8°$ 时不同旋翼噪声对比　　(单位: dBA)

观测点	旋翼一	旋翼二	CLOR-I 旋翼
1	84.8	84.6	82.2
2	85.3	85.7	83.1

图 5-45 与图 5-46 分别给出了在观测点 1 测得的不同旋翼噪声的声压时间历程和声压级频谱对比，对应的工作状态为 $n=1000\text{r/min}$、$\theta_{0.7} = 8°$。可以看出，CLOR-I 旋翼的声压水平低于旋翼一和旋翼二，这与表 5-2 和表 5-3 的结论一致，体现了非常规曲线前后掠桨尖旋翼在噪声特性方面的优势。究其原因，观测点 1 和观测点 2 位于桨盘的斜下方，所测噪声以载荷噪声为主。CLOR-I 旋翼桨尖区域变化的弦长重新分布了沿展向的载荷，使桨尖涡强度减弱，与矩形桨尖相比，CLOR-I 旋翼在桨尖区域的压力变化比较平缓，且尖部载荷较小，有利于降低载荷噪声。

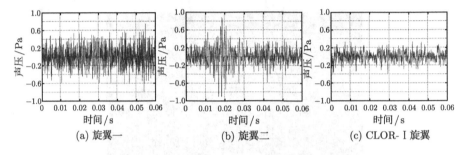

(a) 旋翼一　　　　　　　(b) 旋翼二　　　　　　　(c) CLOR-I 旋翼

图 5-45　不同旋翼的噪声声压时间历程对比 (观测点 1)

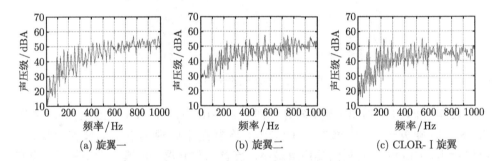

(a) 旋翼一　　　　　　　(b) 旋翼二　　　　　　　(c) CLOR-I 旋翼

图 5-46　不同旋翼的噪声声压级频谱对比 (观测点 1)

图 5-47 与图 5-48 给出了 $n = 1000\text{r/min}$、$\theta_{0.7} = 8°$ 时在观测点 2 测得的不同

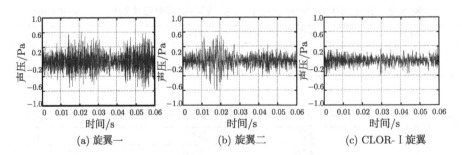

(a) 旋翼一　　　　　　　(b) 旋翼二　　　　　　　(c) CLOR-I 旋翼

图 5-47　不同旋翼的噪声声压时间历程对比 (观测点 2)

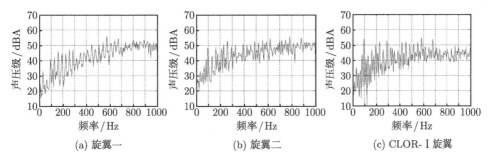

(a) 旋翼一   (b) 旋翼二   (c) CLOR-I 旋翼

图 5-48　不同旋翼的噪声声压级频谱对比 (观测点 2)

旋翼噪声声压时间历程和声压级频谱。同样可以看出，CLOR-I 旋翼的声压明显低于旋翼一和旋翼二。

5.5.2　CLOR-II 旋翼

数值与试验研究表明，CLOR-I 旋翼的气动性能明显优于矩形桨叶和常规后掠桨尖旋翼，同时能够减弱旋翼桨尖的激波强度，从而改善旋翼噪声特性，但 CLOR-I 旋翼是针对悬停状态设计的新型桨尖旋翼，设计时未充分考虑前飞状态的气动性能。为此，在 CLOR-I 旋翼研究的基础上，针对前飞状态旋翼的空气动力学、结构动力学特性实施进一步改进。改进旋翼桨尖外形的设计思路为：首先，综合考虑压缩性和失速特性的影响，对旋翼翼型进行调整，采用多种不同厚度的翼型配置；其次，为改善旋翼在前飞状态的结构动力学特性，对桨尖形状进行重点设计，包括优化的前掠与后掠组合以及尖部大后掠的设计方案。最终，在 CLOR-I 旋翼基础上优化形成了 CLOR-II 旋翼，主要的改进如下：

(1) 桨尖最大前掠减小 29.7%，并将桨叶尖部后移量增加 20.3%。

(2) 桨尖弦长减小 19.6%。

(3) 翼型配置：OA-213($r/R = 0.4$ 以内)、OA-209 ($r/R = 0.41 \sim 0.8$)、OA-206($r/R = 0.81 \sim 1.0$)。

(4) 在桨叶前缘增加配重等。

图 5-49 给出了 CLOR-II 旋翼与 CLOR-I 旋翼桨尖平面外形对比，图 5-50 给出了 CLOR-II 旋翼桨叶的平面外形与翼型配置。

图 5-49　CLOR-II 旋翼与 CLOR-I 旋翼桨尖平面外形对比

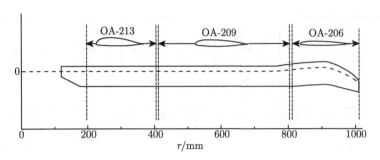

图 5-50　CLOR-II 旋翼桨叶平面外形与翼型配置

为了分析 CLOR-II 旋翼的气动性能，设计两款常规平面特征的旋翼桨叶作为对比，所有旋翼含有两片桨叶，旋翼直径均为 2.02m，三副旋翼桨叶外形参数由表 5-4 给出，旋翼一和旋翼二桨叶平面外形如图 5-51 所示。

表 5-4　三副旋翼桨叶外形参数

旋翼名称	平面形状	旋翼实度	扭转角/(°)	翼型
旋翼一	矩形	0.035	−9	SC1095
旋翼二	20° 线性后掠 (始于 $r/R = 0.91$)	0.035	−9	SC1095
CLOR-II 旋翼	前后掠组合	0.035	−9	OA 系列

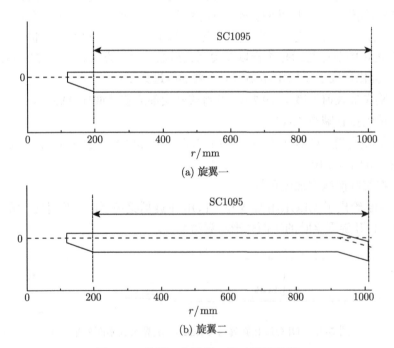

(a) 旋翼一

(b) 旋翼二

图 5-51　旋翼一和旋翼二桨叶平面外形

开展 CLOR-II 旋翼与对比旋翼气动特性测量的风洞试验研究，旋翼气动试验在南京航空航天大学直升机旋翼动力学国家级重点实验室进行。试验中采用的 2m 模型旋翼试验台上安装有测量旋翼拉力的六分量天平和测量扭矩的扭矩天平，旋翼由直流电机 (55kW) 直接驱动。试验分为悬停与前飞两部分，前飞状态试验在该实验室 2.4m×3.4m 开口回流风洞中进行。图 5-52 给出了制作加工的模型旋翼桨叶对比，图 5-53 给出了模型旋翼在试验台上的布置。

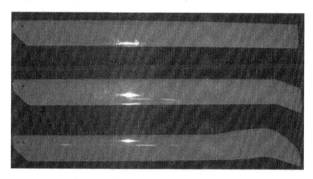

图 5-52　制作加工的模型旋翼桨叶

图 5-53　模型旋翼在试验台上的布置

1) CLOR-II 旋翼悬停状态气动特性

图 5-54 与图 5-55 分别给出了不同转速下三副旋翼拉力系数和扭矩系数随总距的变化曲线。从图 5-54 可以看出，在两种转速下，所有旋翼的拉力系数均随总距的增加而增大，在相同总距情况下，由于 CLOR-II 旋翼采用了更为合理的翼型配置，并且在主要升力段增大了桨叶剖面弦长，因此 CLOR-II 旋翼的拉力系数最大，旋翼一 (矩形桨叶) 次之，旋翼二 (后掠桨叶) 最小。从图 5-55 可以看出，扭矩系数的变化趋势与拉力系数基本相同。需要说明的是，由于试验状态为悬停状态且

试验桨尖马赫数较小，后掠桨尖旋翼的气动性能与矩形桨叶旋翼接近。

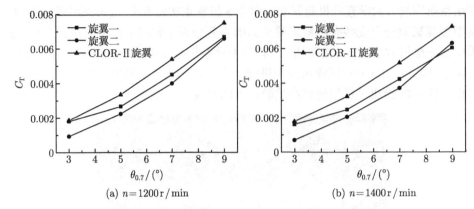

图 5-54   不同转速下旋翼拉力系数随总距的变化曲线

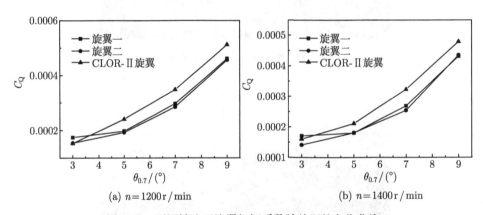

图 5-55   不同转速下旋翼扭矩系数随总距的变化曲线

图 5-56 为不同转速下旋翼悬停效率随总距的变化曲线。从图中可以看出，在两种转速下，CLOR-II 旋翼的悬停效率均明显高于其他两副旋翼。在小总距状态下，旋翼一的悬停效率高于旋翼二，随着总距的增大，旋翼二的悬停效率与旋翼一的差距减小并超过旋翼一。

作为对试验结果的补充，采用 CFD 方法对三副旋翼的气动特性进行计算。首先给出转速为 1400r/min 时旋翼拉力系数和扭矩系数计算结果与试验值的对比，如图 5-57 所示，表明计算结果的有效性。

图 5-58 进一步给出了 $\theta_{0.7} = 9°$ 时桨叶不同剖面处的压强系数分布对比。从图中可看出，在 $r/R = 0.92$ 和 $r/R = 0.8$ 处，CLOR-II 旋翼有效地削弱了桨叶前缘上表面的负压梯度，这有利于提高临界马赫数，减小跨声速临界流的范围，从而减小激波阻力。

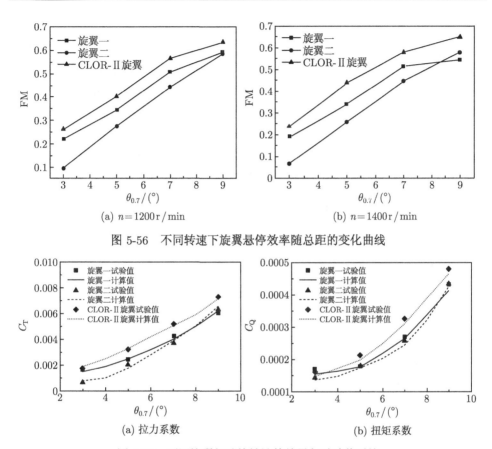

图 5-56 不同转速下旋翼悬停效率随总距的变化曲线

图 5-57 不同旋翼气动特性计算结果与试验值对比

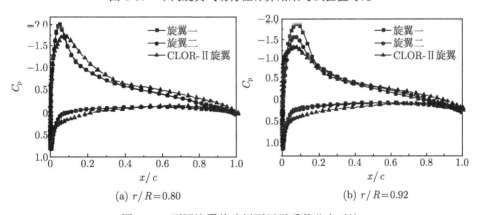

图 5-58 不同旋翼桨叶剖面压强系数分布对比

2) CLOR-II 旋翼前飞状态气动特性

与悬停试验相同, 前飞时旋翼转速分别为 1200r/min、1400 r/min, 总距分别取为 3°、5°、7°、9°。前进比 μ 分别为 0.047、0.098、0.15。

　　图 5-59 给出了不同前进比下三副旋翼扭矩系数–拉力系数曲线对比。从图中可看出，整体而言，当拉力系数相同时，CLOR-II 旋翼的扭矩系数小于旋翼一和旋翼二。在较大拉力状态 ($C_T/\sigma = 0.2, 0.25$) 下，CLOR-II 旋翼的扭矩系数比旋翼一小 3%~7%。

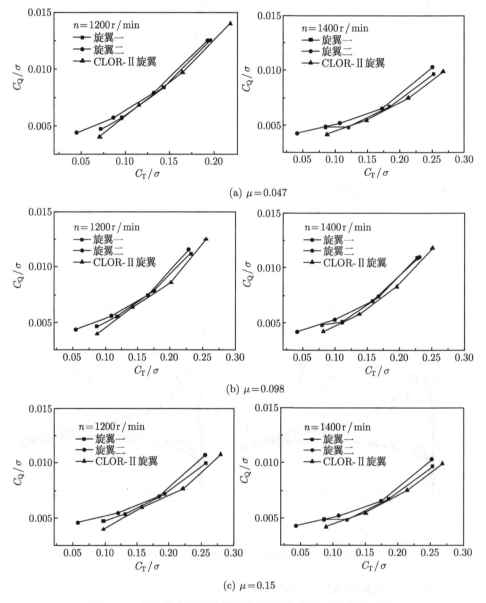

图 5-59　前飞状态不同旋翼的扭矩系数–拉力系数曲线对比

3) CLOR-II 旋翼气动噪声特性

旋翼气动噪声试验在背景噪声较小的野外环境进行，环境风速低于 1.5m/s。图 5-60 给出了噪声试验的布局。为方便噪声测量，旋翼旋转平面与地面垂直，采用这种布局除方便传声器布置外，还有助于避免旋翼尾流对旋翼自身的干扰。桨叶由试验台架上方固定的电机直接驱动，电机在稳定负载情况下旋翼转速控制误差小于 ±2r/min，试验台架附近的地面铺设消声尖劈以防止噪声在地面发生反射。对三副模型旋翼进行噪声试验，在不同桨尖马赫数下，分别测量不同观测点上的噪声值。

图 5-60 模型旋翼、噪声试验台及电机

图 5-61 给出了试验中噪声测量点布置图。在旋翼桨盘下方距旋翼桨毂中心 1.7R、2.0R 的三个观测点上进行了旋翼噪声测量，其中，观测点 1、2 与旋翼旋转平面夹角分别 30° 和 45°，距离桨毂中心 1.7R；观测点 1、3 与桨盘平面夹角相同，观测点 3 距离桨毂中心 2.0R。

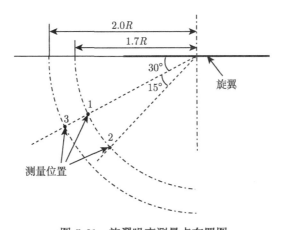

图 5-61 旋翼噪声测量点布置图

表 5-5 给出了旋翼总距 $\theta_{0.7} = 9°$，转速分别为 $n = 1200\text{r/min}$、1400r/min 和 1600r/min 状态下旋翼一、旋翼二和 CLOR-II 旋翼在不同观测点上的噪声值。可以看出，在三种不同转速状态下，CLOR-II 旋翼在三个观测点处的气动噪声值小于旋翼一和旋翼二，旋翼一的噪声值最大。同时，随着转速的提高，三种旋翼的噪声水平都会明显增大。从观测点 1 和观测点 2 的测量结果对比可知，在桨盘下方 30° 方向噪声水平略高于 45° 方向，表明噪声传播具有明显的指向性；通过对比观测点 1 和观测点 3 的测量结果可知，随着距离的增加，噪声水平迅速下降。

表 5-5　试验测量结果对比 $(\theta_{0.7} = 9°)$　　　　　（单位：dBA）

转速/(r/min)	旋翼名称	观测点 1	观测点 2	观测点 3
1200	旋翼一	97.76	96.71	89.83
	旋翼二	96.82	95.31	89.83
	CLOR-II 旋翼	96.01	95.07	88.66
1400	旋翼一	99.94	98.66	92.69
	旋翼二	98.77	98.07	92.01
	CLOR-II 旋翼	98.66	97.72	91.40
1600	旋翼一	102.51	101.46	95.96
	旋翼二	101.35	100.40	94.91
	CLOR-II 旋翼	101.11	100.41	94.56

图 5-62 给出了不同观测点上旋翼噪声声压级随拉力系数的变化曲线，其中拉力系数由气动性能试验测得，对应的转速分别为 1200r/min、1400r/min 和 1600r/min。从图中可以看出，CLOR-II 旋翼的拉力明显大于旋翼一和旋翼二，并且其噪声水平略有减小，表明 CLOR-II 旋翼的气动特性与噪声特性均优于旋翼一和旋翼二。

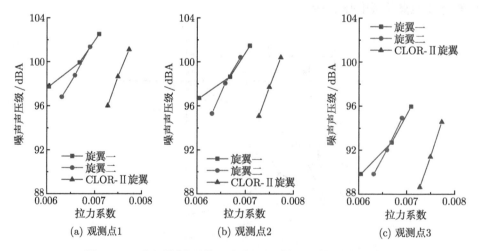

图 5-62　不同观测点处的噪声声压级随拉力系数的变化曲线

为更细致地比较不同模型旋翼的噪声特性, 图 5-63 和图 5-64 分别给出了观测点 1 采集的三副旋翼的噪声声压时间历程和声压级频谱对比, 对应的工作状态为转速 1400r/min、总距 9°。可以看出, CLOR-II 旋翼的噪声水平最低, 旋翼一噪声水平最高, 并且在对噪声水平影响最主要的低频段 (100～400Hz), CLOR-II 旋翼的声压频谱低于旋翼二。这充分体现了非常规曲线前后掠桨尖在改善旋翼噪声特性方面的优势。

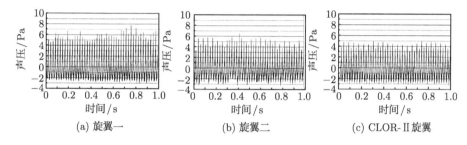

(a) 旋翼一   (b) 旋翼二   (c) CLOR-II 旋翼

图 5-63 三副旋翼噪声声压时间历程对比 (观测点 1)

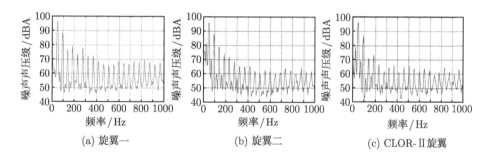

(a) 旋翼一   (b) 旋翼二   (c) CLOR-II 旋翼

图 5-64 三副旋翼的噪声声压级频谱对比 (观测点 1)

4) CLOR-I 旋翼与 CLOR-II 旋翼气动性能对比

为对比 CLOR-II 旋翼相对于 CLOR-I 旋翼气动特性的改善情况, 并阐述桨叶平面形状与翼型改变对气动性能的影响, 采用 CFD 方法分别计算 CLOR-I 旋翼 (SC1095 翼型)、CLOR-II 旋翼及分别基于 OA-209 翼型和 SC1095 翼型的另外两种 CLOR-II 旋翼的悬停效率, 计算状态为 $Ma_{\text{tip}} = 0.628$, 旋翼气动特性的对比如图 5-65 所示。相对于 CLOR-I 旋翼, 在大部分桨叶载荷范围内, CLOR-II 旋翼的悬停效率有 4%～5% 的提高。当采用与 CLOR-I 旋翼相同的 SC1095 翼型时, CLOR-II (SC1095) 旋翼在小拉力状态下的气动性能与 CLOR-I 旋翼差别较小, 但随着拉力的增加, 悬停效率有所改善, 表明 CLOR-II 旋翼桨尖平面外形有利于提高旋翼的气动性能。与此同时, 通过对比 CLOR-II (OA-209) 和 CLOR-II (SC1095) 旋翼, 可以看出, 在计算状态范围内, OA-209 翼型旋翼的悬停效率略优于 SC1095 翼型旋翼。总体而言，采用组合翼型配置的 CLOR-II 旋翼气动性能明显优于其他类型旋翼，表明合理配置旋翼桨叶翼型可以在很大程度上提升旋翼气动性能。

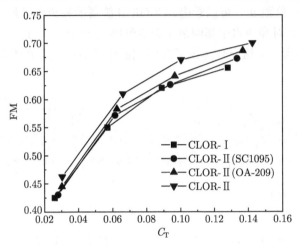

图 5-65　CLOR-II 旋翼与 CLOR-I 旋翼悬停效率的对比

图 5-66 给出了 $Ma_{\rm tip}=0.661$、$\theta_{0.7}=9°$ 时 CLOR 系列旋翼桨叶剖面 ($r/R=0.92$) 压强系数分布对比。从图中可知，CLOR-I 旋翼桨叶剖面的负压峰值最高，采用 SC1095 翼型的 CLOR-II 旋翼的负压峰值略低于 CLOR-I 旋翼，CLOR-II 旋翼和采用 OA-209 翼型的 CLOR-II 旋翼负压梯度较弱，这表明采用 CLOR-II 平面形状可以在一定程度上减弱逆压梯度，有利于提高失速迎角，并对激波有一定的削弱效果。

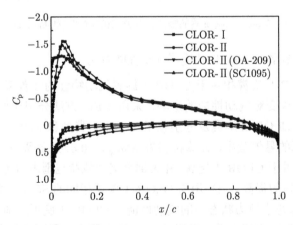

图 5-66　CLOR 系列旋翼桨叶剖面压强系数分布对比 ($r/R=0.92$)

图 5-67 给出了采用 SC1095 翼型的 CLOR-II 旋翼与 CLOR-I 旋翼桨叶展向剖

面升力系数分布对比。可以看出,改进型 CLOR-Ⅱ 旋翼桨叶的升力系数峰值向桨叶内侧有较大幅度移动 (从 $r/R = 0.925$ 移到 $r/R = 0.876$),即在弦长较大的剖面具有更大的升力系数,因而展向载荷分布更趋合理,同时减弱了桨尖涡的强度,从而有利于提高旋翼的悬停效率。

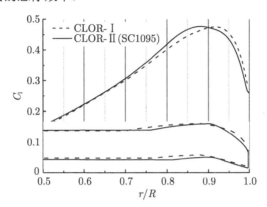

图 5-67   CLOR-Ⅰ 旋翼与 CLOR-Ⅱ 旋翼 (SC1095) 桨叶升力系数分布对比

5.5.3   CLOR-HL 高原旋翼

针对某型无人直升机旋翼在高原飞行中提供升力不足的问题,兼顾前飞状态旋翼的气动性能,在功率需求不变的情况下,以有效提高旋翼拉力为设计目标,开展旋翼气动外形的优化设计,发展适合于高原环境的 CLOR-HL 旋翼 (Wang and Zhao,2019)。

1) 设计要求

基准旋翼含有两片矩形桨叶,展弦比为 17.4,桨叶存在 −6° 线性扭转,桨叶由 NACA8H12 翼型配置而成,设计状态旋翼桨尖速度为 170m/s。设计要求如表 5-6 所示。

表 5-6   无人直升机新研制桨叶要求

设计要求	指标
拉力提升幅度 (相同功率)	⩾ 3.0%
扭转角	⩽ −8.0°
新桨叶与基准桨叶力矩比值	⩽ 1.1
新桨叶与基准桨叶半径比值	⩽ 1.0

2) 设计方案

(1) 翼型设计。

针对旋翼的高原应用环境,首先对旋翼翼型进行了优化设计。由于设计要求是提高悬停状态下的旋翼拉力水平，翼型优化设计在定常状态下进行，并以提高升阻比特性为目标。优化翼型与 NACA8H12 翼型几何外形对比如图 5-68 所示。可以看出，优化翼型与 NACA8H12 翼型相比具有更大的弯度，从而有助于提高翼型的升力系数。由于优化翼型的迎风面积有所增加，翼型的零升阻力系数有一定程度的增大，但考虑到优化翼型应用于桨叶内段，在大迎角下翼型的阻力发散迎角更为重要，因此零升阻力系数的增加在此状态下可以接受。

图 5-69 给出了优化翼型与 NACA8H12 翼型在不同马赫数下的升阻极曲线对比。从图中可以看出，在马赫数为 0.3 和 0.4 状态下，优化翼型具有更大的最大升力系数和更缓和的阻力增加特性。

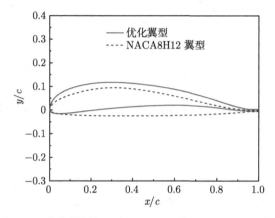

图 5-68　优化翼型与 NACA8H12 翼型几何外形的对比

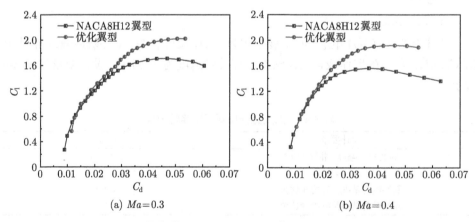

(a) $Ma=0.3$　　　　　　　　　　　　　　(b) $Ma=0.4$

图 5-69　优化翼型与 NACA8H12 翼型升阻极曲线对比

(2) 桨叶平面外形设计。

考虑到工程加工的难度，在 CLOR-HL 旋翼的设计过程中尽量减小非线性变化的变量，同时为满足前飞状态旋翼的结构动力学要求，控制桨叶负扭转不大于 8°，且不考虑下反。图 5-70 给出了 CLOR-HL 旋翼桨叶和基准旋翼桨叶的气动外形对比。可以看出，设计桨叶具有前掠–后掠组合的构型，后掠起始于 $r/R = 0.89$ 剖面位置，后掠角为 33.9°，桨尖弦长为 $1.295c$。在 $r/R = 0.245 \sim 0.86$ 位置处选择优化设计的翼型，$r/R = 0.96 \sim 1.0$ 位置处采用经典的 OA-209 翼型，$r/R = 0.87 \sim 0.97$ 位置处采用线性过渡段，桨叶详细信息如图 5-71 所示。

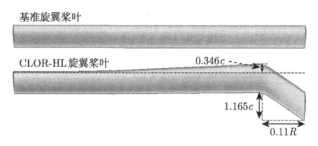

图 5-70 CLOR-HL 旋翼桨叶与基准旋翼桨叶气动外形对比

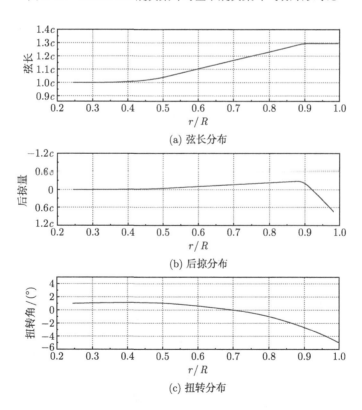

图 5-71 优化设计桨叶的具体参数

(3) 结构铺层设计。

为了开展 CLOR-HL 旋翼气动特性验证的风洞试验,并促进旋翼在直升机型号上的应用,设计了 CLOR-HL 旋翼桨叶的结构方案,包括 C 型梁、蒙皮的复合材料铺层、前缘配重及内部填充等,CLOR-HL 旋翼桨叶的结构方案如图 5-72 所示。考虑到 C 型梁对桨叶的质量分布、挥舞刚度和摆振刚度的影响较大,但对扭转刚度影响较小,为了保证重心靠近 1/4 弦线位置,在后掠桨尖处减小 C 型梁面积,但带来的问题是挥舞刚度和摆振刚度会相应减小。蒙皮对扭转刚度的影响较大,为保证桨叶的扭转刚度,增加了后掠桨尖的蒙皮厚度,由此带来重心后移的问题,通过前缘配重来调整。

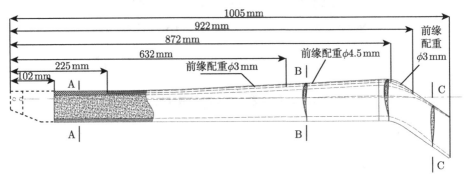

(a) 桨叶 C 型梁面积沿展向分布

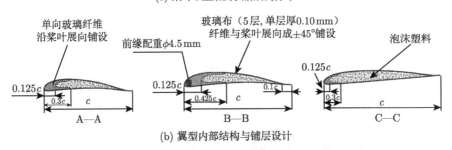

(b) 翼型内部结构与铺层设计

图 5-72   CLOR-HL 旋翼桨叶结构方案

3) CLOR-HL 旋翼悬停状态的气动特性

图 5-73 给出了 CLOR-HL 旋翼与基准旋翼在悬停状态下的气动特性对比。从图中可以看出,在扭矩系数为 3.51×10^{-4} 时,CLOR-HL 旋翼的拉力系数为 5.17×10^{-3},比基准旋翼 (4.79×10^{-3}) 提高了 7.93%。CLOR-HL 旋翼的最大悬停效率为 0.748,比基准旋翼 (0.668) 提高了 11.98%。同时,从力矩系数对比图中可以看出,CLOR-HL 旋翼的力矩系数整体上小于基准旋翼,而且多为低头力矩,能够提高桨叶的动力学稳定性,这一特征主要是因为 CLOR-HL 旋翼桨叶采用后掠,使桨尖部分气动中心后移。从不同总距时 CLOR-HL 旋翼桨叶的升力系数展向分布中可以看出,设

计桨叶的升力系数在桨尖位置处的卸载较为平缓。

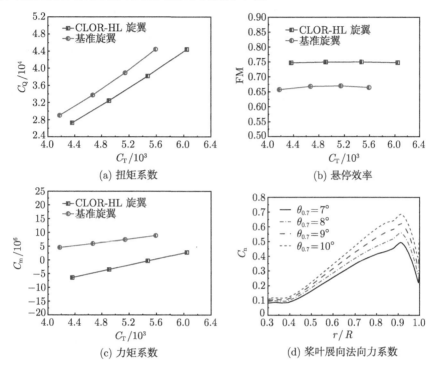

(a) 扭矩系数   (b) 悬停效率

(c) 力矩系数   (d) 桨叶展向法向力系数

图 5-73   CLOR-HL 旋翼与基准旋翼气动特性对比

图 5-74 给出了不同旋翼在相同拉力 ($C_T = 5.14 \times 10^{-3}$) 状态下的桨叶上表面压强云图对比。从图中可以看出，CLOR-HL 旋翼桨叶在前缘附近的压强分布相对于基准旋翼桨叶更加平缓，从而可以有效降低前缘附近的逆压梯度，抑制气流分离，并且有利于减小压差阻力，减小旋翼扭矩系数 (从基准旋翼的 3.89×10^{-4} 减小到 3.47×10^{-4})。

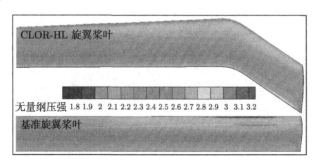

图 5-74   不同旋翼桨叶上表面压强云图对比

图 5-75 给出了不同旋翼的桨叶气动力系数分布 (以基准旋翼桨叶弦长为无量纲标准) 对比。从图 5-75 (a) 可以看出，在 $r/R = 0.5 \sim 0.84$ 桨叶段，由于 CLOR-HL 旋翼在该段的迎角和弦长较大，其法向力系数大于基准旋翼；与之相反，在桨叶外段 $(r/R = 0.84 \sim 1.0)$，由于 CLOR-HL 旋翼桨叶剖面的有效迎角较小，其法向力系数小于基准旋翼，即 CLOR-HL 旋翼在桨尖位置处有明显的卸载。从图 5-75 (b) 可以看出，由于 CLOR-HL 旋翼桨叶的负扭转角在桨尖位置显著减小，同时翼型的厚度从 $0.12c$ 过渡到 $0.09c$，其在桨尖位置的阻力峰值更小，从而有效地降低了旋翼的功率消耗。

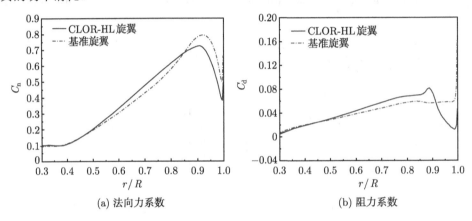

(a) 法向力系数　　　　　　　　　　　　　(b) 阻力系数

图 5-75　相同拉力下不同旋翼桨叶气动力系数分布对比

图 5-76 给出了不同旋翼的桨尖涡对比。从图中可以看出，由于 CLOR-HL 旋

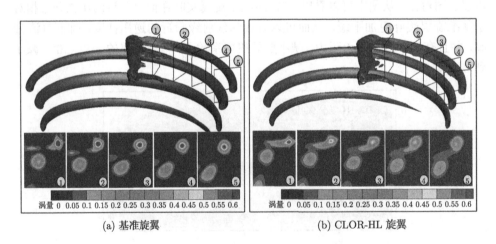

(a) 基准旋翼　　　　　　　　　　　　　(b) CLOR-HL 旋翼

图 5-76　不同旋翼的桨尖涡对比 (见彩图)

翼桨尖位置存在明显卸载, 从而减小了桨尖位置桨叶上下表面的压差, 使旋翼的桨尖涡较弱。从图中还可以看出, CLOR-HL 旋翼桨尖涡的衰减更快, 有助于降低旋翼的诱导功率, 提高旋翼的悬停效率。

4) CLOR-HL 旋翼前飞状态的气动特性

在桨尖马赫数为 0.52、前进比为 0.214、旋翼拉力系数为 0.00634 及桨盘前倾角为 3.6° 的状态下, 针对 CLOR-HL 旋翼在前飞状态的气动特性进行分析。基准旋翼的周期变距为 $\theta_{0.7} = 8.7° + 1.1°\cos\psi - 2.6°\sin\psi$, 挥舞角变化规律为 $\beta = 2.0° - 2.9°\cos\psi + 0.4°\sin\psi$, 设计桨叶在配平后的周期变距为 $\theta_{0.7} = 6.63° + 1.1°\cos\psi - 2.6°\sin\psi$, 挥舞角变化规律为 $\beta = 2.0° - 2.9°\cos\psi + 0.4°\sin\psi$。

图 5-77 给出了不同桨叶剖面的升力系数 (以基准桨叶弦长为无量纲标准) 对比。从图中可以看出, 在 $r/R = 0.75$ 剖面, CLOR-HL 旋翼的升力系数大于基准旋翼对应的值, 这是因为在 $r/R = 0.75$ 剖面处, CLOR-HL 旋翼的剖面弦长更大; 而在 $r/R = 0.97$ 剖面, CLOR-HL 旋翼的升力系数小于基准旋翼, 这是因为 CLOR-HL 旋翼在桨尖处具有较大的负扭转。

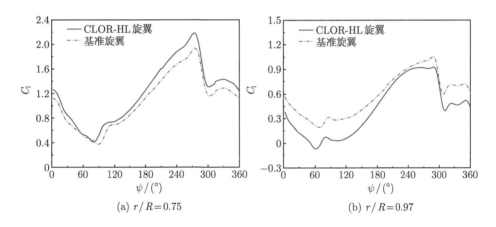

图 5-77　不同桨叶剖面升力系数对比

图 5-78(a)、(c)、(e) 分别给出了桨叶 $r/R = 0.75$ 剖面在不同方位角处的压强系数分布对比。从图中可以看出, 在此展向位置处, CLOR-HL 旋翼桨叶的负压峰值更小一些, 因此逆压梯度也更小, 从而旋翼的失速特性也更好。图 5-78 (b)、(d)、(f) 分别给出了 $r/R = 0.97$ 剖面在不同方位角处的压强系数分布对比。从图中可以看出, 基准旋翼桨叶的上表面压强系数出现了一些波动, 这是由动态失速涡的脱落引起的, 而 CLOR-HL 旋翼的压强系数并没有出现这一特征, 表明 CLOR-HL 旋翼具有更好的动态失速特性。

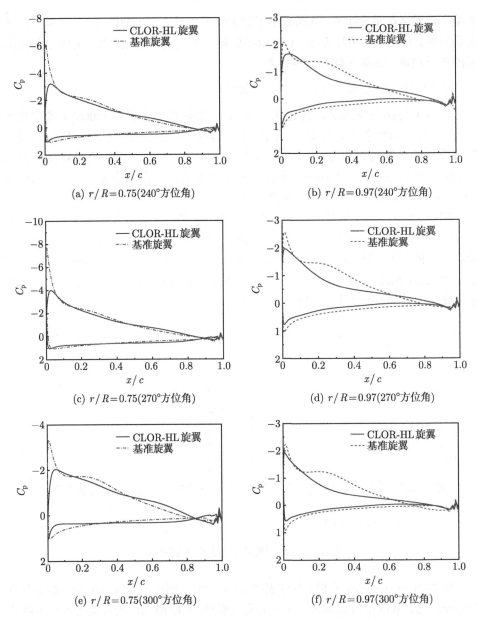

图 5-78　桨叶各剖面在不同方位角处的压强系数分布对比

　　图 5-79 给出了 300° 方位角处不同旋翼桨叶上表面压强云图对比。从图中可以看出，与基准旋翼相比，CLOR-HL 旋翼前缘附近的逆压梯度更小，因此其能够有效地推迟失速分离的发生，利于改善旋翼的失速性能，从而提高直升机的机动性能。

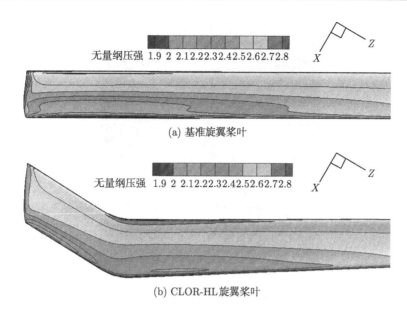

(a) 基准旋翼桨叶

(b) CLOR-HL 旋翼桨叶

图 5-79 不同旋翼桨叶上表面压强云图对比 (300° 方位角)

5) 模型旋翼试验

数值模拟表明, 设计的旋翼相对于基准旋翼具有更好的气动性能。为了进一步验证设计旋翼的有效性, 在南京航空航天大学直升机旋翼动力学国家级重点实验室进行了旋翼缩比模型悬停性能的测试试验。基准旋翼桨叶和 CLOR-HL 旋翼桨叶模型如图 5-80 所示, 桨叶长度均为 1010.6mm。为了保证桨叶的扭转刚度, 桨叶采用先进的高强度碳纤维复合材料, 以提高桨叶强度并降低质量, 同时改善桨叶的疲劳特性。

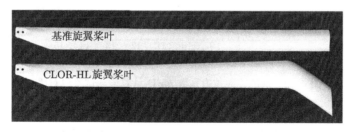

图 5-80 基准旋翼桨叶和 CLOR-HL 旋翼桨叶模型

旋翼模型试验台由 55kW 直流电机驱动, 并安装有测量旋翼气动载荷的六分量天平和测量扭矩的扭矩天平, 试验中模型旋翼直径为 2.4m。旋翼气动性能试验现场如图 5-81 所示。

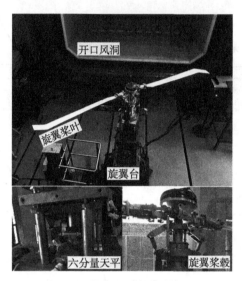

图 5-81   旋翼气动性能试验现场

图 5-82 给出了基准旋翼在悬停状态下的拉力系数 CFD 计算值与试验值对比，桨尖速度为 170m/s。从图中可以看出，CFD 计算值与试验值吻合很好。

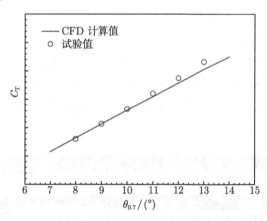

图 5-82   基准旋翼拉力系数 CFD 计算值与试验值对比

图 5-83 给出了不同桨尖速度下旋翼拉力系数随扭矩系数的变化曲线对比。从图中可以看出，桨尖速度为 150m/s 时，在相同的扭矩系数下，CLOR-HL 旋翼的拉力系数比基准旋翼提高了 4.51%；桨尖速度为 170m/s 时，在相同的扭矩系数下，CLOR-HL 旋翼的拉力系数比基准旋翼提高了 4.16%。因此，CLOR-HL 旋翼在相同功率下的拉力更大，表明在发动机功率受到限制的高原环境下采用 CLOR-HL 旋翼将具有更大的有效载荷。

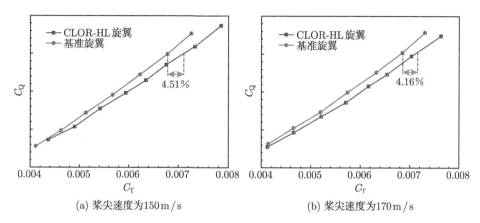

(a) 桨尖速度为150m/s   (b) 桨尖速度为170m/s

图 5-83　不同桨尖速度下旋翼扭矩系数随拉力系数的变化曲线对比

图 5-84 给出了 CLOR-HL 旋翼和基准旋翼在不同桨尖速度下的悬停效率对比。从图中可以看出，在桨尖速度为 150m/s 时，CLOR-HL 旋翼的最大悬停效率比基准旋翼提高了 8.37%；在相同拉力系数下 (对应于基准旋翼的最大悬停效率)，CLOR-HL 旋翼的悬停效率比基准旋翼提高了 5.48%。在桨尖速度为 170m/s 时，CLOR-HL 旋翼的最大悬停效率比基准旋翼提高了 8.35%；在相同拉力系数下 (对应于基准旋翼的最大悬停效率)，CLOR-HL 旋翼的悬停效率比基准旋翼提高了 5.87%。此外，从图中还可以看出，CLOR-HL 旋翼最大悬停效率对应的拉力系数明显大于基准旋翼最大悬停效率对应的拉力系数，表明 CLOR-HL 旋翼的气动性能更优。

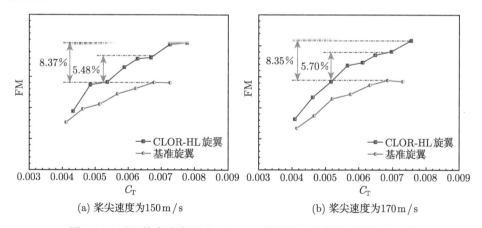

(a) 桨尖速度为150m/s   (b) 桨尖速度为170m/s

图 5-84　不同桨尖速度下 CLOR-HL 旋翼和基准旋翼悬停效率对比

综合比较得出，CLOR-HL 高原旋翼设计方案的气动性能达到了设计指标的要求。

参 考 文 献

曹亚雄, 樊枫, 林永峰, 等. 2016. 带先进桨尖的模型旋翼悬停噪声计算与试验. 南京航空航天大学学报, 48(2): 180-185.

郭旺柳, 宋文萍, 许建华, 等. 2012. 旋翼桨尖气动/降噪综合优化设计研究. 西北工业大学学报, 30(1): 73-79.

林永峰, 刘平安, 陈文轩, 等. 2011. 三维桨尖旋翼桨叶表面压力测量试验. 南京航空航天大学学报, 43(3): 346-350.

宋文萍, 韩忠华, 王立群, 等. 2001. 旋翼桨尖几何形状对旋翼气动噪声影响的定量计算分析. 计算物理, 18(6): 569-572.

王博. 2012. 基于 CFD 方法的先进旋翼气动特性数值模拟及优化研究. 南京: 南京航空航天大学.

王博, 招启军, 赵国庆, 等. 2013. 改进型 CLOR 桨尖旋翼气动特性试验研究及数值分析. 航空学报, 34(2): 235-245.

徐国华, 王适存. 1997. 前飞状态直升机旋翼的自由尾迹计算. 南京航空航天大学学报, 29(6): 54-59.

徐国华, 王适存. 1998. 悬停旋翼的自由尾迹计算. 南京航空航天大学学报, 30(2): 11-16.

招启军, 徐国华. 2005a. 直升机旋翼下洗流场的数值模拟. 南京理工大学学报 (自然科学版), 29(6): 669-673, 678.

招启军, 徐国华. 2005b. 使用高阶逆风通量差分裂格式的悬停旋翼流场数值模拟. 航空动力学报, 20(2): 186-191.

招启军, 徐国华. 2005c. 基于高阶逆风通量差分裂格式的直升机旋翼前飞流场模拟. 空气动力学学报, 23(4): 408-413.

招启军, 徐国华. 2009a. 新型桨尖旋翼悬停气动性能试验及数值研究. 航空学报, 30(3): 422-429.

招启军, 徐国华. 2009b. 具有特型桨尖旋翼悬停状态气动噪声的初步试验研究. 空气动力学学报, 27(3): 320-324.

直升机百年史话. http://www.china.com.cn/news/txt/2007-11/22/content_9272980.htm.

Brocklehurst A, Barakos G N. 2013. A review of helicopter rotor blade tip shapes. Progress in Aerospace Sciences, 56: 35-74.

Fletcher J. 2008. Identification of a high-order linear model of the UH-60M helicopter flight dynamics in hover. AIAA Paper, 08-6897.

Jepson W D. 1974. Helicopter blade. US: 3822105.

Leoni R D. 2007. Black Hawk: The Story of a World Class Helicopter. Reston: American Institute of Aeronautics and Astronautics.

Leverton J W. 1991. Eh101 advance technology rotorcraft: designed for low noise. Applied Acoustics, 32(1): 13-22.

ONERA. 2011. Eurocopter introduces new low noise rotor blade, blue edge, reflecting 30 years of forward-looking research at ONERA. ONERA Press-Release.

Podratzky A, Bansemir H. 2007. Design and experimental characterization of modern helicopters rotor brakes. Aerospace Science and Technology, 11(5): 360-369.

Prieur P, Splettstoesser W. 1999. ERATO—an ONERA-DLR Cooperative Programme on aeroacoustic rotor optimisation // 25th European Rotorcraft Forum, Rome.

Quackenbush T R, Wachspress D A, Bliss D B. 1989. New free-wake analysis of rotorcraft hover performance using influence coefficients. Journal of Aircraft, 26(12): 1090-1097.

Quackenbush T R, Wachspress D A, Kaufman A E. 1991. Optimization of rotor performance in hover using a free wake analysis. Journal of Aircraft, 28(3): 200-207.

Rauch P, Gervais M, Cranga P. 2011. Blue edge^{TM}: The design, development and testing of a new blade concept // American Helicopter Society 67th Annual Forum，Virginia Beach: 542-555.

Spivey R F. 1968. Blade tip aerodynamics-profile and planform effects // 24th Annual National Forum of the American Helicopter Society.

Spivey W A, Morehouse G G. 1968. New insights into the design of swept-tip rotor blades // The 24th Annual National Forum of the American Helicopter Society, Alexandria.

Thompson D H. 1998. A flow visualisation study of tip vortex formation. Technical Report, Australian ARL Aerodynamics Note 421 AR-002-988.

Wang Q, Zhao Q J. 2019. Rotor aerodynamic shape design for improving performance of an unmanned helicopter. Aerospace Science and Technology, 87: 478-487.

Zhao Q J, Xu G H. 2007. A study on aerodynamic and acoustic characteristics of advanced tip-shape rotors. Journal of the American Helicopter Society, 52(3): 201-213.

Zhao Q J, Xu G H, Zhao J G. 2005. Numerical simulations of the unsteady flowfield of helicopter rotors on moving embedded grid. Aerospace Science and Technology, 9(2): 117-124.

Zhao Q J, Xu G H, Zhao J G. 2006. New hybrid method for predicting the flowfields of helicopter rotors. Journal of Aircraft, 43(2): 372-380.

第6章　基于合成射流的旋翼主动流动控制方法

第 4 章与第 5 章所述桨叶气动设计方法基本上是被动地适应某种特定的旋翼气动环境，无法保证旋翼在直升机全工作域内均具有较高的气动性能，主动流动控制技术可以在直升机飞行过程中根据实际气动环境实时控制旋翼流场，使旋翼气动性能保持在较高水平，因此有必要将主动流动控制技术纳入未来的旋翼气动设计中。

合成射流由于零质量射流的特点，结构紧凑、简单，并能实现对流场的瞬时控制，尤其适合运动规律复杂、高离心力场的旋翼非定常流场的控制，是最具发展潜力的旋翼主动流动控制技术之一。本章将针对合成射流的控制机理进行介绍，从数值模拟与风洞试验两方面阐述合成射流对旋翼翼型静态、动态失速特性以及旋翼非定常气动特性的控制规律。

6.1　合成射流控制技术的发展

20 世纪 80 年代，南京航空航天大学明晓 (1988) 通过对声学整流效应的研究发现了合成射流现象，而合成射流激励器是由 Smith 和 Glezer(1994) 在微机电系统 (micro-electro-mechanical system, MEMS) 技术基础上研制而成的。随着合成射流技术的提出，Smith 和 Glezer(1997，1998) 最先对其进行了一些机理性试验，研究了合成射流出口流场分布特征及其在流动控制方面的应用前景。Rizzetta 等 (1998) 采用 N-S 方程求解了合成射流的流场，初步阐述了二维和三维合成射流激励器外部非定常流场的特性差异。NASA-ARC 的 Manikandan 等 (2010) 开展了合成射流与主流边界层干扰的 PIV 测量试验。鉴于合成射流对主流的干扰作用，各国研究学者开始致力于合成射流在湍流分离控制中的应用研究，并且目前合成射流激励器与流场特性方面的研究仍然是一个热点问题 (孙圣舒等，2017；Ziadé et al.，2018；Zhou et al.，2019；Kumara et al.，2019)。这些基础性研究结果已显示出合成射流技术在控制气流分离方面具有潜在的、极为广阔的应用前景。

6.1.1　合成射流在翼型失速控制方面的研究

作为一种新型主动流动控制技术，合成射流能够改变旋翼 (翼型) 的虚拟气动外形，其对旋翼 (翼型) 静态失速和动态失速特性的改善具有很好的作用，被认为是目前最具发展潜力的旋翼主动流动控制技术之一。合成射流技术在旋翼主动流动控制中的应用前景主要体现在：旋翼后行桨叶工作在大迎角状态，合成射流能够使分离的气流向桨叶表面偏转，并可能使气流重附，使旋翼 (翼型) 升力得以恢复，进一步提高旋翼 (翼型) 气动特性。

鉴于合成射流在直升机旋翼气动特性改善方面的巨大应用潜力，国外许多学者纷纷开展了合成射流作为流动分离控制方法的应用研究。Seifert 等 (1993b) 对 TAU0015 翼型 (NACA0015 翼型前缘局部改型) 进行了合成射流控制试验，结果表明，在低马赫数状态下，合成射流能同时提高升力并降低阻力。波音公司的 Hassan 和 JanakiRam(1997) 较早通过 RANS (Reynolds averaged Navier-Stokes) 方法并采用 B-L(Baldwin-Lomax) 湍流模型模拟了 NACA0012 翼型上的合成射流控制效果，数值模拟结果表明，合成射流可用来改善翼型的失速特性并控制升力：在小迎角状态下，翼型下表面的合成射流能够起到增升作用；在大迎角状态下，合成射流的扰动能够推迟翼型失速。

Donovan 等 (1998) 建立了合成射流的吹/吸气边界条件，通过对 TAU0015 翼型射流控制的计算，验证了射流边界条件的有效性，并在此基础上分析了大迎角状态合成射流在提高翼型升力系数方面的作用。随后，Ravindran(1999) 相继对 TAU0015 翼型的射流控制进行了模拟分析，计算的射流对翼型升力的提升趋势与试验值基本一致。Lee 等 (2003) 通过流动测量试验初步研究了合成射流在控制逆压梯度及边界层分离方面的作用。Lopez 等 (2011) 在 NACA4415 翼型接近后缘处安装合成射流激励器，开展了切向射流在减小涡强度、改善翼型气动特性等方面作用的数值模拟和试验研究，研究结果表明，翼型表面的近切向射流可以通过对剪切层进行扰动来增大翼型升力。Monir 等 (2014) 通过数值模拟研究了合成射流对 NACA23012 翼型升阻特性及分离流动的控制作用。上述研究均显示出合成射流在抑制翼型动态失速方面的显著效果，但这些研究很少针对旋翼翼型的典型变速度来流环境。Müller-Vahl 等 (2016) 在以色列理工学院的变速度风洞中开展了吹气射流对风力机翼型动态失速控制的试验研究，通过动态改变吹气速度以更为有效地控制来流瞬态变化引起的翼型非定常气动载荷。试验结果显示，通过吹气射流抑制动态失速并合理改变射流速度几乎可以保持翼型平均气动力恒定，从而表明动态吹气射流在降低翼型非定常气动载荷方面有很大潜力。

国内合成射流研究的热潮开始于 2000 年以后，北京航空航天大学张攀峰等 (2008) 通过数值方法分析了在静止和有横流条件下合成射流的流动情况，并阐述了合成射流在圆柱尾迹、翼面流动分离、微小型飞行器及无人飞行器流动控制方面的应用前景。顾蕴松等 (2010) 对合成射流激励器出口附近的非定常流场进行了 PIV 测量试验，通过对射流出口涡环的产生、发展及运动特性的分析，研究了合成射流的流动机理。西北工业大学的韩忠华等 (2009)、郝礼书等 (2009) 分别研究了合成射流在控制翼型气流分离及推迟翼型失速方面的作用。赵国庆等 (2013，2015，2016)

先后开展了翼型失速特性合成射流控制机理的数值模拟与试验研究，分析了合成射流在控制逆压梯度、边界层分离以及升阻特性方面的作用规律。

6.1.2　翼型动态失速特性的合成射流控制研究

在翼型动态失速特性控制方面的研究相对较晚，Lorber 等 (2000) 运用近切向射流对直升机旋翼 SC2110 翼型动态失速的射流控制进行了模拟。随后，Nagib 等 (2001) 和 Hassan 等 (2002) 通过试验和数值模拟方法研究了合成射流对 VR-7翼型动态失速的控制效果，研究表明，合成射流能够有效改善旋翼翼型的非定常气动力和力矩特性。另外一些学者进行了合成射流控制翼型动态失速特性方面的数值研究 (Hites et al.，2001；Rehman and Kontis，2006)，计算结果表明，合成射流能够有效改善翼型非定常气动力并能抑制翼型动态失速涡的产生。Jee 等 (2009) 在翼型后缘附近设置合成射流激励器，分别开展了翼型非定常气动特性控制的试验和数值模拟研究，试验与模拟结果均表明，合成射流在抑制翼型动态失速涡的产生、推迟气流分离方面有很大潜力。

Woo 和 Glezer(2011)开展了 NACA4415 翼型动态失速合成射流控制的风洞试验研究，试验结果表明，合成射流在提高翼型升力系数的同时能够降低翼型低头力矩系数峰值。Müller-Vahl 和 Greenblatt(2013)通过翼型表面测压和 PIV 测量的风洞试验，研究了合成射流对翼型动态失速的控制作用。试验结果表明，调节合成射流的动量系数可以实现翼型非定常升力系数的提升或降低，定常吹气促进了动态失速涡的脱落，而动量系数足够大时合成射流能够抑制动态失速涡的脱落。Yen 和Ahmed(2013) 通过对动态失速的合成射流控制研究，指出合成射流对动态失速涡的控制受射流频率的影响不明显。Zhao 等 (2017) 开展了翼型动态失速控制的参数影响分析，初步获得了合成射流对动态失速时翼型气动力迟滞效应的控制规律，在射流频率控制规律方面的结论与 Yen 和 Ahmed(2013) 的结果一致。Rice 等 (2019)针对风力机 S817 翼型的动态失速特性开展了合成射流控制试验研究，试验显示合成射流能够有效消除动态失速涡输运诱导的翼型额外升力，显著降低翼型力矩系数，并能够大幅减小翼型升力与力矩的迟滞效应。试验结果还表明，当射流频率与翼型缩减频率相当时，合成射流的控制效果更为明显。

6.1.3　旋翼非定常气动特性的合成射流控制研究

Hassan 等 (1998) 指出，采用合成射流等主动流动控制技术有可能在改善旋翼气动特性和提高旋翼气动性能等方面做出革命性贡献，并给出了合成射流在常规构型直升机和倾转旋翼机上的潜在应用方向，如图 6-1 所示。同时，Hassan 等 (1998)提出有必要将主动流动控制技术应用到下一代直升机旋翼的设计中。

目前针对合成射流技术在直升机旋翼非定常流动控制方面的研究仍处于起步

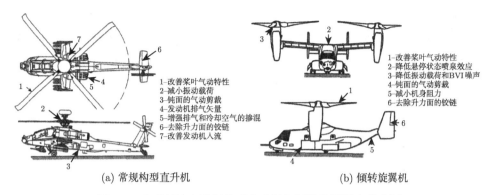

1-改善桨叶气动特性
2-减小振动载荷
3-钝面的气动剪裁
4-发动机排气矢量
5-增强排气和冷却空气的掺混
6-去除升力面的铰链
7-改善发动机入流

1-改善桨叶气动特性
2-降低悬停状态喷泉效应
3-降低振动载荷和BVI噪声
4-钝面的气动剪裁
5-减小机身阻力
6-去除升力面的铰链

(a) 常规构型直升机　　　　　　　(b) 倾转旋翼机

图 6-1　　合成射流在常规构型直升机与倾转旋翼机上的应用

阶段，在三维旋翼主动流动控制的数值模拟和试验研究方面还有很大困难。1996 年，Hassan 等首次采用升力线理论结合全位势方程的 CFD 方法对桨/涡干扰的定常吹气控制进行了研究，结果表明，定常吹气方法可以有效改善桨/涡干扰特性。随后，Dindar 等 (1999) 基于 Euler 方程开展了悬停状态旋翼流场定常射流控制的数值研究，结果表明，桨叶下表面后缘附近的吹气射流能在一定程度上增大桨叶升力。但上述两项工作均对旋翼非定常流动进行无黏假设，因此难以模拟黏性边界层为主导的旋翼涡流场和基于涡对 (环) 控制的射流控制细节流动，并且未针对更易出现分离的旋翼前飞情况开展合成射流控制研究。上述有限的研究结果初步显示了射流在三维直升机旋翼主动流动控制方面同样具有巨大的发展潜力，但是同时也表明了研究结果的局限性。

国内在旋翼气动特性主动控制方面的研究也很少，韩忠华 (2007) 尝试模拟了合成射流在控制前行桨叶激波–附面层干扰特性方面的作用效果，初步验证了合成射流对前行桨叶气流分离控制的可行性。Zhao 等 (2018) 侧重于合成射流对后行桨叶失速的控制效果，开展了三维环境下旋翼非定常气动特性合成射流控制的数值模拟与试验研究，获得了初步的合成射流影响规律，这部分结果将在后面详细介绍。

虽然目前针对旋翼非定常气动特性合成射流控制方面的研究很少，但通过翼型气流分离与动态失速控制以及少量的旋翼流场控制的研究结果，已显示出合成射流在旋翼非定常气动特性控制方面的巨大应用潜力。

6.2　合成射流的涡流场特征

合成射流激励器在喷口附近的气流方向与速度大小是周期变化的，这与定常吹气射流有明显差异。吸气冲程，激励器腔体的体积增大，将喷口周围的空气吸入腔体内，因而在喷口附近产生速度指向激励器腔体的气流。吹气冲程，当被吸入的气流排出腔体时，射流和静止主流之间形成一个剪切层，在喷口的两侧会卷起形成一个涡对。在下一个吸气冲程，前一周期形成的涡对已向远场发展并远离射流喷口，因而这一涡对不受下一吸气冲程的影响。图 6-2 给出了合成射流激励器及其形成的涡对示意图。

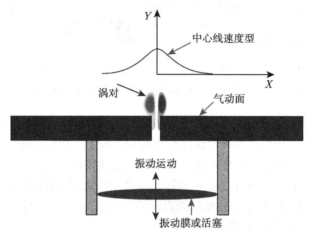

图 6-2　合成射流激励器及其形成的涡对示意图

在合成射流激励器吹/吸气的一个周期之内，吸入腔体的气流最终被全部排出，因此通过喷口的气流总质量流量为零。与此同时，合成射流激励器在一系列的吸气、吹气过程中会产生一系列涡对，因此射流激励器在一个周期内向主流输出的动量不为零。由此可知，合成射流是一种零质量射流，只要对合成射流激励器输入电能，就可产生高效的射流，并不需要定常射流激励器所必需的气流产生和导流设备。因此，合成射流激励器具备结构紧凑、重量轻等特点，其在航空领域尤其是直升机流动控制领域具有很好的应用潜力。

以 Smith 和 Glezer(1994) 的试验数据为例分析合成射流的流场特性，射流最大速度为 25m/s，射流频率为 1000Hz。图 6-3 给出了射流中心线法向速度 (v_{CL}) 分布的计算值与试验值对比。可以看出，在中心线上，射流在距离喷口一段距离后，射流速度呈对数衰减，并且在远离喷口位置，合成射流表现出与定常射流类似的特征。

图 6-4 给出了不同横截面流场法向速度分布。其中，b 为射流半扩展宽度，定义为截面内 $v=0.5v_{CL}$ 时的点与中心线的距离。从图中可以看出：

(1) 在射流任一截面上，随着横坐标 x 的增加，射流纵向时均速度 v 从中心线处的最大值逐渐衰减到零。

(2) 在射流主体段，若用 v_{CL} 和 b 作为量纲为 1 的速度和长度尺度，则不同截面上量纲为 1 的纵向时均速度分布可归一在同一条曲线上，这就是射流速度分布的相似性。

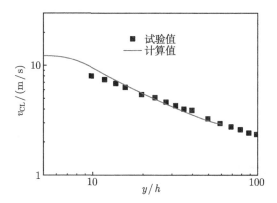

图 6-3   射流中心线法向速度分布计算值与试验值对比

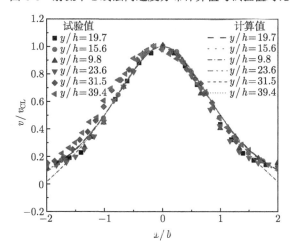

图 6-4   不同横截面法向速度分布计算值与试验值对比

图 6-5 和图 6-6 分别给出了不同时刻合成射流出口附近的流线图和涡量分布云图。从图 6-5 可以看出,合成射流的扰动使射流出口两侧产生逆向旋转的涡对,并且这一涡对会逐渐向远场对流。从图 6-6 中可以看出,射流激励器的吸气过程不会对上一个周期 (T) 的涡对产生影响,这样一系列涡对的产生与传播使合成射流对远场的作用类似于定常射流 (如图 6-3 所示)。

在静止主流中合成射流流场特性模拟的基础上,介绍存在横向主流的合成射流与主流的干扰特性。横向主流速度为 20m/s,合成射流最大速度为 20m/s。图 6-7给出了主流的干扰作用下合成射流涡对的演变过程。由图可以看出,在射流激励器出口产生的涡对受主流的干扰,其中在出口处产生的逆时针涡由于射流的阻碍,无法向下游对流,而是在射流出口附近与主流相互干扰。持续的吹气过程使逆时针旋

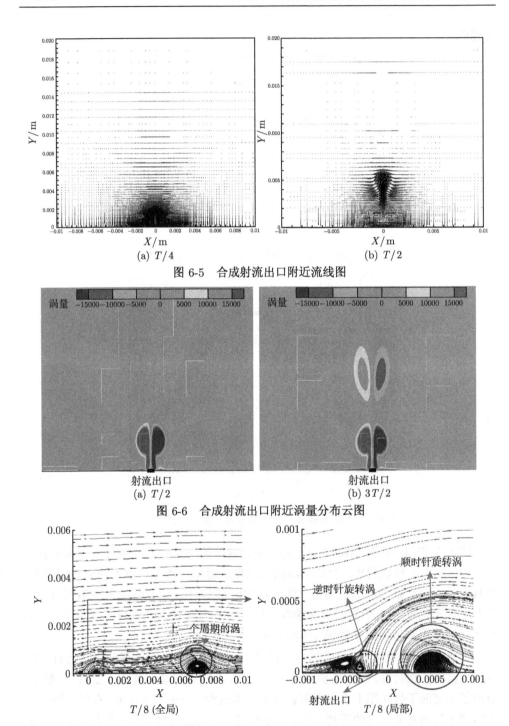

(a) $T/4$　　　　　　　　　　　　　(b) $T/2$

图 6-5　合成射流出口附近流线图

射流出口　　　　　　　　　　　射流出口
(a) $T/2$　　　　　　　　　　　(b) $3T/2$

图 6-6　合成射流出口附近涡量分布云图

上一个周期的涡

顺时针旋转涡

逆时针旋转涡

射流出口

$T/8$ (全局)　　　　　　　　　　$T/8$ (局部)

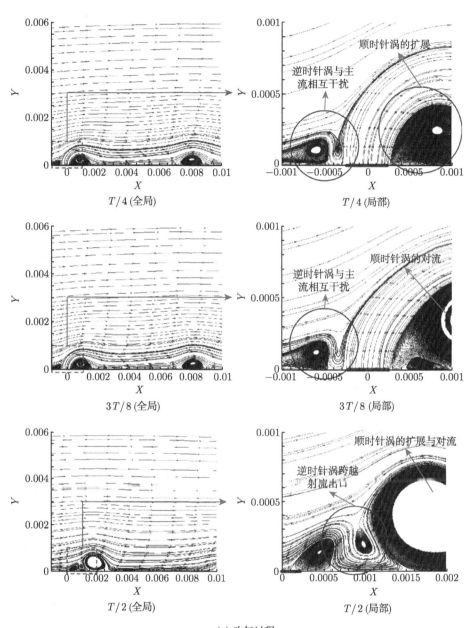

(a) 吹气过程

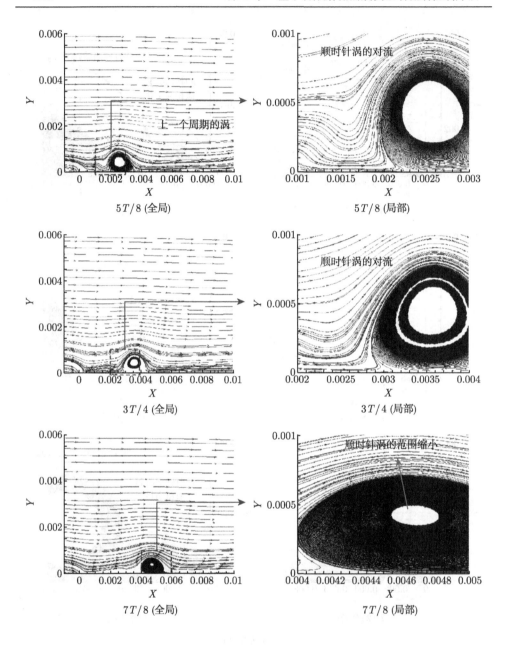

5T/8 (全局)　　　　　　　　　　5T/8 (局部)

3T/4 (全局)　　　　　　　　　　3T/4 (局部)

7T/8 (全局)　　　　　　　　　　7T/8 (局部)

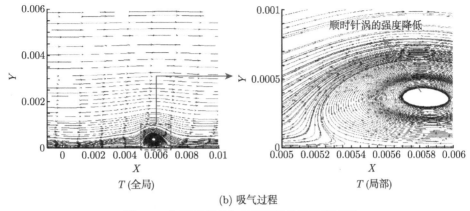

(b) 吸气过程

图 6-7   主流干扰下合成射流涡对的演变过程

转的射流涡在主流中诱导产生一个顺时针旋转涡。在合成射流的吸气过程中，这两个相互干扰的涡会跨过射流出口向下游对流并持续干扰，最终两个逆向旋转的涡会相互抵消。不同于射流出口上游产生的射流涡，出口下游的顺时针旋转涡不受射流的阻隔，随着主流向下方对流。在对流的初始过程中，顺时针的涡在空间上会有所扩张，并且涡的强度也会增大。随着涡的继续对流，涡在纵向范围会有所减小，在横向范围增大，此时该顺时针涡开始耗散，涡的强度也明显减小。

合成射流产生的周期性的涡对会持续与主流发生干扰作用。若主流中某处产生气流分离现象，则回流区域的流动会与从射流出口产生并对流的涡对相互干扰，从而削弱回流的范围，进一步达到抑制或者缓解气流分离的目的。由此可知，合成射流在翼型失速和旋翼动态失速控制中具有很好的应用潜力。

6.3   翼型静态失速的合成射流控制特性

6.3.1   合成射流控制边界条件

合成射流出口的瞬时速度可以分为定常和脉动两部分，建立合成射流出口的速度边界条件，射流出口的瞬时速度可表示为

$$U(x, y = 0, t) = U_0 + U_{\mathrm{m}} \sin(\omega_{\mathrm{jet}} t) \tag{6.1}$$

式中，U_0 和 U_{m} 分别为定常射流速度和脉动速度幅值；ω_{jet} 为合成射流的角频率；(x, y) 为合成射流流场坐标系。

由于旋翼翼型非定常流场控制方程的求解采用无量纲形式，需要将合成射流的速度边界条件进行无量纲化处理。对于射流速度的两个组成部分，引入射流动量系数的概念，即射流为主流提供的动量与来流具有的动量的比值，因而动量系数为

$$C_{\mu 0} = 2\frac{h}{c}\left(\frac{U_0}{U_\infty}\right)^2, \quad C_\mu = 2\frac{h}{c}\left(\frac{U_{\mathrm{m}}}{\sqrt{2}U_\infty}\right)^2 \tag{6.2}$$

式中，$C_{\mu 0}$ 和 C_μ 分别为射流定常分量和脉动分量的动量系数；U_∞ 为来流速度；h 为射流出口宽度；c 为翼型弦长，如图 6-8 所示。

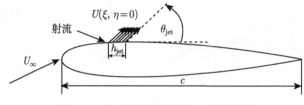

图 6-8　合成射流在翼型上布置示意图

针对静态翼型，采用气流的脱落频率对射流频率进行无量纲化，则无量纲频率 F^+ 为

$$F^+ = \frac{\omega_{\mathrm{jet}}c}{2\pi U_\infty} \tag{6.3}$$

由此，无量纲化的射流速度边界条件可表示为

$$V_{\mathrm{jet}}(\xi, \eta = 0, t) = \sqrt{\frac{c}{2h_{\mathrm{jet}}}}U_\infty\left[\sqrt{C_0} + \sqrt{2C_\mu}\sin(2\pi F^+ t)\right]f(\xi)n_{\mathrm{jet}} \tag{6.4}$$

式中，ξ、η 分别表示翼型表面的切线和法线方向；$f(\xi)$ 代表射流的空间分布函数，取 Top-hat 型条件，即 $f(\xi)=1$；n_{jet} 为射流方向矢量，由射流偏角 θ_{jet} 决定。

针对 TAU0015 翼型开展了合成射流控制的数值模拟，TAU0015 翼型是对 NACA0015 翼型前缘外形进行了改动，以便将射流激励器放置于翼型前缘，两种翼型的对比如图 6-9 所示。

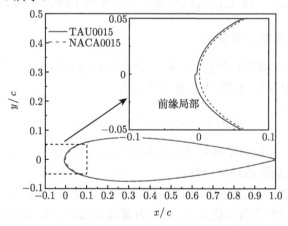

图 6-9　TAU0015 翼型与 NACA0015 翼型对比

　　以 Seifert 等 (1993b) 的试验数据为基准,对合成射流控制下的 TAU0015 翼型气动特性进行数值计算。射流参数与试验值一致,即无量纲频率 F^+=0.58,射流脉动动量系数 C_μ=0.00073。图 6-10 给出了在合成射流控制下 TAU0015 翼型升力系数增量与射流脉动动量系数的关系,同时给出了试验值 (Seifert et al., 1993) 与文献的计算结果 (Donovan et al., 1998)。可以看出, 随着射流脉动动量系数的增大,翼型升力系数的增量也会增大, 表明更大速度的射流有助于提高合成射流对翼型气动特性的控制效果。

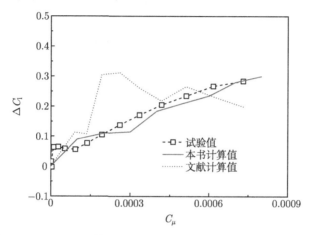

图 6-10　TAU0015 翼型升力系数增量与射流脉动动量系数的关系

6.3.2　合成射流控制翼型失速机理

1) 合成射流对翼型流场的扰动作用

　　在无升力状态下进行合成射流对翼型流场扰动的数值分析,在 NACA0012 翼型下表面 0.13c ~0.23c 处布置射流激励器,在出口处布置 40 个网格点。选取中等马赫数状态 Ma=0.6, Re=3.0×10^6,对翼型流场的射流控制进行模拟 (赵国庆等,2015),射流参数设置为 C_μ=0.008, F^+=1.67, θ_{jet}=90°(法向射流)。

　　图 6-11 给出了计算所得的翼型升力系数收敛历程曲线。可以看出, NACA0012翼型下表面布置的合成射流能够为翼型提供升力, 射流控制后翼型升力系数约为0.3。合成射流的这一作用类似于下偏的后缘小翼, 而合成射流并未改变翼型的气动外形, 从而不改变翼型的雷达散射截面, 因此其在旋翼 (翼型) 气动特性的主动流动控制方面具有很好的应用前景。

　　为揭示合成射流对翼型流场的扰动机理,图 6-12 进一步给出了不同射流相位($\psi=\omega_{jet}t$) 时合成射流激励器附近流线图。与图 6-7 的结果类似, 合成射流的吹气过程会在翼型表面 (射流出口下游) 产生一个扰动涡 (回流区), 这个扰动涡会在合成射流的吸气过程中开始沿翼型表面向下对流。合成射流周期性的吹吸气过程会诱导出一系列这样的扰动涡, 如图 6-13 所示, 同时给出了文献中数值模拟得到的合成射流诱导涡的流动情况 (Amitay et al., 2004), 可以看出, 计算结果与文献结果基本一致。

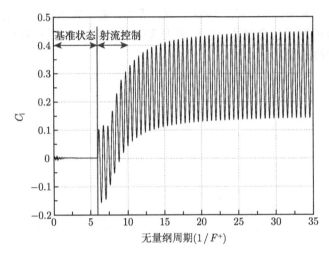

图 6-11　翼型升力系数收敛历程曲线

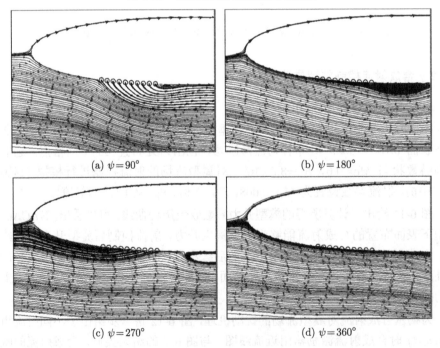

(a) $\psi=90°$

(b) $\psi=180°$

(c) $\psi=270°$

(d) $\psi=360°$

图 6-12　不同射流相位时合成射流激励器附近流线图

(a) 本书计算结果

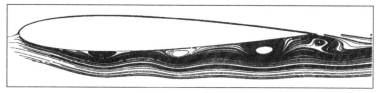

(b) 文献计算结果

图 6-13 合成射流与主流干扰流动对比

2) 翼型失速的合成射流控制机理

针对 NACA0012 翼型失速特性的合成射流控制进行了数值模拟。在翼型吸力面距前缘 $0.015c$ 处设置合成射流激励器，射流出口宽度为 $0.0052c$。计算状态为：来流马赫数 $Ma=0.4$，基于翼型弦长的雷诺数 $Re=8.5\times10^6$，翼型迎角 $\alpha=22°$。

射流控制参数为：无量纲频率 $F^+=1.0$，射流脉动动量系数 $C_\mu=0.005$，射流偏角 $\theta_{jet}=25°$。图 6-14 给出了合成射流控制前后翼型气动特性的收敛历程曲线。从图中可以看出，合成射流控制下的翼型气动力是随时间振荡的，且振荡周期与射流周期一致。相对于基准的无控制状态，翼型气动特性得到了有效改善，其中翼型升力系数提高了 13%，阻力系数和力矩系数分别降低了 17% 和 12%。可以看出，合成射流能够同时改善翼型的升力、阻力及力矩特性，这也在一定程度上体现出合成射流在改善旋翼失速特性方面的潜在应用价值。

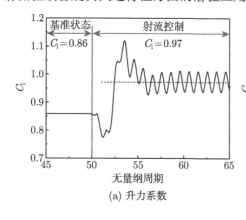

(a) 升力系数

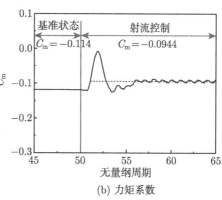

(b) 力矩系数

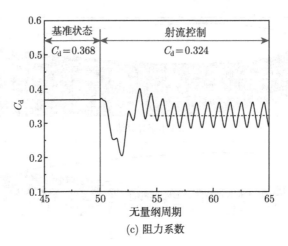

(c) 阻力系数

图 6-14   合成射流控制前后翼型气动特性收敛历程曲线

图 6-15 进一步给出了基准状态和合成射流在不同相位控制时翼型表面附近的流线图。从图中可以看出，在 22° 迎角状态下，基准状态的 NACA0012 翼型吸力面处于完全分离的回流区内，并且分离区几乎覆盖了整个翼型吸力面。在合成射流控制下，翼型前缘的分离得以有效控制，分离区范围明显缩小，气流的局部再附有助于翼型气动特性的改善。

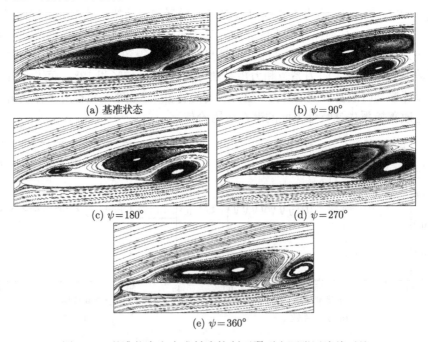

图 6-15   基准状态和合成射流控制下翼型表面附近流线对比

为描述合成射流控制对翼型吸力面逆压梯度的作用，图 6-16 给出了基准状态和合成射流不同相位控制时翼型表面压强系数分布对比。由图可以看出，翼型前缘附近产生的合成射流涡随主流对流，并持续与主流分离涡相互干扰，翼型前缘附近的逆压梯度明显减小，从而有助于抑制翼型表面的气流分离。

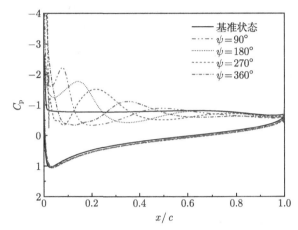

图 6-16 基准状态与合成射流不同相位控制时翼型表面压强系数分布对比

合成射流对翼型流场的控制作用主要源于射流速度的法向分量和切向分量不同的控制作用 (Hassan and Munts，2000)。如图 6-17 所示，合成射流的法向分量能够通过法向的扰动将边界层外层的高速主流引入低能量的边界层内，从而增强边界层内外气流的掺混，使气流分离现象减弱。另外，合成射流的切向分量可以直接向低能量边界层内注入能量，从而缓解逆压梯度的影响，进一步缓解气流分离现象。

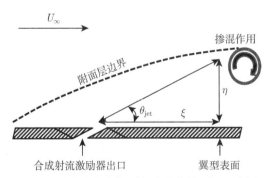

图 6-17 合成射流控制气流分离的原理示意图

3) 射流控制后翼型虚拟外形

以 NACA0012 翼型表面的定常吹气射流为例，在翼型下表面距前缘 $0.015c$ 处设置射流激励器，出口宽度为 $0.0052c$，射流定常吹气动量系数 $C_{\mu0}=0.0104$，吹气

方向垂直于翼型表面。在翼型迎角为 4° 状态下开展射流控制翼型虚拟外形的反设
计分析。

图 6-18 给出了翼型表面合成射流激励器附近流线图对比，并与文献的结果
(Donovan et al., 1998) 进行了对比。从图中可以看出，本书计算流线图与文献结果
基本一致。在射流出口位置附近，由于定常吹气射流与来流的相互作用，产生了一
个类似于分离泡的小范围的回流区域，这也引起在此局部翼型表面压强系数的突
变，如图 6-19 所示。从图 6-19 中可以看出，在射流激励器出口附近，压强系数突
然减小，且本书计算得到的翼型表面压强系数分布趋势与文献结果一致。

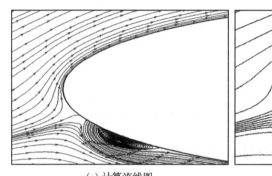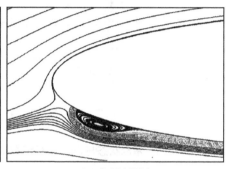

(a) 计算流线图　　　　　　　　　　　　　(b) 参考流线图

图 6-18　翼型表面合成射流激励器附近流线图对比

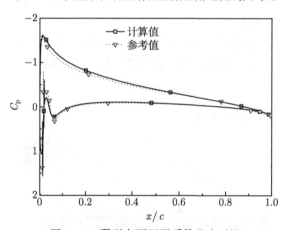

图 6-19　翼型表面压强系数分布对比

以定常吹气射流控制下的翼型表面压强系数分布为设计目标，以 NACA0012
翼型为初始翼型，对射流控制后的翼型虚拟气动外形进行反设计分析。图 6-20 给
出了反设计方法获得的翼型虚拟气动外形。从图中可以看出，定常的法向吹气射流
与主流的干扰产生的回流区相当于改变了翼型的虚拟外形，在射流出口附近使翼
型外凸。由此可以看出，并不是吹气速度越大，定常射流对翼型气动特性的改善效

果越好，反而可能因为翼型虚拟外形的过度变化引起翼型气动特性的下降。

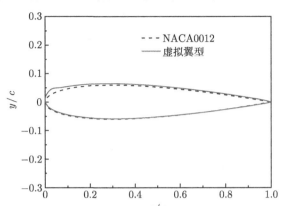

图 6-20 翼型虚拟气动外形与 NACA0012 翼型对比

6.3.3 合成射流对翼型静态失速的控制规律

以 OA-213 翼型为例，在翼型吸力面距前缘 $0.05c$、$0.15c$、$0.3c$、$0.45c$ 和 $0.6c$ 位置分别设置合成射流激励器 (出口宽度均为 $0.01c$)，将合成射流的无量纲频率 F^+、射流动量系数 C_μ、射流偏角 θ_{jet} 和射流位置等作为研究参数，介绍合成射流在改善翼型气动特性、延缓翼型表面气流分离并控制翼型失速等方面的作用规律。

计算状态为来流马赫数 $Ma=0.4$(典型的旋翼后行桨叶工作状态)，基于翼型弦长的雷诺数 $Re=8.5\times10^6$。图 6-21 给出了合成射流激励器在翼型表面的位置和网格图，为细致描述合成射流对翼型流场的扰动，在射流激励器出口和附近位置对网格进行加密处理。

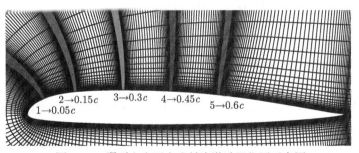

图 6-21 翼型上表面合成射流激励器位置示意图

1) 射流无量纲频率的影响

开启 OA-213 翼型上表面距前缘 $0.05c$ 位置的合成射流激励器，翼型迎角为 $20°$，合成射流的其他参数设置为：射流动量系数 $C_\mu=0.0007$，射流偏角 $\theta_{jet}=25°$。

图 6.22 给出了不同无量纲频率的合成射流控制下 OA-213 翼型升力系数的收敛历程。从图中可以看出，随着射流无量纲频率的增大，周期性吹/吸气射流控制下翼型升力系数的振幅减小。在一定的射流无量纲频率范围内 $(0.5 \leqslant F^+ \leqslant 3.0)$，射流吹/吸的一个周期内翼型升力系数振荡变化的最小值对射流无量纲频率不敏感，即在此频率范围内，升力系数的最小值变化不大；与之不同，翼型振荡升力系数的最大值受射流激励频率的影响更大。

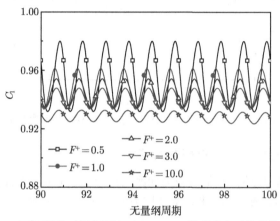

图 6-22 不同射流无量纲频率时 OA-213 翼型升力系数的收敛历程

2) 射流位置的影响

分别开启 OA-213 翼型上表面的各个合成射流激励器，合成射流参数为：射流无量纲频率 $F^+=1.0$，射流动量系数 $C_\mu=0.0007$，射流偏角 $\theta_{\text{jet}}=25°$。

图 6-23 给出了不同位置的合成射流控制下 OA-213 翼型升力系数增量对比，翼型迎角分别为 $18°$、$20°$ 和 $22°$。由图可以看出，在 $18°$ 迎角状态下，位于距离翼型前缘 $0.15c$ 处的合成射流激励器对翼型升力系数的提升量最大。这主要是因为对于无控制状态的 OA-213 翼型，在迎角为 $18°$ 时，翼型吸力面的气流分离发生在距前缘 $0.15c$ 附近，如图 6-24 所示，此时 $0.15c$ 处合成射流的扰动对增强分离剪切层稳定性的作用更明显。

随着翼型迎角的增大 $(20°)$，翼型上表面的气流分离点会向翼型前缘移动，即分离点更靠近位于距前缘 $0.05c$ 处的合成射流激励器，而此时由于处于过失速 (post stall) 区，无控制状态的翼型升力系数会有一个突降，合成射流的控制使翼型升力系数得以恢复。但是随着翼型迎角的进一步增大 $(22°)$，翼型上表面的气流分离现象加剧，并且气流分离点可能进一步向前缘移动，此时，合成射流的扰动作用对更大范围气流分离现象的控制效果会有所减弱，对升力系数的提升量相对于翼型迎角 $20°$ 状态有所下降。

对于位于完全分离区域内的合成射流激励器，虽然仍能小幅提高翼型升力系数，但其对翼型气动特性的改善效果明显降低，这就表明气流分离点附近的合成射流能够最大程度地抑制翼型表面气流分离并提高失速状态下翼型的气动特性。

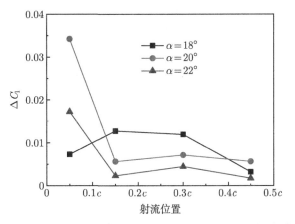

图 6-23　OA-213 翼型升力系数增量与射流位置的关系

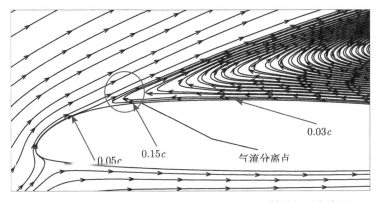

图 6-24　无控制状态下迎角 18° 时 OA-213 翼型表面流线图

3) 射流动量系数的影响

开启距翼型前缘 $0.05c$ 处的合成射流激励器，射流无量纲频率 $F^+ = 1.0$，射流偏角 $\theta_{jet} = 25°$。设置射流动量系数范围为 $0 \leqslant C_\mu \leqslant 0.01$ (当 $C_\mu = 0.01$ 时，合成射流最大吹气速度与来流速度大小相等)，计算状态选取翼型迎角为 20°。

图 6-25 给出了控制状态翼型升力系数、阻力系数和力矩系数的增量随射流动量系数的变化曲线。可以看出，随着射流动量系数的增大，翼型气动力系数的改善量呈现出增大的趋势。这主要是因为较大的射流动量系数使合成射流向分离边界层内部注入的能量更多，并且射流对边界层内外层气流的掺混作用也更为显著，从而能够更好地增强分离剪切层的稳定性，进而抑制气流分离并改善翼型气动特性。

此外，可以看出，随着射流动量系数的增大，翼型气动力系数的增量先是迅速增大，然后趋于平缓。

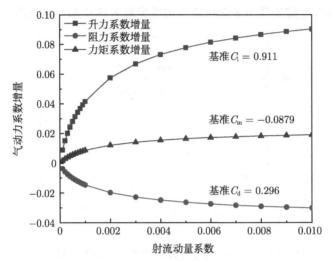

图 6-25　翼型气动力系数增量随射流动量系数的变化曲线

图 6-26 进一步给出了不同射流动量系数时翼型升力系数收敛曲线。从图中可以看出，射流动量系数越大，翼型升力系数曲线的振幅和均值也越大。当 $C_\mu=0.0001$ 时，翼型升力系数约增大 1.01%；而 $C_\mu = 0.01$ 时，翼型升力系数约增大 12.22%。这表明射流动量系数在一定范围内越大，其对失速状态下翼型气动特性的控制作用越显著。

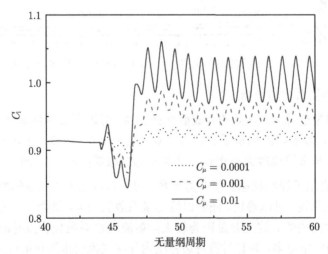

图 6-26　不同射流动量系数时翼型升力系数收敛曲线

4) 射流偏角的影响

开启距翼型前缘 $0.05c$ 处的合成射流激励器，设置一系列射流偏角 ($0° \leqslant \theta_{\text{jet}} \leqslant 90°$)，射流无量纲频率 $F^+ = 1.0$，翼型迎角为 $20°$。

图 6-27 给出了不同动量系数的合成射流控制下翼型升力系数和阻力系数的增量随射流偏角的变化曲线。由图可以看出，在给出的两个射流动量系数条件下，切向的合成射流对翼型气动力的控制基本上可以忽略。这主要是因为切向的射流不能增强边界层内外层的掺混作用，从而在很大程度上影响了射流对翼型气动特性的控制效果。随着射流偏角的增大，合成射流对翼型气动力的改善效果更为明显。在 $C_\mu = 0.0007$ 的控制状态下，当射流偏角为 $75°$ 左右时，射流控制下翼型升力系数的增量达到最大值；与之不同，在 $C_\mu = 0.007$ 的控制状态下，当射流偏角为 $40°$ 左右时，翼型升力系数的增量达到最大值。翼型阻力系数增量的变化趋势与升力系数增量基本一致。

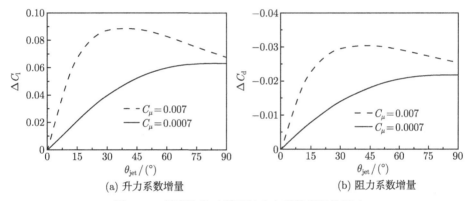

图 6-27 射流偏角对翼型气动力系数增量的影响

对于动量系数较小的射流，若要获得对翼型气动特性改善较好的控制效果，需要采用较大的射流出口偏角 (近法向射流)；而对于动量系数较大的合成射流，较小的射流偏角甚至是近切向射流才能最大限度地提高翼型的升力系数、减小阻力系数。这是因为当射流动量系数较小时，需要较大的射流偏角以保证有足够大的射流法向分量来增强边界层气流的掺混；当射流动量系数较大时，较小的射流偏角可以使激励器更有效地给翼型边界层注入能量，较大的射流偏角导致射流的法向分量过大，反而会过度地增强射流与边界层的干扰，引起翼型虚拟外形的剧烈变化，使其控制效果低于小角度的射流。

图 6-28 给出了动量系数 $C_\mu = 0.0007$ 时，不同射流偏角下翼型升力系数的收敛曲线。数值结果表明，射流偏角越大，翼型升力系数的振幅和平均值也越大，即射流与边界层气流的干扰作用越强烈。

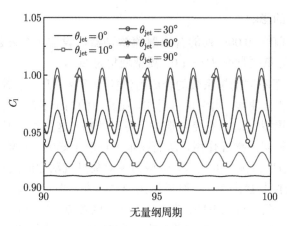

图 6-28　射流偏角对翼型升力系数的影响

6.4　翼型动态失速的合成射流控制特性

6.4.1　VR-7B 翼型动态失速控制

以具有试验数据的 VR-7B 翼型为对象，阐述合成射流对翼型动态失速的抑制作用。合成射流激励器设置于翼型上表面距前缘 $0.5c$ 处，出口宽度为 $0.003c$。翼型的振荡规律为 $\alpha=11°+5°\sin(2kt)$，计算状态为：来流马赫数 $Ma=0.1$，基于翼型弦长的雷诺数 $Re=7.14\times10^5$，翼型缩减频率 $k=0.05$。合成射流的控制参数为：$C_\mu=0.004$，$F^+=60$，$\theta_{jet}=25°$。围绕 VR-7B 翼型的正交贴体网格由图 6-29 给出，对射流出口附近网格在弦向进行加密。

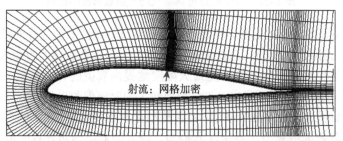

图 6-29　上表面 $0.5c$ 处设置合成射流激励器的 VR-7B 翼型网格

图 6-30 给出了有无合成射流控制时 VR-7B 翼型升力系数计算值与试验值 (Nagib et al.，2001) 的对比。由图可以看出，在合成射流控制下，低头过程中翼型的升力系数可以得到有效恢复，表明合成射流在抑制翼型升力系数突降进而控制翼型动态失速方面有显著作用。

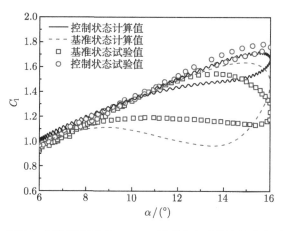

图 6-30 有无合成射流控制时 VR-7B 翼型升力系数计算值与试验值对比

图 6-31 给出了有无合成射流控制时 VR-7B 翼型表面流线图对比。由图可以看出，在翼型接近最大迎角时，基准状态翼型吸力面会产生气流分离现象，并且随着翼型的低头运动，气流分离现象持续发生。处于翼型中部的合成射流能够有效地推迟气流分离现象的发生，并能够很好地减小气流分离区的范围。这有利于提高翼型在低头过程中的升力系数 (图 6-30)，并有效降低气流分离导致的翼型阻力系数和力矩系数峰值，如图 6-32 所示。

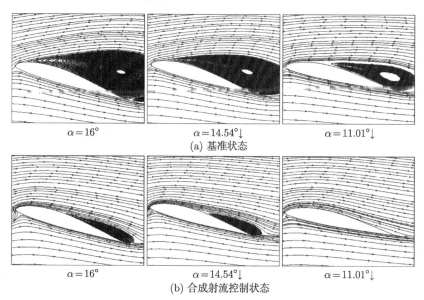

图 6-31 有无合成射流控制时 VR-7B 翼型表面流线图对比

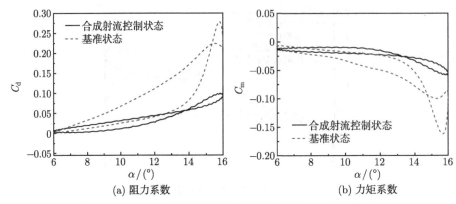

(a) 阻力系数　　　　　　　　　　　　　(b) 力矩系数

图 6-32　有无合成射流控制时翼型阻力系数和力矩系数对比

6.4.2　合成射流控制翼型动态失速的参数影响

以 OA-212 旋翼翼型为对象,在其上表面不同位置布置合成射流激励器,介绍合成射流不同参数对旋翼翼型动态失速特性控制效果的影响。图 6-33 给出了设置两个合成射流激励器的 OA-212 翼型的网格,其中射流出口分别放置于翼型上表面距前缘 $0.1c$、$0.6c$ 处。为研究合成射流的各参数对深度动态失速状态下翼型气动特性改善效果的影响规律,令 OA-212 翼型迎角的变化规律为 $\alpha = 15° + 10°\sin(2 \times 0.105 \times t)$。

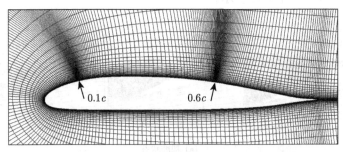

图 6-33　设置两个合成射流激励器的 OA-212 翼型网格

1) 射流位置的影响分析

分别开启位于 OA-212 翼型上表面距前缘 $0.1c$ 和 $0.6c$ 处的合成射流激励器,分析射流位置对翼型动态失速主动流动控制效果的影响规律,同时将单激励器控制的效果与双射流控制效果进行对比。两处合成射流的无量纲频率均为 $F^+ = 30$,射流偏角均为 $\theta_{jet} = 30°$,采用两组射流动量系数 ($C_\mu = 0.04$ 和 $C_\mu = 0.09$) 对射流位置的影响进行研究。

图 6-34 给出了两种射流动量系数下不同位置的单射流及双射流对翼型气动特性的影响对比。可以看出,当 $C_\mu = 0.04$ 时,位于 $0.1c$ 处的合成射流对翼型动态失

速的控制效果明显优于 $0.6c$ 处的合成射流，并且双射流阵列的控制效果更好。而当 $C_\mu=0.09$ 时，位于 $0.1c$ 和 $0.6c$ 处的合成射流控制效果相当，并且该两处射流单独控制效果与双射流阵列控制效果的差距缩小。

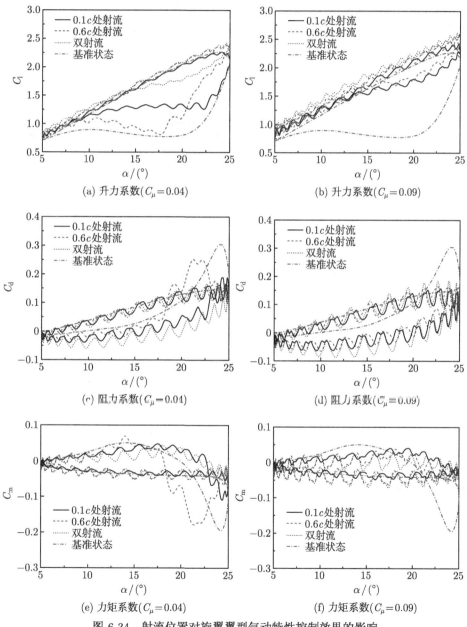

图 6-34　射流位置对旋翼翼型气动特性控制效果的影响

图 6-35 进一步给出了不同翼型迎角时 $0.1c$、$0.6c$ 处的单射流及双射流控制下翼型表面流线与基准状态的对比。可以看出，在翼型发生后缘气流分离时，更靠近分离点的 $0.6c$ 处的射流对气流分离的控制效果比 $0.1c$ 处的射流更好，双射流控制效果最好；在翼型低头过程中，随气流分离点的前移，$0.1c$ 处的射流控制效果逐渐明显，$0.6c$ 处的射流控制效果次之，而双射流控制能够更有效地抑制动态失速时翼型表面的气流分离。

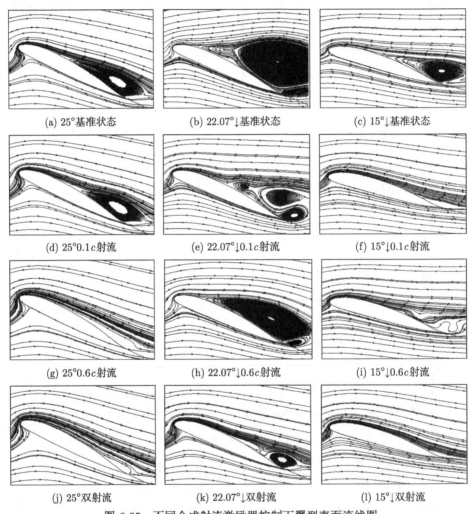

(a) 25°基准状态　　　　　(b) 22.07°↓基准状态　　　　　(c) 15°↓基准状态

(d) 25°0.1c射流　　　　　(e) 22.07°↓0.1c射流　　　　　(f) 15°↓0.1c射流

(g) 25°0.6c射流　　　　　(h) 22.07°↓0.6c射流　　　　　(i) 15°↓0.6c射流

(j) 25°双射流　　　　　　(k) 22.07°↓双射流　　　　　　(l) 15°↓双射流

图 6-35　不同合成射流激励器控制下翼型表面流线图

2) 射流无量纲频率的影响分析

分别开启位于 OA-212 翼型上表面距前缘 $0.1c$ 和 $0.6c$ 处的合成射流激励器，采用不同的射流无量纲频率对翼型气动特性进行控制，其中，射流偏角 $\theta_{\mathrm{jet}}=30°$，

射流动量系数 $C_\mu = 0.09$，射流无量纲频率 F^+ 取 $20 \sim 50$。

图 6-36 给出了射流无量纲频率对旋翼翼型气动特性控制效果的影响。可以看

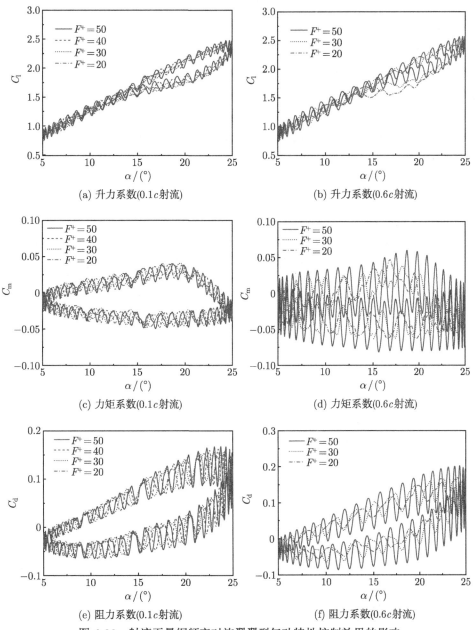

(a) 升力系数(0.1c射流)

(b) 升力系数(0.6c射流)

(c) 力矩系数(0.1c射流)

(d) 力矩系数(0.6c射流)

(e) 阻力系数(0.1c射流)

(f) 阻力系数(0.6c射流)

图 6-36　射流无量纲频率对旋翼翼型气动特性控制效果的影响

出，合成射流无量纲频率的增大在一定程度上增加了翼型气动力的振荡，位于 $0.6c$ 处合成射流的这种影响更为明显，射流无量纲频率对翼型气动力平均值的影响不大。

3) 射流动量系数的影响分析

分别开启位于 OA-212 翼型上表面距前缘 $0.1c$ 和 $0.6c$ 处的合成射流激励器，采用不同射流动量系数对翼型的动态失速进行控制，射流参数为：$F^+=30.0$，$\theta_{\mathrm{jet}}=30°$。图 6-37 给出了射流动量系数对旋翼翼型气动特性控制效果的影响。从图中可以看出，对于 $0.1c$ 处的合成射流，随着射流动量系数的增大，翼型升力系数迟滞回线的面积逐渐缩小，并且升力系数的峰值也会有所增大；与此同时，翼型力矩系数和阻力系数的峰值也会随射流动量系数的增大而减小，这表明射流动量系数的增大能够显著提高合成射流对翼型动态失速的控制效果。位于 $0.6c$ 处的合成射流动量系数对翼型动态失速特性控制的影响与 $0.1c$ 处射流类似。

需要注意的是，当 $C_\mu=0.01$ 时，$0.1c$ 处射流控制的翼型阻力系数和力矩系数的峰值比基准状态略有增大，而 $0.6c$ 处射流控制的翼型阻力系数和力矩系数的峰值明显大于基准状态。为从流动细节反映射流动量系数的这一影响，图 6-38 给出

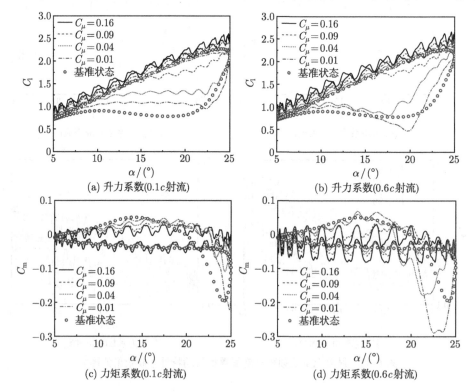

(a) 升力系数($0.1c$射流)

(b) 升力系数($0.6c$射流)

(c) 力矩系数($0.1c$射流)

(d) 力矩系数($0.6c$射流)

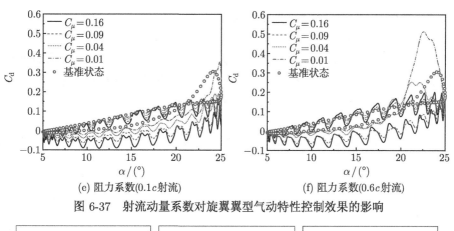

(e) 阻力系数(0.1c射流)   (f) 阻力系数(0.6c射流)

图 6-37 射流动量系数对旋翼翼型气动特性控制效果的影响

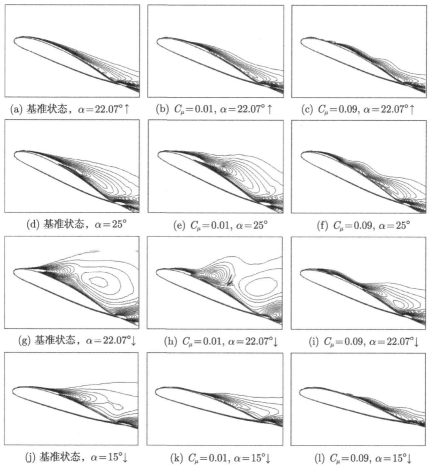

(a) 基准状态，$\alpha=22.07°\uparrow$ (b) $C_\mu=0.01$，$\alpha=22.07°\uparrow$ (c) $C_\mu=0.09$，$\alpha=22.07°\uparrow$

(d) 基准状态，$\alpha=25°$ (e) $C_\mu=0.01$，$\alpha=25°$ (f) $C_\mu=0.09$，$\alpha=25°$

(g) 基准状态，$\alpha=22.07°\downarrow$ (h) $C_\mu=0.01$，$\alpha=22.07°\downarrow$ (i) $C_\mu=0.09$，$\alpha=22.07°\downarrow$

(j) 基准状态，$\alpha=15°\downarrow$ (k) $C_\mu=0.01$，$\alpha=15°\downarrow$ (l) $C_\mu=0.09$，$\alpha=15°\downarrow$

图 6-38 不同迎角下翼型附近涡量分布云图

了基准状态以及 $0.1c$ 处射流动量系数为 0.01 和 0.09 时，不同迎角下翼型附近的涡量分布云图。从图中可以看出，当 C_μ=0.01 时，合成射流控制会促进动态失速涡的产生，并且使动态失速涡的强度略有增大，进而引起翼型阻力系数和力矩系数峰值的增大；当 C_μ=0.09 时，翼型动态失速涡的产生和脱落均被有效地延迟甚至抑制，因而此时翼型气动特性获得了很大程度的改善。

4) 射流偏角的影响分析

设置射流偏角分别为 5°、25°、45° 和 65°，射流动量系数 C_μ=0.04，射流无量纲频率 F^+=30。

图 6-39 给出了射流偏角对旋翼翼型气动特性控制效果的影响。可以看出，对于 $0.1c$ 处的射流，当射流偏角为 25° 时，OA-212 翼型的升力系数峰值增大且迟滞回线面积减小，同时阻力系数和力矩系数的峰值也会大幅减小，而当射流偏角为 5° 和 45° 时，射流控制能够有效提高翼型的非定常气动特性，但其控制效果稍弱于 25° 的射流。这表明靠近翼型前缘约 25° 的合成射流对旋翼翼型动态失速的控制效果更好。

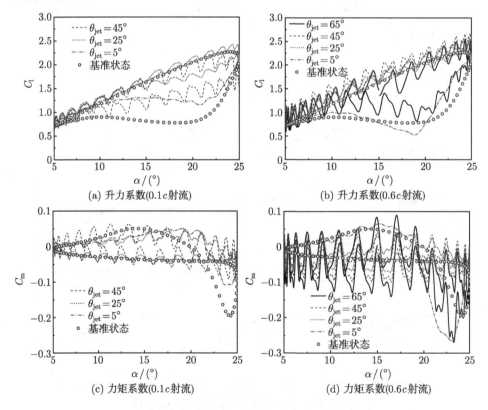

(a) 升力系数(0.1c射流)　　(b) 升力系数(0.6c射流)
(c) 力矩系数(0.1c射流)　　(d) 力矩系数(0.6c射流)

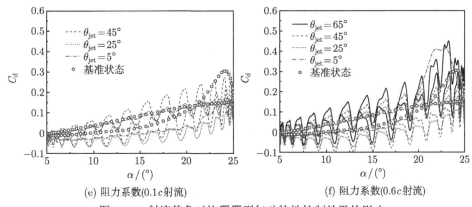

(e) 阻力系数(0.1c射流) (f) 阻力系数(0.6c射流)

图 6-39 射流偏角对旋翼翼型气动特性控制效果的影响

对于 0.6c 处的射流,偏角为 25° 和 45° 时控制效果更好,而偏角为 5° 和 65° 时控制效果稍差,并可能加剧翼型的动态失速。这也表明对于远离分离点的射流,中等大小的射流偏角有利于更好地缓解旋翼翼型的动态失速现象,偏角较小或者较大的射流控制效果稍弱。

6.5 旋翼非定常气动特性的合成射流控制

在旋翼翼型静态失速、动态失速合成射流控制研究基础上,介绍合成射流对三维旋翼非定常流场的主动流动控制效果。以含有两片展弦比为 7 的矩形桨叶的 Caradonna-Tung(C-T) 旋翼为对象,在桨叶吸力面距桨叶前缘 0.1c 和 0.5c 处布置四个合成射流激励器,射流宽度均为 0.01c,展向跨度为 0.5$R \sim 0.9R$,各合成射流激励器的位置如表 6-1 所示。图 6-40 给出了合成射流激励器在 C-T 旋翼上的布置及剖面网格示意图,射流出口位置附近网格加密处理。计算时,旋翼桨尖马赫数 $Ma_{\rm tip}$=0.628,前进比 μ=0.3,桨叶只有总距变化,无周期变距和挥舞。

表 6-1 合成射流激励器在 C-T 旋翼上的布局

激励器	A1	A2	A3	A4
展向位置	0.5$R \sim$0.7R	0.5$R \sim$0.7R	0.7$R \sim$0.9R	0.7$R \sim$0.9R
弦向位置 (宽度)	0.1c(0.01c)	0.5c(0.01c)	0.1c(0.01c)	0.5c(0.01c)

6.5.1 射流位置的影响分析

图 6-41 给出了激励器 A1 和激励器 A2 控制下桨叶不同剖面法向力系数分布对比,桨叶总距为 8°,两个激励器的射流动量系数均为 0.004,射流偏角均为 25°,无量纲频率均为 10。可以看出,合成射流能够对桨叶剖面法向力系数产生扰动作用,并且激励器 A2 对剖面法向力系数的提升效果更为明显。这是因为在桨叶总距

为 8° 的状态下，桨叶表面并无气流分离现象，因而桨叶弦向中段的射流 (激励器 A2) 对法向力的改善效果稍好。与此同时，合成射流对前行侧桨叶法向力的扰动作用不明显，对后行侧桨叶剖面法向力系数的影响更大。

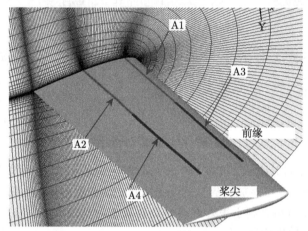

图 6-40　合成射流激励器在 C-T 旋翼上的布置及剖面网格示意图

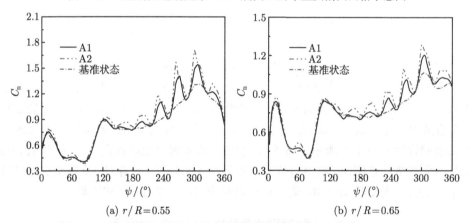

(a) $r/R=0.55$　　　　　　　　　　　　(b) $r/R=0.65$

图 6-41　激励器 A1 和 A2 控制下桨叶不同剖面法向力系数分布对比

　　图 6-42 为激励器 A3 和激励器 A4 控制下桨叶不同剖面法向力系数分布对比。与图 6-41 的结果类似，在弦向靠近后缘的射流 (激励器 A4) 对桨叶剖面法向力系数的提升效果更明显，并且对后行侧桨叶法向力的控制效果更好。这是因为后行侧桨叶剖面相对来流速度较小，后行侧射流速度与桨叶剖面相对来流速度的比值更大，从而能够获得更好的控制效果。

　　图 6-43 给出了总距为 16° 时，旋翼不同位置的射流对 120° 方位角处桨叶剖面压强系数的影响，射流动量系数均为 0.009，射流偏角均为 25°。由图可知，靠近桨叶前缘的射流 (激励器 A1 和 A3) 对压强梯度的扰动更为显著，从而能够更加有

效地削弱激波强度，并将激波位置推向桨叶后缘。位于桨叶弦向中段的射流 (激励器 A2 和 A4) 能够在较大的弦向范围内改变压强系数的分布，有助于减小逆压梯度并削弱激波诱导分离现象。

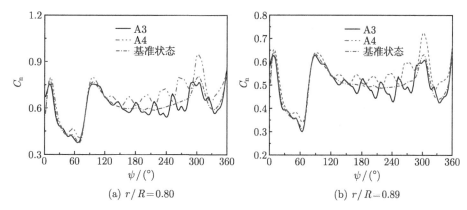

(a) $r/R = 0.80$

(b) $r/R = 0.89$

图 6-42　激励器 A3 和 A4 控制下桨叶不同剖面法向力系数分布对比

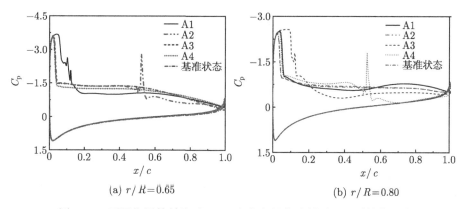

(a) $r/R = 0.65$

(b) $r/R = 0.80$

图 6-43　不同位置的射流对 120° 方位角处桨叶剖面压强系数的影响

　　图 6-44 给出了不同合成射流激励器控制下 270° 方位角处桨叶表面流线图对比。虽然基准状态 270° 方位角处桨叶表面并无分离现象，但桨叶表面的展向流动比较明显。控制后，射流位置弦向下游的展向流动得到显著抑制，这有利于桨叶气动特性的改善。此外，同时开启射流激励器 A1~A4 时，合成射流对桨叶展向流动的抑制作用更为显著。

6.5.2　射流动量系数的影响分析

　　分别在桨叶总距为 8° 和 16° 的状态下分析合成射流对旋翼非定常气动特性的控制效果。射流动量系数分别设置为 0.001、0.004 和 0.009，射流偏角均为 25°。

　　图 6-45 给出了 8° 总距时激励器 A1 射流动量系数对桨叶剖面法向力系数的影响。从图中可以看出，射流对后行侧桨叶剖面法向力系数的影响更为明显，这有利于后行侧桨叶动态失速的控制。随着射流动量系数的增大，射流控制段桨叶剖面法向力系数的振荡幅度变大，同时法向力系数的均值也有所增大。而在射流控制段以外的部分，合成射流对剖面法向力系数的影响较小。

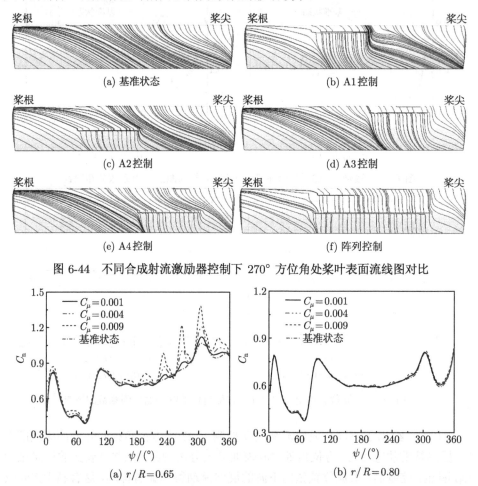

图 6-44　不同合成射流激励器控制下 270° 方位角处桨叶表面流线图对比

图 6-45　激励器 A1 的射流动量系数对桨叶剖面法向力系数的影响

　　图 6-46 和图 6-47 分别为 8° 总距时激励器 A2 和 A4 射流动量系数对桨叶剖面法向力系数的影响。由图可知，随着激励器 A2 射流动量系数的增大，法向力系数均值提高且振荡更为明显。与之略有不同，对于更靠近桨尖的激励器 A4，随着其射流动量系数的增大，剖面法向力系数提高且振荡幅度减小。这主要是因为该处射流动量系数较大时，对气流分离和展向流动的控制更为明显，从而使法向力系数

的振荡减弱。

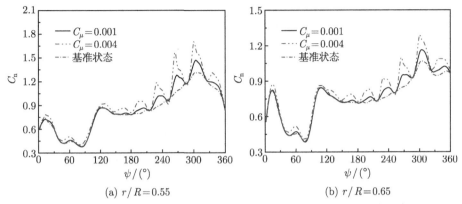

(a) $r/R=0.55$ (b) $r/R=0.65$

图 6-46 激励器 A2 的射流动量系数对桨叶剖面法向力系数的影响

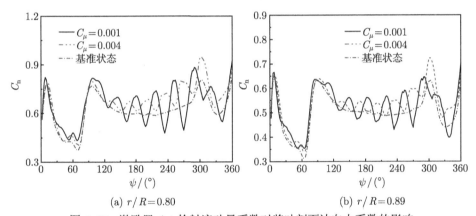

(a) $r/R=0.80$ (b) $r/R=0.89$

图 6-47 激励器 A4 的射流动量系数对桨叶剖面法向力系数的影响

图 6-48 ～图 6-50 进一步给出了各激励器的射流动量系数对 330° 方位角处桨叶不同剖面压强系数的影响。可以看出,对于各个合成射流激励器,随着射流动量系数的增大,射流对激励器附近压强系数的扰动更为剧烈。当 $C_\mu=0.009$ 时,射流使激励器位置下游有一个负压峰值。与此同时,可以看出,射流扰动引起的压强系数变化范围远大于合成射流激励器的出口弦向宽度,这也表明局部的合成射流能够改善大范围甚至全局的桨叶气动特性。此外,在更靠近桨尖的剖面,合成射流对压强系数的扰动范围和幅度会有所减小,这是因为在控制时激励器的射流速度沿桨叶展向是均匀分布的,因此在越靠近桨尖的位置,射流速度与剖面相对入流速度的比值越小,从而引起射流对压强系数的扰动作用略有减弱。

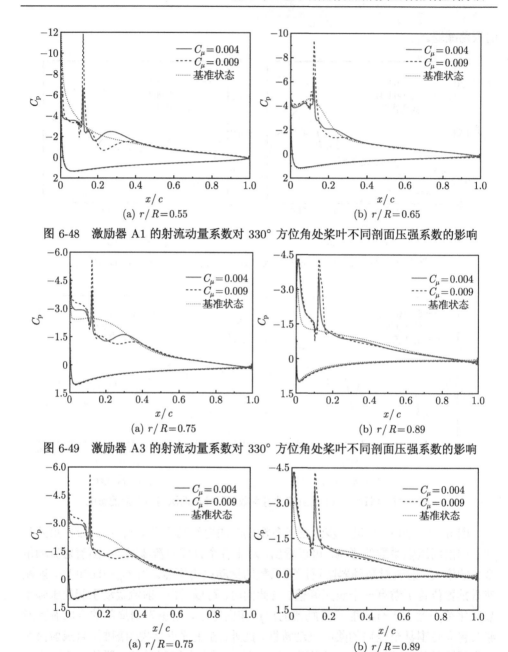

图 6-48　激励器 A1 的射流动量系数对 330° 方位角处桨叶不同剖面压强系数的影响

图 6-49　激励器 A3 的射流动量系数对 330° 方位角处桨叶不同剖面压强系数的影响

图 6-50　激励器 A4 的射流动量系数对 330° 方位角处桨叶不同剖面压强系数的影响

6.5.3　射流偏角的影响分析

图 6-51 和图 6-52 给出了总距为 8° 时激励器 A1 的射流偏角对桨叶不同剖面法向力系数的影响，激励器 A1 的射流动量系数分别为 0.004 和 0.009。可以看出，

合成射流对前行侧桨叶剖面法向力系数的影响较小；而在后行侧，随着射流偏角的增大，射流的扰动提高了法向力系数的平均值，并使法向力系数在不同方位角处的振荡更为剧烈，这一现象与增大射流动量系数的效果类似。这是因为射流偏角从 5° 增大到 45° 时，一方面有利于向边界层内部注入能量，另一方面可以更好地增强边界层内外层气流的掺混。

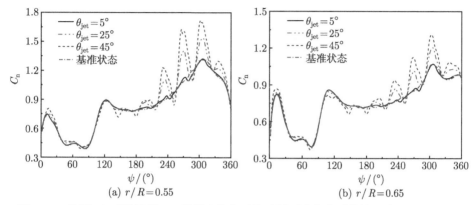

图 6-51　总距 8° 时激励器 A1 的射流偏角对桨叶剖面法向力系数的影响 ($C_\mu = 0.004$)

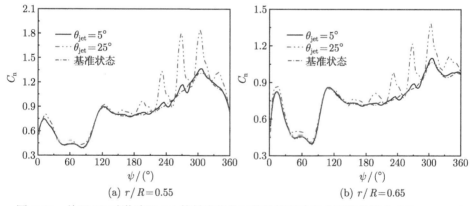

图 6-52　总距 8° 时激励器 A1 的射流偏角对桨叶剖面法向力系数的影响 ($C_\mu = 0.009$)

图 6-53 和图 6-54 分别给出了总距为 16° 时激励器 A1 对 120° 和 330° 方位角处桨叶不同剖面压强系数的影响，射流动量系数为 0.004。由图可知，射流偏角在给定范围内越大，射流对剖面压强系数的扰动越明显，这一规律与增大射流动量系数的效果类似。

图 6-55～图 6-58 分别给出了总距为 16° 时激励器 A3 和 A4 对 120° 和 330° 方位角处桨叶不同剖面压强系数的影响，射流动量系数为 0.004。可以看出，激励器 A3 和 A4 的射流偏角对控制效果的影响规律与激励器 A1 基本一致。

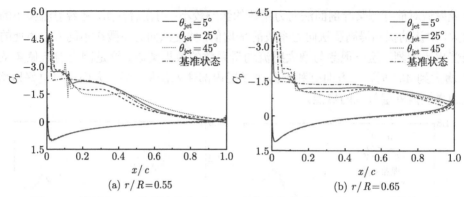

图 6-53　激励器 A1 的射流偏角对 120° 方位角处桨叶不同剖面压强系数的影响

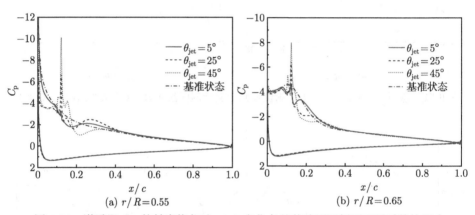

图 6-54　激励器 A1 的射流偏角对 330° 方位角处桨叶不同剖面压强系数的影响

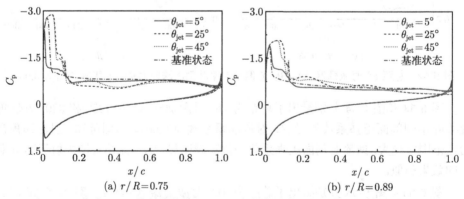

图 6-55　激励器 A3 的射流偏角对 120° 方位角处桨叶不同剖面压强系数的影响

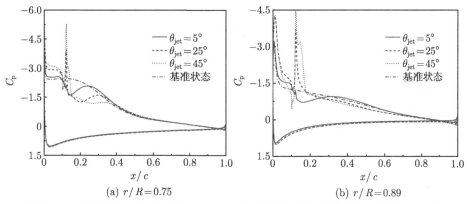

图 6-56　激励器 A3 的射流偏角对 330° 方位角处桨叶不同剖面压强系数的影响

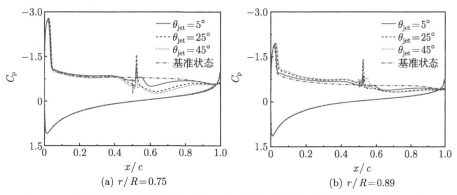

图 6-57　激励器 A4 的射流偏角对 120° 方位角处桨叶不同剖面压强系数的影响

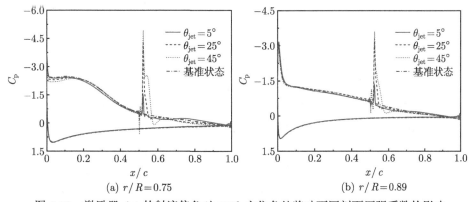

图 6-58　激励器 A4 的射流偏角对 330° 方位角处桨叶不同剖面压强系数的影响

6.6　旋翼合成射流控制试验

通过先进 PIV 流场测速和模型气动力测量试验，可将局部流动细节与全局的旋翼及翼型气动特性相结合，以验证数值模拟的结论并进一步分析旋翼合成射流控制机理。本节主要介绍旋翼及翼型合成射流控制试验方法，阐述合成射流动量系数、射流位置、射流偏角、翼型迎角 (旋翼总距、周期变距) 等参数对旋翼及翼型失速和气流分离控制效果的影响规律。

6.6.1　试验方法

1. 翼型合成射流控制试验方法

综合考虑激励器的尺寸、数量及其在翼型模型内部的安装位置等因素，试验采用 NACA0021 翼型，合成射流激励器采用 Altec Lansing 一寸全频音箱单元，通过可拆换玻璃盖板改变合成射流出口角度，实现三种典型射流偏角的转换。翼型模型与合成射流激励器参数如表 6-2 所示。

表 6-2　翼型模型与合成射流激励器参数

参数	数值
弦长 × 展长	200mm×360mm
射流出口宽度 × 缝长	1.5mm×20mm
射流出口角度/(°)	30、60、90
激励器 A1 弦向位置	$0.15c$
激励器 A2 弦向位置	$0.4c$

翼型失速及其合成射流控制试验在南京航空航天大学 $\phi0.75$m 低速开口回流式风洞内进行，试验段截面为圆形。试验主要包括模型气动力测量、翼型流场的 PIV 测速、边界层速度型测定等。为避免翼尖涡扰动产生的下洗流引起翼型迎角减小，进而影响翼型气动力测量的精度，在翼型模型端面添加端板。气动力测试系统由六分量盒式气动力天平、直流稳压电源、精密信号放大器、16 位数据采集卡、采集控制计算机及专用测试软件组成。PIV 测试系统包括双脉冲激光源、片光元件、CCD 相机、同步器、Insight 3G 处理软件及示踪粒子发生器等。

图 6-59 给出了翼型气动力测量试验中的设备安装图和 PIV 流场测量试验现场图。试验来流风速范围为 5 ~ 25m/s，基于翼型弦长的雷诺数最大约为 3.0×10^5。风洞湍流度为 1.2%，由湍流度与雷诺数的相似性可知，当湍流度较大时，翼型绕流的边界层表现为湍流形态，湍流边界层相对于层流边界层更难分离，使翼型失速迎角偏高。为测量射流控制下的翼型失速迎角，设置翼型迎角范围为 $-6° \sim 30°$，合成射流激励器电压范围为 0 ~ 5V，其中 0V 为无控制状态。

(a) 气动力测量   (b) PIV 试验

图 6-59 翼型合成射流控制试验现场

图 6-60 给出了模型气动力测量和翼型流场 PIV 测量试验原理图。试验中翼型迎角的变化通过迎角自动变换设备实现。为提高 CCD 相机对翼型局部流场信息的捕捉精度,将 PIV 有效测量区域缩小,并划分三个测量区域 (区域Ⅰ、区域Ⅱ、区域Ⅲ) 以实现对翼型表面附近流动区域的全面覆盖。

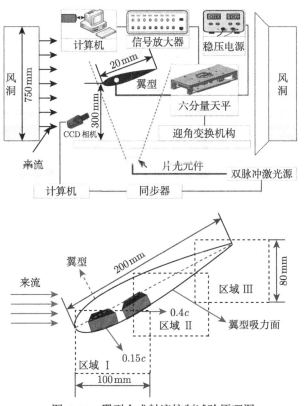

图 6-60 翼型合成射流控制试验原理图

2. 旋翼合成射流控制试验方法

1) 桨叶模型与合成射流激励器阵列

旋翼翼型同样选择 NACA0021 翼型，弦长为 0.2m。旋翼半径为 1.2m，根切为 0.2m。通过三个具有不同出口角度的盖板 (30°、60° 和 90°) 来实现合成射流角度的变化。射流出口分别设置于 $0.15c$ 和 $0.4c$ 处，在展向上共有 9 个激励器单元。表 6-3 给出了桨叶与合成射流激励器的具体参数。图 6-61 给出了合金桨叶、盖板结构和激励器安装示意图。

表 6-3　桨叶与合成射流激励器具体参数

参数	数值	参数	数值
弦长/m	0.2	展向位置	$0.55R \sim 0.85R$
半径/m	1.2	展向间距	$0.05R$
射流出口宽度 × 长度	1.5mm×20mm	激励器尺寸	40mm×33mm×14mm
射流出口角度/(°)	30、60、90	弦向位置	$0.15c$、$0.4c$

为了确保桨叶的结构强度和足够的内部空间，合金桨叶采用框架–蒙皮结构，如图 6-61 所示。框架由主梁、三种肋片 (厚肋片、薄肋片和 C 型肋片) 和两种盖板支撑梁组成，所有肋片都进行了镂空处理以减小重量并避免重心前移。激励器的输入信号通过集流环从地面信号发生器传输到盖板线路上，盖板通过螺钉固定在桨叶上，以方便拆卸更换。安装在盖板上的九个激励器通过并联方式连接，在安装面进行了气密性处理。

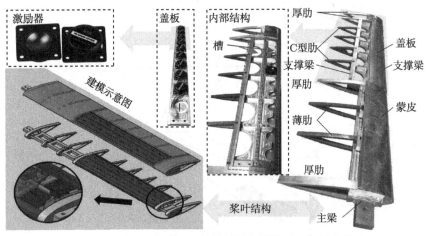

图 6-61　桨叶、盖板结构与激励器安装示意图

2) 测试设备

基于合成射流技术，在南京航空航天大学直升机旋翼动力学国家级重点实验室的低速回流风洞中进行了旋翼气动特性主动流动控制的原理性试验。试验主要包含旋翼气动力和桨叶剖面速度场的测量。气动力测量试验设备主要包括六分量天平、函数信号发生器、信号放大器、16 位数据采集卡、处理计算机等。PIV 流场测速试验设备主要包括双脉冲激光发射器、光学元件、CCD 相机、导光管、示踪粒子发生器、处理计算机等。图 6-62 给出了试验装置和试验现场布置图。

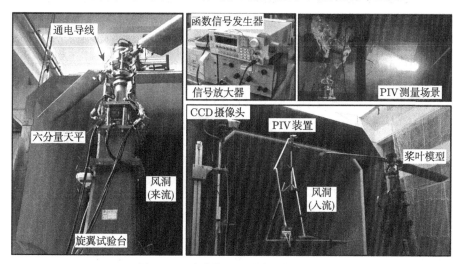

图 6-62 试验装置和试验现场布置图

3) 试验内容和方法

考虑到目前采用的合成射流激励器的射流速度较小 (小于 20m/s)，为研究合成射流对旋翼流动的控制机理和效果，在旋翼合成射流控制原理性试验中，选择较低的转速 (120r/min、180r/min 和 240r/min) 和较低的风速 (5 ~ 20 m/s)。为了测量动态失速状态下合成射流对旋翼非定常气动特性的控制效果，设置旋翼总距范围为 15° ~28°。在桨叶 $r/R = 0.8$ 剖面吸力面布置 23 个测压点，测量合成射流控制前后桨叶表面的压强系数分布情况。表 6-4 给出了试验的具体参数 (包含不旋转状态下桨叶合成射流试验)。试验中，激励器的激励电压范围为 3~5V，0V 表示无射流控制的基准状态。

图 6-63 给出了气动力和桨叶剖面流场测量设备放置示意图。通过 PIV 锁相技术测量 270° 方位角处桨叶 $r/R=0.75$ 剖面的气流速度。在桨叶旋转过程中，激励器的输入信号由地面上的函数信号发生器生成，经旋翼台上的集流环传递到桨叶内部。

表 6-4　合成射流试验主要参数

试验	风速 /(m/s)	转速 /(r/min)	旋翼工作参数			射流参数		
			$\theta_0/(°)$	$\theta_{1c}/(°)$	$\theta_{1s}/(°)$	位置	角度/(°)	电压/V
1	7.5、10	0	10~30	0	0	0.15c	90	0、5
2	5、7.5、10	120	15~28	0	−5	0.15c	30、60、90	0、3~5
3	5、7.5、10	120	15~28	0	−5	0.4c	30、60、90	0、3~5
4	7.5、10	180	15~28	0	−9	0.15c	30、60、90	0、3~5
5	7.5、10	180	15~28	0	−9	0.4c	30、60、90	0、3~5

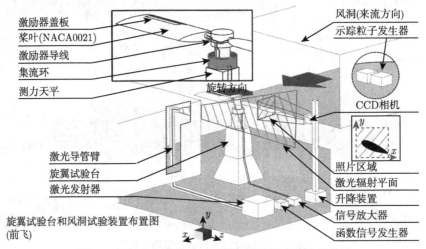

图 6-63　气动力和桨叶剖面流场测量设备放置示意图

4) 合成射流激励器特性测量

图 6-64 给出了不同激励电压和激励频率下合成射流激励器的射流平均速度分布。由图可见，射流速度与激励频率相关，随着激励频率的增加，射流速度呈先增大后减小的变化趋势，并且在激励频率约为 200Hz 时，射流速度达到极大值。基于此，在整个试验过程中均选择 200Hz 的激励频率。

6.6.2　翼型失速特性合成射流控制试验

图 6-65 给出了通过流场 PIV 测量获得的无控制时迎角 21° 下翼型吸力面的速度矢量图，来流速度为 20m/s。从图中可以看出，气流流经翼型吸力面时在区域 Ⅰ 生成前缘分离涡，分离涡进一步诱导产生大范围的气流分离现象，区域 Ⅱ 和区域 Ⅲ 则处于失速的回流区中。气流分离和回流区的出现最终导致翼型升力系数的下降，意味着翼型失速状态的出现。

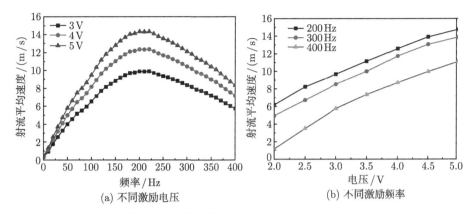

(a) 不同激励电压   (b) 不同激励频率

图 6-64 不同激励电压和激励频率下合成射流激励器的射流平均速度分布

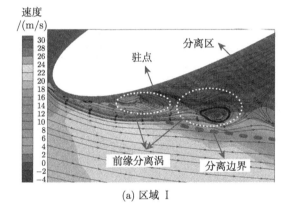

(a) 区域 Ⅰ

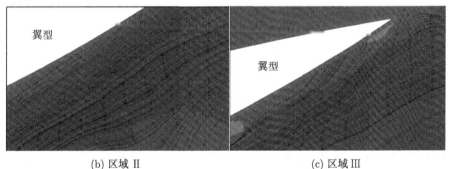

(b) 区域 Ⅱ   (c) 区域 Ⅲ

图 6-65 翼型吸力面速度矢量图

开启翼型吸力面距前缘 $0.15c$ 处的合成射流激励器,射流偏角为 $90°$。图 6-66 给出了合成射流控制下翼型升力系数及吸力面流线图,同时给出了控制状态翼型表面流线 ($U_{\text{jet}}=5\text{V}$)。由图可以看出,合成射流控制能够有效抑制翼型前缘发生的大范围气流分离,使分离点位置向翼型后缘移动,分离区范围明显减小,由此使翼型最大升力系数大幅提高,翼型失速迎角显著增大,当射流激励电压为 5V 时,最大升力系数提高约 9.63%,翼型失速迎角提高 3° 左右。

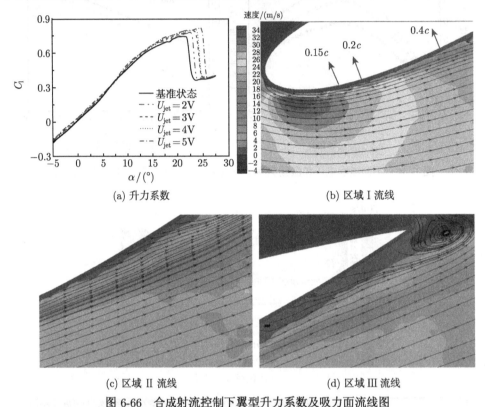

(a) 升力系数　　　　　　　　　　　　　　(b) 区域 I 流线

(c) 区域 II 流线　　　　　　　　　　　　(d) 区域 III 流线

图 6-66　合成射流控制下翼型升力系数及吸力面流线图

6.6.3　翼型失速特性合成射流控制参数影响试验

1) 射流速度的影响

图 6-67 给出了在来流速度为 15m/s 和 20m/s、迎角为 17° 和 21° 时,激励器 A1 在不同电压条件下的翼型升力系数控制效果对比,射流偏角分别为 30°、60° 和 90°。从图中可以看出,随着激励电压 (射流速度) 的增大,合成射流对翼型升力的整体控制效果更好。这是因为随着峰值速度的增大,合成射流对翼型主流的扰动作用更加强烈,一方面增加了边界层内外层气流的掺混作用,另一方面给边界层注入更多的能量,从而可以更为有效地增强剪切层的稳定性,抑制翼型表面气流的分离,进一步提高翼型的升力。

图 6-68 给出了来流速度为 20m/s 时 PIV 测量区域 II 在射流激励电压 3V 和 5V 条件下的流场对比。从图中可以看出,激励电压越大,具有更大动量的射流的扰动使得主流更偏向于翼型表面,从而促使气流分离点向翼型后缘移动。

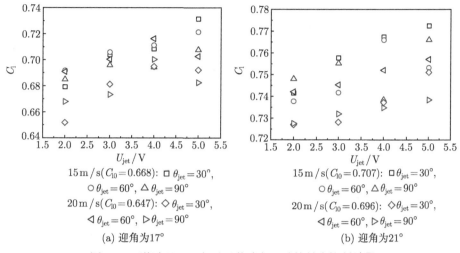

$15\,\mathrm{m/s}(C_{l0}=0.668)$: $\square\,\theta_{\mathrm{jet}}=30°$,
$\bigcirc\,\theta_{\mathrm{jet}}=60°$, $\triangle\,\theta_{\mathrm{jet}}=90°$
$20\,\mathrm{m/s}(C_{l0}=0.647)$: $\diamondsuit\,\theta_{\mathrm{jet}}=30°$,
$\triangleleft\,\theta_{\mathrm{jet}}=60°$, $\triangleright\,\theta_{\mathrm{jet}}=90°$

(a) 迎角为17°

$15\,\mathrm{m/s}(C_{l0}=0.707)$: $\square\,\theta_{\mathrm{jet}}=30°$,
$\bigcirc\,\theta_{\mathrm{jet}}=60°$, $\triangle\,\theta_{\mathrm{jet}}=90°$
$20\,\mathrm{m/s}(C_{l0}=0.696)$: $\diamondsuit\,\theta_{\mathrm{jet}}=30°$,
$\triangleleft\,\theta_{\mathrm{jet}}=60°$, $\triangleright\,\theta_{\mathrm{jet}}=90°$

(b) 迎角为21°

图 6-67　激励器 A1 在不同激励电压时的射流控制效果

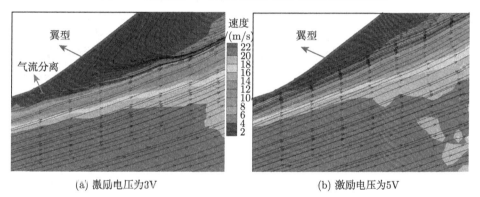

(a) 激励电压为3V

(b) 激励电压为5V

图 6-68　不同激励电压对流动控制效果的对比 (射流偏角为 30°)

图 6-69 给出了 22°、23° 迎角状态下翼型升力系数随激励电压的变化关系。由图可知, 合成射流能够明显改善失速状态下翼型的气动特性。与此同时, 射流激励电压越大, 合成射流对翼型升力系数的提升越明显。此外, 随着翼型迎角的增大, 较小激励电压的射流扰动对分离流的干扰作用逐渐削弱甚至消失。这是因为随迎角的增大, 翼型上表面气流分离进一步向前缘移动, 而射流速度较小时, 射流对大分离流的局部扰动 (输入能量) 不足以控制相对速度较大的逆向流动。

2) 射流偏角的影响

在一系列来流状态 (速度为 $10\sim25\mathrm{m/s}$) 下采用不同偏角的射流对翼型绕流分别进行控制, 介绍射流偏角对翼型失速控制的影响。图 6-70 给出了在不同激励电压和来流速度时, 不同射流偏角的合成射流在推迟翼型失速和提高翼型最大升力系数方面效果的对比。

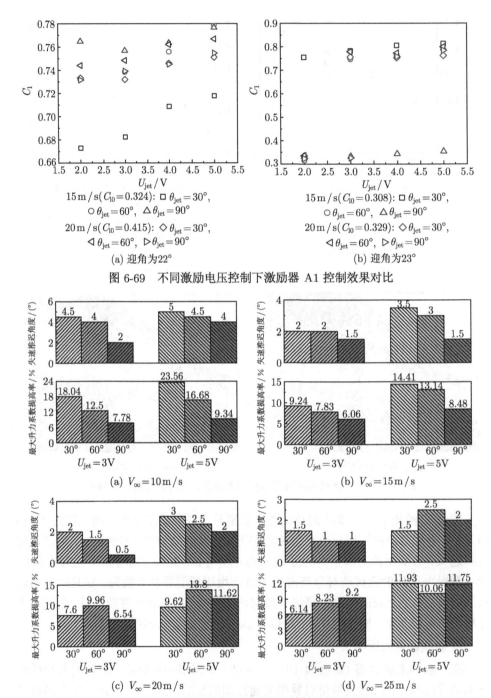

图 6-69　不同激励电压控制下激励器 A1 控制效果对比

图 6-70　射流偏角对翼型失速特性的影响对比

当来流速度小于 15m/s 时，合成射流的控制效果随射流偏角的增大而减弱。一方面，这是因为在较小来流速度下，射流速度与来流速度差距较小 (甚至大于来流速度)，此时，翼型近切向的合成射流 (射流偏角小) 有利于向主流注入能量，增强附面层内气流的稳定性；另一方面，法向射流由于其速度接近 (或超过) 主流速度，有改变翼型虚拟气动外形的作用，可能由于干扰作用过大，虚拟气动外形的变化过大，使控制效果减弱。

随着来流速度的增大 (20m/s)，射流偏角对翼型升力系数和失速迎角控制效果的影响减弱。这主要是因为射流速度比来流速度更小时 (如激励电压为 3V)，射流在增加主流能量方面的作用受射流偏角的影响减弱。

在来流速度为 25m/s 时，射流偏角对翼型气动特性控制的影响机理与小来流状态有所不同。此时，射流对翼型绕流的干扰作用主要体现在射流对边界层内外层气流的掺混作用。射流速度相对较大情况下，射流偏角为 90° 时对最大升力系数的控制效果更好；而射流速度较小情况下，射流偏角为 30° 时对最大升力系数的控制效果稍好。

这些试验结果表明，射流偏角对翼型气动特性控制效果的影响较为复杂，并非某一偏角的射流在任意来流状态均能表现出显著的优势，射流偏角对控制效果的影响很大程度上取决于射流动量系数，即射流速度和来流速度的关系。当射流速度接近或大于来流速度时，射流偏角越小，控制效果越好；与此不同，当射流速度与来流速度的比值小到一定程度时，较大的射流偏角有利于获得更佳的控制效果。

3) 射流位置的影响

图 6-71 为不同来流速度、射流偏角和射流速度下激励器 A1 和激励器 A2 控制翼型失速效果对比。由图可知，在推迟翼型失速迎角方面，激励器 A1 的控制效果普遍优于激励器 A2。这是因为翼型失速主要源于翼型前缘附近的大范围气流分离，激励器 A1 更靠近前缘分离点，因而激励器 A1 产生的射流能够有效地增强分离点附近的分离剪切层的掺混，并直接向边界层内注入能量，从而与分离剪切层产生强烈的干扰作用，进而对失速情况下的分离现象进行更直接有效的控制。

4) 来流速度的影响

图 6-72 给出了不同控制参数的激励器 A1 在不同来流速度时的控制效果对比。从图中可以看出，在射流激励电压固定的情况下，随着来流速度的增大，射流动量系数减小，使射流对翼型表面气流的局部干扰作用减小，从而引起射流在提高翼型失速迎角和升力方面的效果减弱。

如图 6-72(b) 所示，对于更高速度的近切向射流，其在不同来流速度下对翼型升力的控制效果差距更大，表明近切向射流受射流动量系数的影响较大。这是因为近切向射流在翼型流动控制中的作用主要体现在对边界层的能量输入，使射流的控制效果受来流速度影响较大：当射流注入的能量在主流能量中占很大比例时，合成射流的控制作用更为显著；而当射流速度与来流速度相比更小时，射流为主流注入的能量在主流中占很小比例，射流对分离的控制效果会有所下降。

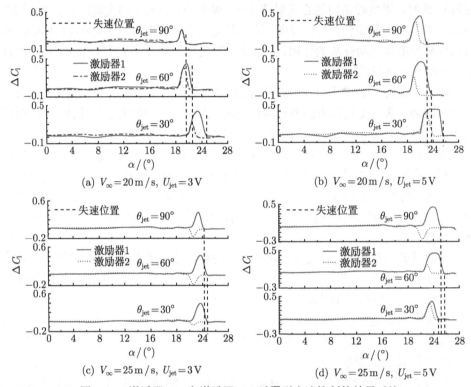

图 6-71　激励器 A1 和激励器 A2 对翼型失速控制的效果对比

与近切向射流不同，在分离点附近的法向射流受来流速度的影响相对较小。如图 6-72(f) 所示，在来流速度为 $10 \sim 25\mathrm{m/s}$ 时，法向射流在增大翼型失速迎角和翼型升力系数方面的效果基本不随来流速度的改变而变化。这主要是因为法向射流对翼型流动的控制效果主要体现在增加了边界层内外层气流之间的扰动作用。一方面，由于在不同来流速度下边界层内气流速度均较小，法向射流在控制翼型流动方面的作用受来流速度的影响相对较小；另一方面，在来流速度相对较大时，边界层内外层气流速度差变大，法向射流在增强边界层掺混方面的作用也相对更突出。

图 6-73 更为直观地给出了不同射流条件下翼型最大升力系数增量和失速迎角增量随来流速度的变化。从图中可以看出，在较低来流速度下，随着射流速度的增大，翼型失速迎角也越大，并且射流偏角越小，控制效果越突出。随着来流速度的增大，当射流速度不变时，合成射流在推迟翼型失速迎角方面的作用相对减弱。

值得注意的是，当来流速度大于 20m/s 时 (来流速度大于射流速度峰值)，法向射流对翼型失速的控制效果也会有所提升。这是因为当射流速度比来流速度小时，法向射流对边界层内外层气流的掺混作用更为显著，从而有利于增强边界层的稳定性，并进一步延缓失速。

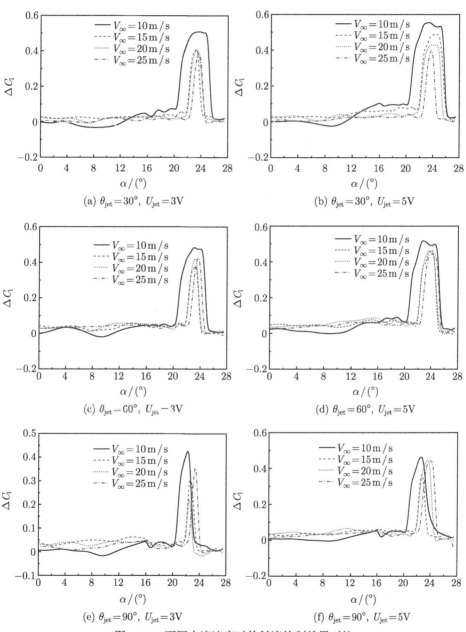

图 6-72 不同来流速度时的射流控制效果对比

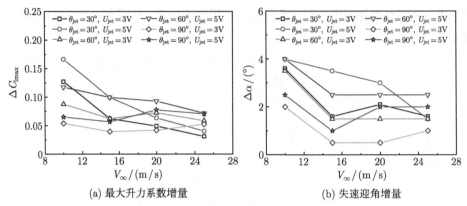

(a) 最大升力系数增量　　　　　　　　　(b) 失速迎角增量

图 6-73　不同射流条件下翼型最大升力系数增量及失速迎角增量对比

6.6.4　旋翼合成射流控制原理性试验

在翼型失速特性合成射流控制试验基础上,结合数值模拟与试验获得的结论,进一步介绍基于合成射流技术的旋翼气动特性的主动流动控制原理性试验。

1. 桨叶不旋转状态合成射流控制试验

将桨叶固定于 90° 方位角处,类似于机翼状态,试验研究不旋转状态下合成射流对桨叶气动特性的控制效果。图 6-74 给出了不旋转状态下的桨叶升力对比,来流速度为 10m/s,开启 $0.15c$ 位置的合成射流激励器,激励电压为 5V,射流偏角为 90°(法向)。由图可见,在不同总距下,合成射流控制下升力均有明显提升,桨叶失速迎角推迟约 1°。

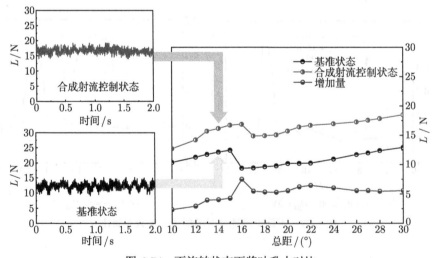

图 6-74　不旋转状态下桨叶升力对比

图 6-75 给出了控制前后桨叶 r/R=0.75 剖面的速度分布和流线图, 迎角为 17°, 来流速度为 10m/s。可以看出, 基准状态桨叶上表面有明显的气流分离现象, 导致升力下降, 在合成射流控制后, 桨叶表面气流分离现象消失, 表明合成射流具有抑制桨叶表面气流分离、改善气动特性和延迟失速迎角的能力。

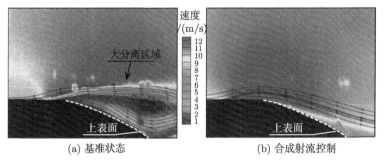

(a) 基准状态   (b) 合成射流控制

图 6-75 控制前后桨叶 $r/R = 0.75$ 剖面速度分布和流线图 (见彩图)

图 6-76 给出了 $0.15c$ 和 $0.4c$ 处合成射流激励器在不同激励电压时的桨叶升力

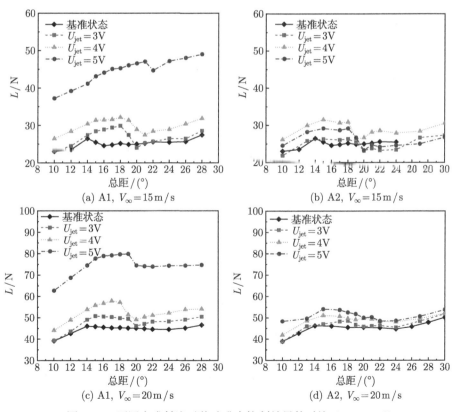

(a) A1, $V_\infty=15\,\mathrm{m/s}$ (b) A2, $V_\infty=15\,\mathrm{m/s}$

(c) A1, $V_\infty=20\,\mathrm{m/s}$ (d) A2, $V_\infty=20\,\mathrm{m/s}$

图 6-76 不同合成射流对桨叶升力控制效果的对比 $(\theta_{\mathrm{jet}} = 90°)$

对比，来流速度分别为 15m/s 和 20m/s，射流偏角均为 90°。由图可以看出，合成射流的控制能够有效提升桨叶的升力并推迟桨叶失速，且合成射流的激励电压 (射流速度) 越大，对桨叶升力的控制效果越好。此外，由不同射流激励器的控制效果可以发现，更靠近桨叶前缘的射流激励器 (A1，0.15c) 对桨叶气动特性的改善效果更明显，这也与二维翼型情况下合成射流的控制规律一致。

图 6-77 进一步给出了合成射流控制下通过测压试验获得的桨叶 $r/R=0.8$ 剖

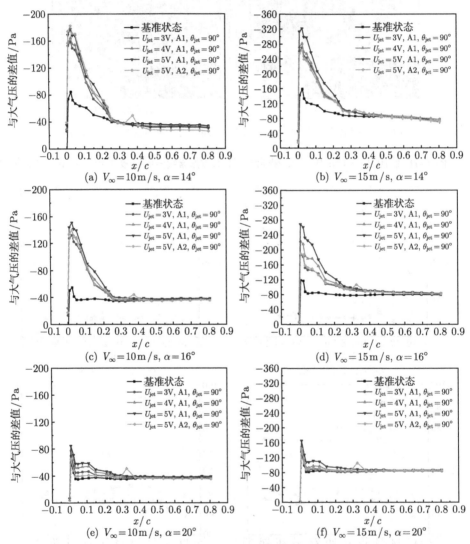

图 6-77　桨叶 $r/R=0.8$ 剖面吸力面压强测量值与当地大气压的差值对比

面吸力面压强与当地大气压的差值对比，来流速度分别为 10m/s 和 15m/s，射流偏角均为 90°。由图可见，合成射流可以扩大桨叶前缘附近的负压区范围，增大负压峰值并降低逆压梯度，有利于提高桨叶的升力并推迟失速，并且射流激励电压越大，控制效果越好；随着桨叶迎角的增大，合成射流对桨叶升力及失速的控制效果逐渐减弱。此外，在小来流速度 (10m/s) 时，桨叶失速之前 ($\alpha = 14°$)，0.4c 处射流的控制效果与 0.15c 处的射流相当，而随着来流速度的提高和桨叶迎角的增大，0.4c 处射流的控制效果逐渐弱于 0.15c 处的射流。

2. 旋翼合成射流控制试验

首先，试验分析了悬停状态下合成射流对旋翼拉力 (T) 的控制效果，开启 0.15c 位置的合成射流激励器，射流偏角设置为 90°，激励电压为 5V，旋翼转速分别为 180r/min 和 240r/min。图 6-78 给出了悬停状态下有无合成射流控制时旋翼拉力对比。可以看出，在两组旋翼转速状态下，合成射流均能有效提升旋翼拉力；并且随着旋翼总距的增大，合成射流对旋翼拉力的提升量略有增大。

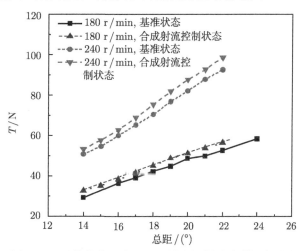

图 6-78 悬停状态下有无合成射流控制时旋翼拉力对比

然后，在前飞状态下试验研究合成射流对旋翼气动特性的控制效果，旋翼转速为 120r/min 和 180r/min，来流速度为 7.5m/s，开启 0.15c 位置的合成射流激励器，射流偏角为 90°，激励电压为 5V。图 6-79 给出了前飞状态下有无合成射流控制时旋翼拉力对比。由图可见，合成射流控制后，旋翼拉力明显增加，表明合成射流在前飞状态下具有改善旋翼气动特性的能力。

通过 PIV 系统和锁相技术测量桨叶剖面速度场，图 6-80 给出了 270° 方位角处桨叶 r/R=0.75 剖面的水平方向速度，旋翼总距为 15°，转速为 120r/min，来流速度为 7.5m/s。流线由相对水平速度 u_r 和法向速度 v 构成。由图可见，由于较大的当地迎角，在桨叶上表面出现大范围的气流分离。图 6-81 给出了合成射流控制下桨叶剖面流线图。可以看出，尽管上表面仍存在气流分离现象，但与图 6-80 相比，分离区域明显减小。这意味着合成射流可以有效地抑制后行桨叶的气流分离现象，从而改善前飞状态下后行桨叶的动态失速特性。

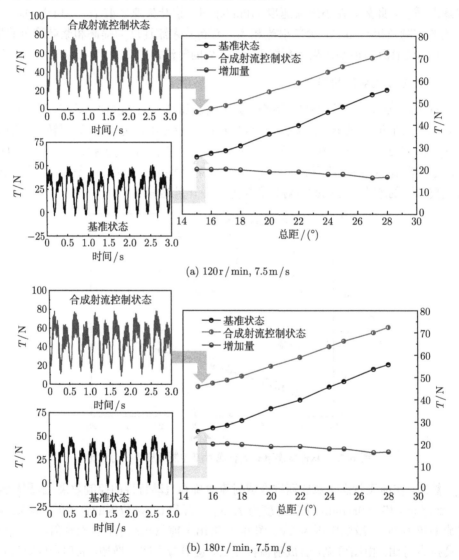

图 6-79　前飞状态下有无合成射流控制时旋翼拉力对比

　　图 6-82 给出了不同旋翼工作状态下合成射流位置及射流角度对旋翼拉力的控制效果对比。如图所示，由于激励器 A1 更靠近桨叶前缘 (分离点位置)，其对旋翼

拉力的提升效果明显优于激励器 A2。与此同时可以发现，激励器 A1 射流偏角为
90° 时对旋翼拉力的提升效果最好，30° 时次之。这是因为激励器 A1 处于分离区
内且靠近分离点位置，法向射流有利于增强边界层内外层气流的掺混，而近切向射
流可以有效向边界层内注入能量，中等射流角度的法向、切向速度分量均较小，对
分离流的控制效果减弱。激励器 A2 由于处于完全的分离区内，射流的掺混作用严
重削弱，合成射流对分离流的控制作用主要体现在向分离流注入能量，因而激励器
A2 的射流角度为 30° 时控制效果最好，射流角度越大，控制效果越弱。

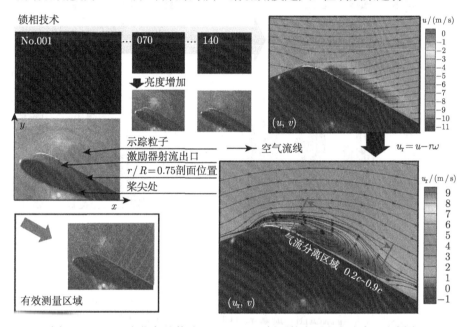

图 6-80　270° 方位角处桨叶 $r/R = 0.75$ 剖面的水平方向速度 (见彩图)

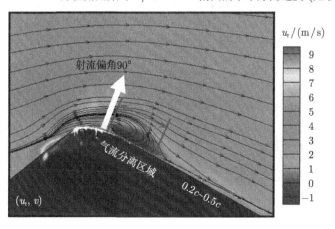

图 6-81　合成射流控制下桨叶剖面流线图 (见彩图)

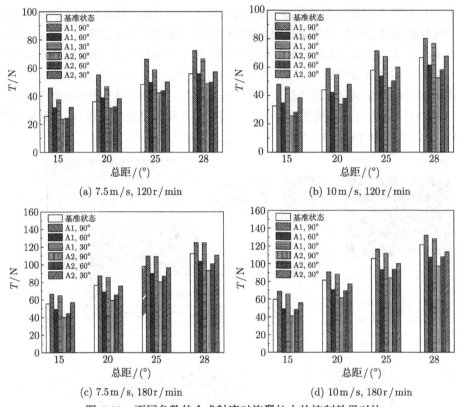

(a) 7.5 m/s, 120 r/min

(b) 10 m/s, 120 r/min

(c) 7.5 m/s, 180 r/min

(d) 10 m/s, 180 r/min

图 6-82　不同参数的合成射流对旋翼拉力的控制效果对比

　　图 6-83 给出了不同旋翼工作状态及不同射流偏角下 270° 方位角处桨叶 $r/R=$ 0.75 剖面的速度分布与流线图，旋翼转速为 120 r/min，总距为 20°，来流速度为 7.5m/s。可以看出，合成射流控制可以有效抑制桨叶表面的气流分离，并且射流偏角为 30° 时，气流分离现象几乎消失，射流偏角为 90° 时控制效果次之，这与合成射流对旋翼拉力的控制效果一致。

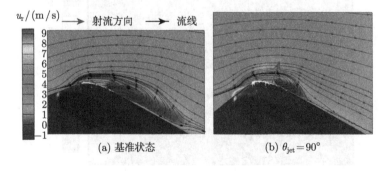

(a) 基准状态

(b) $\theta_{jet} = 90°$

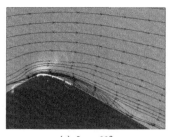 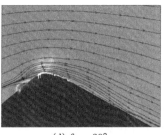

(c) $\theta_{\text{jet}} = 60°$ (d) $\theta_{\text{jet}} = 30°$

图 6-83　激励器 A1 控制下 270° 方位角处桨叶 $r/R = 0.75$ 剖面的流场速度分布与流线图

参 考 文 献

陈希. 2019. 旋翼结冰的高精度数值模拟与防/除冰方法研究. 南京: 南京航空航天大学.

顾蕴松, 李斌斌, 程克明. 2010. 斜出口合成射流激励器横流输运特性与边界层控制. 航空学报, 31(2): 231-237.

韩忠华. 2007. 旋翼绕流的高效数值计算方法及主动流动控制研究. 西安: 西北工业大学.

韩忠华, 宋文萍, 乔志德. 2009. OA212 翼型主动流动控制的数值模拟研究. 空气动力学学报, 27(6): 639-644.

郝礼书, 乔志德, 宋文萍. 2009. 翼型分离流动主动控制实验. 航空动力学报, 24(8): 1759-1765.

明晓. 1988. 钝体尾流的特性及控制. 南京: 南京航空航天大学.

孙圣舒, 顾蕴松, 陈勇亮, 等. 2017. 低雷诺数自由翼斜出口合成射流分离流流动控制. 空气动力学学报, 35(2): 277-282.

张攀峰, 王晋军, 冯立好. 2008. 零质量射流技术及其应用研究进展. 中国科学, 38(3): 321-349.

赵国庆. 2015. 直升机旋翼非定常动态失速的 CFD 模拟及其主动流动控制研究. 南京: 南京航空航天大学.

赵国庆, 招启军, 顾蕴松, 等. 2015. 合成射流对失速状态下翼型大分离流动控制的试验研究. 力学学报, 47(2): 351-355.

Amitay M, Washburn A E, Anders S G, et al. 2004. Active flow control on the stingray UAV: transient behavior. AIAA Journal, 42(11): 2205-2215.

Dindar M, Jansen K, Hassan A A. 1999. Effect of transpiration flow control on hovering rotor blades. AIAA Paper, 99-3192.

Donovan J F, Kral L D, Cary A W. 1998. Active flow control applied to an airfoil. AIAA Paper, 98-210.

Hassan A A. 1998. Numerical simulations and potential applications of zero-mass jets for enhanced rotorcraft aerodynamic performance. AIAA Paper, 1998-211.

Hassan A A, JanakiRam R D. 1997. Effects of zero-mass synthetic jets on the aerodynamics of the NACA0012 airfoil. AIAA Paper, 97-2326.

Hassan A A, Munts, E A. 2000. Transverse and near-tangent synthetic jets for aerodynamic flow control. AIAA Paper, 2000-4334.

Hassan A A, Nagib H, Wygnanski I. 2002. Oscillatory jets-benefits and numerical modeling issues//Presented at the 58th Annual Forum of the American Helicopter Society.

Hites M, Nagib H, Baehar T. 2001. Enhanced performance of airfoils at moderate Mach numbers using zero- mass flux pulsed blowing//The 39th Aerospace Sciences Meeting and Exhibit, Reno.

Jee S K, Lopez O, Moser R, et al. 2009. Flow simulation of a controlled airfoil with synthetic jet//19th AIAA Computational Fluid Dynamics.

Joslin R D, Viken S A. 2001. Aerodynamic performance of an active flow control configuration using unstructured-grid RANS. AIAA Paper, 2001-0248.

Kumara A, Sahab A K, Panigrahib P K, et al. 2019. On the flow physics and vortex behavior of rectangular orifice synthetic jets. Experimental Thermal and Fluid Science, 103: 163-181.

Lee C, Hong G, Ha Q. 2003. A piezoelectrically actuated micro synthetic jet for flow control. Sensors and Actuators A: Physical, 108: 168-174.

Lopez-Mejia O D, Moser R D, Glezer A. 2011. Effects of trailing-edge synthetic jet actuation on an airfoil. AIAA Journal, 49(8): 1763-1777.

Lorber P, McCormick D, Anderson B W, et al. 2000. Rotorcraft retreating blade stall control. AIAA Paper, 2000-2475.

Manikandan R, Wilson J S, Martin P B. 2010. Interaction of synthetic jet with boundary layer using microscopic particle image velocimetry. Journal of Aircraft, 47(2): 404-422.

Monir H E, Tadjfar M, Bakhtian A. 2014. Tangential synthetic jets for separation control. Journal of Fluids and Structures, 45: 50-65.

Müller-Vahl H F, Greenblatt D. 2013. Thick airfoil deep dynamic stall and its control. AIAA Paper, 2013-0854.

Müller-Vahl H F, Nayeri C N, Paschereit C O, et al. 2016. Dynamic stall control via adaptive blowing. Renewable Energy, 97: 47-64.

Nagib H, Greenblatt D, Kiedaisch J. 2001. Effective flow control for rotorcraft applications at flight Mach number//31st AIAA Fluid Dynamics Conference and Exhibit, Anaheim.

Ravindran S S. 1999. Active control of flow separation over an airfoil. NASA/TM- 1999-209838.

Rehman A, Kontis K. 2006. Synthetic jet control effectiveness on stationary and pitching airfoils. Journal of Aircraft, 43(6): 1782-1789.

Rice T T, Taylor K, Amitay M. 2019. Wind tunnel quantification of dynamic stall on an S817 airfoil and its control using synthetic jet actuators. Wind Energy, 22(1): 21-33.

Rizzetta D P, Visbal M V, Stanek M J. 1998. Numerical investigation of synthetic jet flowfields. AIAA Paper. 98-2910.

Seifert A, Bachar T, Wygnanski I. 1993a. Oscillatory blowing, a tool to delay boundary layer separation. AIAA Paper, 93-0440.

Seifert A, Daraby A, Nishri B, et al. 1993b. The effects of forced oscillations on the performance of airfoils. AIAA Paper, 93-3264.

Smith B L, Glezer A. 1994. Vectoring of a high aspect ratio rectangular air jet using a zero net-mass-flux control jet. Bulletin of the American Physical Society: 39.

Smith B L, Glezer A. 1997. Vectoring and small-scale motions effected in free shear flows using synthetic jet actuators//35th AIAA Aerospace Sciences Meeting, Reno.

Smith B L, Glezer A. 1998. The formation and evolution of synthetic jets. Physics of Fluids, 10(9): 2281-2297.

Woo G T K, Glezer A. 2011. Transitory control of dynamic stall on a moving airfoil. AIAA Paper, 2011-489.

Yen J S Y, Ahmed N A. 2013. Role of synthetic jet frequency & orientation in dynamic stall vorticity creation. AIAA Paper, 2013-3165.

Zhao G Q, Zhao Q J. 2013a. Numerical simulations for active flow control of helicopter rotor based upon synthetic jet. Transactions of Nanjing University of Aeronautics & Astronautics, 30:16-22.

Zhao G Q, Zhao Q J. 2013b. Active flow control on separation and post-stall of rotor airfoil by using synthetic jet and parametric analyses//ARF 2013 and the 4th International Basic Research Conference on Rotorcraft Technology, Tianjin: 577-586.

Zhao G Q, Zhao Q J. 2014. Parametric analyses for synthetic jet control on separation and stall over rotor airfoil. Chinese Journal of Aeronautics, 27(5):1051-1061.

Zhao G Q, Zhao Q J, Gu Y S, et al. 2016. Experimental investigations for parametric effects of dual synthetic jets on delaying stall of a thick airfoil. Chinese Journal of Aeronautics, 29(2): 346-357.

Zhao Q J, Chen X, Ma Y Y, et al. 2018. Investigations of synthetic jet control effects on helicopter rotor in forward flight based on the CFD method. Aeronautical Journal, 122: 1102-1122.

Zhao Q J, Ma Y Y, Zhao G Q. 2017. Parametric analyses on dynamic stall control of rotor airfoil via synthetic jet. Chinese Journal of Aeronautics, 30(6): 1818-1834.

Zhou Y, Xia Z X, Luo Z B, et al. 2019. Characterization of three-electrode sparkjet actuator for hypersonic flow control. AIAA Journal, 57(2): 879-885.

Ziadé P, Feerob M A, Sullivanc P. 2018. A numerical study on the influence of cavity shape on synthetic jet performance. International Journal of Heat and Fluid Flow, 74: 187-197.

第7章　智能旋翼主动流动控制方法

旋翼的翼型配置、气动外形及其运动规律决定了旋翼的气动性能，因此根据旋翼的工作状态与气流环境有针对性地调整旋翼的外形或运动参数可以直接改变旋翼气动特性。目前，通过智能旋翼 (smart rotor，也可称为主动旋翼，active rotor) 改善旋翼气动性能的研究已成为直升机旋翼空气动力学领域的一个研究热点。本章将智能旋翼划分为动态下垂前缘、动态后缘小翼与自适应旋翼三类，其中自适应旋翼主要包括旋翼变转速、变直径、智能扭转以及变剖面外形等方法。针对这几类智能旋翼主动流动控制方法分别进行介绍，分析各类主动控制方法在改善旋翼气动性能方面的作用并探索最佳控制策略。

7.1　动态下垂前缘方法

通过改变翼型前缘的局部弯度 (如前缘襟翼方法和动态下垂前缘方法) 能够很好地抑制动态失速涡的强度 (Geissler et al.，2007)。尽管通过前缘襟翼能够极大程度地提高翼型 (机翼) 的升力，但同时前缘襟翼又是气动噪声的主要来源。相较于前缘襟翼，动态下垂前缘 (variable droop leading edge，VDLE) 在改善翼型 (机翼) 气动特性的同时，能够避免由于前缘襟翼引进的气动噪声。动态下垂前缘具备显著减小动态失速过程中翼型最大阻力系数和力矩系数的能力，同时将翼型升力系数保持在较高的水平。由于动态下垂前缘方法具备的这一优势，针对其在旋翼 (翼型) 动态失速主动流动控制方面的研究逐渐获得重视。

Perry 等 (1987) 通过试验研究了下垂前缘在提高翼型气动特性方面的作用，试验结果表明，角度固定的下垂前缘能够提高翼型最大升力系数并能够推迟翼型失速。在此基础上，Lee 和 Yee(2005) 数值模拟了固定下垂前缘策略在翼型非定常动态失速控制中的作用。结果表明，下垂前缘能够显著降低翼型最大低头力矩系数和阻力系数，并且下垂角度较大时 (文献中为 20°) 控制效果更好。在动态下垂前缘的研究方面，NASA-LRC(Langley Research Center) 的研究结果 (Yu et al.，1995) 指出，动态下垂前缘对动态失速状态下翼型气动特性的改善效果明显优于固定下垂前缘。进一步计入压缩性的影响，Chandrasekhara 等 (2004) 进行了翼型动态失速动态下垂前缘控制试验研究，试验结果也证实动态下垂前缘能够显著降低翼型最大阻力系数和低头力矩系数，并且其效果明显优于固定下垂前缘。2009 年，Bain 等在 UH-60A 直升机旋翼上设置动态下垂前缘，研究了动态下垂前缘对旋翼非定常气动特性的控制效果,数值结果表明,后行桨叶上启用动态下垂前缘可以有效降低旋翼需用功率,并提高旋翼在前飞状态的升阻比。

先期的试验和数值方面的研究已表明,动态下垂前缘在控制旋翼翼型动态失速方面有很大的应用潜力,但是由于旋翼复杂的运动特性和气动环境,在动态前缘控制旋翼及翼型非定常流场的数值模拟方面仍有很大难度。与此同时,动态下垂前缘控制翼型非定常流动的机理仍不十分明确,采用何种形式的动态下垂前缘能够更为有效地缓解动态失速现象,进而改善翼型气动特性仍在探索中。

鉴于此,本节将阐述动态下垂前缘对旋翼及翼型气动特性的控制效果,分析动态下垂前缘的运动参数对旋翼及翼型非定常气动特性改善效果的影响规律,并通过优化设计方法分析对翼型动态失速特性控制效果最优的动态下垂前缘策略。

7.1.1 动态下垂前缘的运动规律

对于设置有动态下垂前缘的旋翼翼型,动态前缘运动规律为

$$\delta = \delta_0 + \delta_{\mathrm{m}} \sin(2k^*kt) \tag{7.1}$$

式中,δ 为翼型前缘瞬时下垂角;δ_0 和 δ_{m} 分别为基准下垂角和偏转幅值;k 为翼型振荡缩减频率;k^* 为动态前缘相对于翼型振荡频率的无量纲频率。

在进行动态下垂前缘气动特性分析时,由于前缘局部外形的改变,需要进行翼型前缘附近网格点的重构。基于多项式拟合的 CST 方法,对含有动态下垂前缘的翼型进行网格点的重构。图 7-1 给出了翼型动态下垂前缘及网格点重构示意图。针对翼型重构后的流场计算贴体网格进行修正。

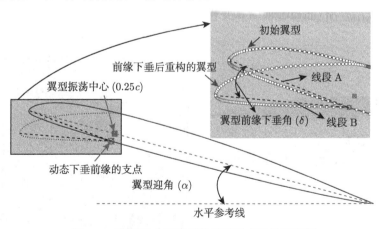

图 7-1 翼型动态下垂前缘及网格点重构示意图

为合理地表述旋翼翼型在动态失速过程中的气动特性,设置体现翼型升力、阻

力及力矩特性的优化目标函数 P_o 和约束条件 P_c，具体表示为

$$P_o = a_1 \sum_{i=1}^{N_\alpha} \max(C_d, 0) + a_2 \sum_{i=1}^{N_\alpha} |C_m|$$

$$P_c = b_1 \sum_{i=1}^{N_\alpha} (|k\alpha - C_l|) + b_2 \frac{\sigma}{C_{l\,\max}} \tag{7.2}$$

式中，C_l、C_d 和 C_m 分别为不同迎角下翼型的升力系数、阻力系数和力矩系数；N_α 为一个翼型振荡周期的计算时间步数；$C_{l,\max}$ 为一个翼型振荡周期的最大升力系数；k 为升力系数线性增长段的斜率；a_1、a_2、b_1、b_2 为非负权重系数，并且需要满足 $a_1 + a_2 = 1$ 与 $b_1 + b_2 = 1$；σ 为一正值常数，用来保证 P_c 中的升力系数最大值的倒数项与前一项有相当的值。

P_o 表征了翼型阻力和力矩特性，较小的 P_o 代表翼型动态振荡过程中有较小的阻力系数和力矩系数；P_c 在一定程度上反映了翼型升力迟滞回线偏离线性增长段的程度及最大升力系数，P_c 较小表示翼型动态失速程度较弱。

7.1.2　动态下垂前缘控制试验

美国 NASA-ARC 流体力学实验室开展了翼型动态失速的动态下垂前缘控制试验 (Chandrasekhara, 2004)，试验翼型为 VR-12 翼型，动态前缘弦向跨度为 $0.25c$。试验马赫数 Ma=0.2、0.3、0.4，雷诺数 Re=$0.7 \times 10^6 \sim 1.6 \times 10^6$，翼型迎角变化规律为 $\alpha = 10° + 10° \sin(2kt)$，翼型的缩减频率 k=0.02 $\sim$ 0.1。固定前缘下垂角时分别设置下垂角为 δ=0° $\sim$ 20°；动态下垂前缘控制时初始下垂角为 0°(迎角为 0° 时)，前缘偏转频率与翼型振荡频率相同，且保持翼型前缘局部迎角始终为 0°。图 7-2 给出了翼型气动外形、前缘位置及试验模型。

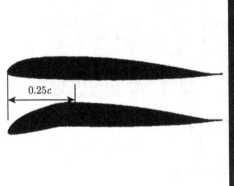

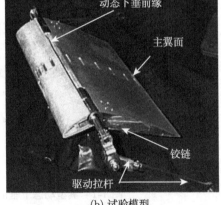

(a) 翼型外形　　　　　　　　　　　　　　　(b) 试验模型

图 7-2　VR-12 翼型试验模型

图 7-3 给出了马赫数为 0.3 状态下不同下垂前缘对翼型气动力系数的影响。可以看出，有下垂前缘控制时翼型升力系数在线性段相对于基准状态减小，并且固定下垂角时，下垂角越大，线性段升力系数越小。同时，施加下垂前缘控制时，翼型最大升力系数明显减小，突降段的升力变化趋于缓和，并且动态下垂前缘的升力下降最为平缓。从阻力系数和力矩系数的变化可以发现，下垂前缘可以明显推迟阻力和力矩的发散，并显著降低阻力系数与力矩系数峰值，并且固定下垂角越大，控制效果越好；相对于固定下垂前缘，动态下垂前缘对翼型动态失速的缓解作用更为显著。

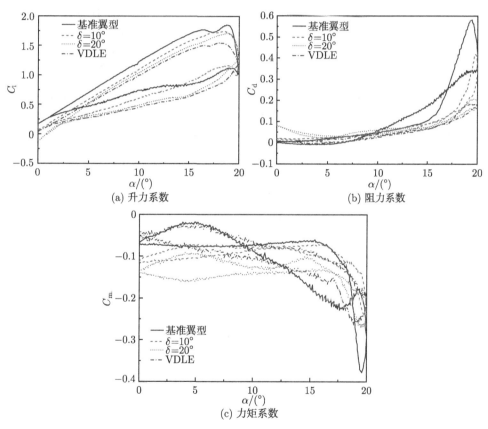

图 7-3 翼型下垂前缘对气动力系数的控制效果 ($Ma = 0.3, k = 0.1$)

7.1.3 动态下垂前缘控制旋翼翼型动态失速特性的参数分析

本节以动态下垂前缘的无量纲频率 k^*、基准下垂角 δ_0 及偏转幅值 δ_m 为对象介绍动态下垂前缘的运动参数对翼型动态失速控制效果的影响规律 (Zhao G Q and Zhao Q J，2015)。为更直观地表述参数分析中计算结果的差异，将式 (7.2) 中

定义的 P_c 和 P_o 作为旋翼翼型非定常气动特性的分析指标,表达式中的权重系数统一设定为 a_1=0.4、a_2=0.6、b_1=0.8、b_2=0.2 和 σ=10。

1) 动态下垂前缘无量纲频率的影响

首先以动态下垂前缘的无量纲频率 k^* 作为研究对象,分别在一系列无量纲频率下分析动态下垂前缘对 VR-12 翼型动态失速特性控制效果的影响。

图 7-4 给出了 P_o 和 P_c 随动态下垂前缘无量纲频率的变化情况。可以发现,无量纲频率 k^* 对动态失速过程中翼型气动特性的影响并非线性关系。整体来看,当 k^*=1 时,体现翼型阻力和力矩综合特性的 P_o 有一个最小值,表明当前缘的偏转频率与翼型振荡频率相同时,动态前缘对翼型阻力和力矩发散的控制效果最好。当 k^* >4 时,随着 k^* 的增大,P_o 值的变化幅度很小。与 P_o 的变化情况不同,代表动态失速过程中翼型升力特性的 P_c 值变化情况更为复杂,P_c 在 k^* 约为 1 附近时也有一个最小值。总体而言,当 k^* > 1.0 时,P_c 值会随着无量纲频率的增大而增大,这表明翼型升力系数偏离线性段的幅度越大,即动态失速现象越明显。此外,P_o 和 P_c 在 k^*=3 时均有一个极大值,这是因为此时翼型前缘的局部迎角在翼型振荡的 90° 相位角时达到最大值,如图 7-5 所示,即翼型前缘恢复到整个翼型未变化状态,这影响了对翼型动态失速的控制效果。

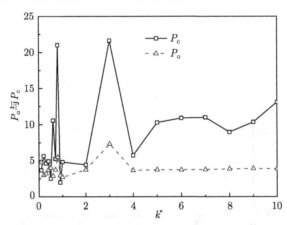

图 7-4　P_o 和 P_c 随动态下垂前缘无量纲频率 k^* 的变化情况

图 7-6 给出了不同无量纲频率的动态下垂前缘控制下翼型阻力系数和力矩系数迟滞回线对比。可以看出,当 k^*=3 时,动态前缘对翼型阻力系数和力矩系数发散的抑制效果明显减弱。

2) 动态下垂前缘偏转幅值的影响

进一步地,分析动态下垂前缘偏转幅值 δ_m 对翼型动态失速控制效果的影响。设置动态下垂前缘的无量纲频率 k^*=1,并且在分析时令 δ_0=δ_m。

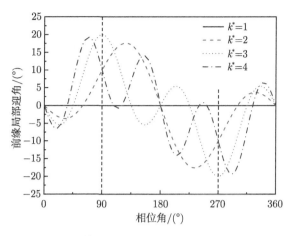

图 7-5 前缘局部迎角随相位角的变化情况

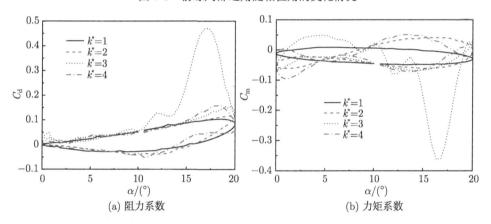

(a) 阻力系数   (b) 力矩系数

图 7-6 不同无量纲频率的动态下垂前缘控制下翼型阻力系数和力矩系数迟滞回线对比

图 7-7 给出了 P_o 和 P_c 随动态下垂前缘偏转幅值的变化情况。需要指出的是，负的偏转幅值表示翼型前缘 "上翘"。由图可以看出，当动态下垂前缘偏转幅值为负时，动态下垂前缘可能加剧翼型动态失速现象。随着前缘上翘幅值的增大，翼型动态失速下的气动特性会迅速恶化。这主要是因为翼型的上翘会增大翼型前缘的局部迎角，从而增大了翼型前缘动态失速涡的强度。而当 δ_m 为正值时，动态下垂前缘能够有效地抑制动态失速过程中翼型阻力系数和力矩系数的发散，并能够减少升力系数在翼型低头过程中的损失。随着动态下垂前缘偏转幅值的增大，P_o 会先明显减小然后呈现小幅增大的趋势，在 δ_m 约为 $7°$ 时有最小值；P_c 也是先迅速减小后逐步增大，在 $\delta_m = 2°$ 时有最小值，并且当 $\delta_m > 7°$ 时，P_c 趋于稳定。

图 7-8 给出了不同偏转幅值的动态下垂前缘控制下 VR-12 翼型阻力系数和力矩系数迟滞回线对比。随着 δ_m 从 $1°$ 增大到 $10°$，阻力系数的最大值降低，而翼型

低头力矩系数增大。

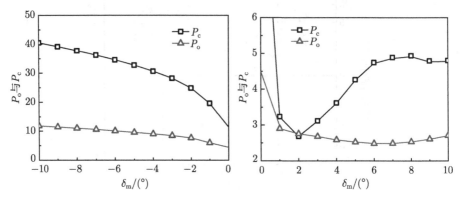

图 7-7　P_o 和 P_c 随动态下垂前缘偏转幅值 δ_m 的变化情况

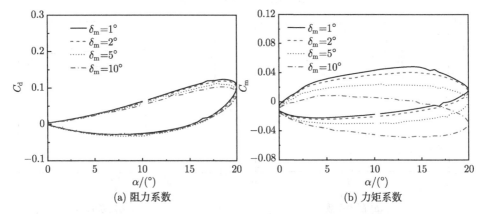

图 7-8　不同偏转幅值的动态下垂前缘控制下翼型阻力系数和力矩系数迟滞回线对比

7.1.4　动态下垂前缘控制参数的优化

在旋翼翼型动态失速的动态下垂前缘控制参数分析的基础上，本节介绍动态下垂前缘控制的参数优化方法，以更优地控制动态失速涡，并进一步提高翼型的非定常气动特性。采用效率较高、精度符合要求的代理模型方法进行动态下垂前缘主动流动控制的参数优化分析。在优化过程中，设置约束条件为 $P_c \leqslant P_{c,0}$ ($P_{c,0}$ 是翼型无控制时 P_c 值)，优化目标是获得最小的 P_o，即获得最优的翼型阻力和力矩特性。

1) k^* 和 δ_m 的组合优化

首先，将无量纲频率 k^* 和偏转幅值 δ_m 作为优化参数 (基准偏转角 $\delta_0 = \delta_m$)，进行动态下垂前缘对旋翼翼型动态失速控制的优化分析，设置样本空间的范围由表 7-1 给出，采用 PermGA LHS 方法在样本空间布置 40 个样本点。由于大的低头力矩可能会导致旋翼桨叶有很大的振动载荷，抑制翼型的力矩发散在旋翼翼型动态失速控制中起重要作用。基于此,将抑制旋翼翼型动态失速过程中过大的低头力矩作为主要优化目标,并以保持较大的升力作为约束条件,给出了式 (7.2) 中的权重系数,如表 7-1 所示。

表 7-1　样本空间的范围及 P_o、P_c 权重系数的选取

样本参数		权重系数				σ
$\delta_m/(°)$	k^*	a_1	a_2	b_1	b_2	
5~20	0.2~3	0.2	0.8	0.8	0.2	10

采用代理模型对设计空间进行拟合,并在拟合空间中选取控制效果最优的参数组合,即满足 P_o 最小并符合 P_c 约束的动态下垂前缘无量纲频率 k^* 和偏转幅值 δ_m。将所选参数代入旋翼翼型非定常流场 CFD 计算程序,若误差满足要求,则此参数组合即最终优化值,否则将该点作为样本点重新进行设计空间的拟合,直至选取参数的响应与 CFD 计算值吻合。对于 VR-12 翼型动态失速控制计算状态,最终优化所得动态下垂前缘运动参数如表 7-2 所示。可以看出,优化得到的动态下垂前缘的无量纲频率为 1 左右。

表 7-2　VR-12 翼型的优化结果

来流马赫数	优化目标	约束条件	优化参数		
			k^*	$\delta_0/(°)$	$\delta_m/(°)$
0.4	$P_o = P_{o,min}$	$P_c \leqslant P_{c,0}$	1.06	8.46	8.46

图 7-9 给出了基准状态和优化后的 P_o、P_c 值以及翼型气动力系数对比。可以看出,优化动态下垂前缘对动态失速的控制可以最大限度地提高旋翼翼型的气动特性,翼型的最大阻力系数和低头力矩系数分别减小了 79.2% 和 81.2%,翼型最大升力系数稍有增大。

2) δ_0 和 δ_m 的组合优化

截至目前,针对动态下垂前缘控制旋翼翼型动态失速的研究基本都将基准下垂角和偏转幅值设置为相同的值,并且瞬时的前缘 "上翘"(即 $\delta_0 < \delta_m$)对动态失速特性控制影响的研究仍未开展。针对这两方面的问题,本小节将动态前缘的基准下垂角和偏转幅值作为独立的参数进行优化设计,以期获得更为有效控制旋翼翼型动态失速特性的动态前缘形式。

考虑到旋翼桨叶的运动特性,不同桨叶剖面具有不同的相对来流速度,因而在多个马赫数状态下进行了旋翼翼型前缘下垂参数的多目标优化设计,以满足在桨叶不同剖面的综合气动环境下改善旋翼翼型动态失速特性的需要。VR-12 翼型动态前缘的基准下垂角和偏转幅值的样本范围设置为 $\delta_0 \geqslant 0.5°$,$\delta_m \leqslant 10°$,参照上节的优化结果,将翼型动态下垂前缘的无量纲频率设置为 $k^*=1.0$。兼顾旋翼不同剖

面的相对来流速度，设置一系列来流状态，分别为 $Ma=0.3$、0.4、0.5 和 0.6。P_o 和 P_c 的权重系数与表 7-1 中的取值相同。

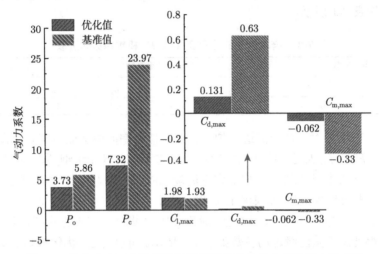

图 7-9　优化动态下垂前缘控制下翼型气动特性与基准状态的对比

首先，针对单一来流状态进行优化，表 7-3 给出了优化后动态下垂前缘的基准下垂角 δ_0 和偏转幅值 δ_m。随着来流马赫数的增大，旋翼翼型的动态失速现象会有所加剧，这时，由优化结果可知，要更好地改善动态失速时翼型的非定常气动特性，动态下垂前缘的基准下垂角和偏转幅值均随着马赫数的增大而变大。不同来流状态下，优化动态下垂前缘控制的 VR-12 翼型的阻力系数和力矩系数都显著减小，这有利于降低后行桨叶动态失速引起的桨叶振动载荷。

表 7-3　VR-12 翼型在多状态下的气动特性优化结果

来流马赫数	$P_{c,0}$	$P_{o,0}$	优化参数			
			P_c	P_o	$\delta_0/(°)$	$\delta_m/(°)$
0.3	14.62	3.50	6.00	1.74	4.40	7.81
0.4	23.97	5.86	7.43	2.02	6.10	8.54
0.5	33.24	6.44	19.58	4.10	6.58	10
0.6	42.25	7.46	30.40	5.20	9.03	9.03

此外，值得注意的是，在 $Ma=0.3\sim0.5$ 的状态下，动态下垂前缘的偏转幅值 $\delta_m>\delta_0$，即在一段时间内，翼型前缘有"上翘"的过程。这表明严格的旋翼翼型的下垂前缘可能不是最优的动态下垂前缘控制形式，在某些状态下，旋翼翼型前缘的瞬时上翘更有利于对旋翼翼型动态失速进行有效的控制。

在对 δ_m 和 δ_0 在单一来流状态优化的基础上，进行了多状态的动态下垂前缘参数综合优化，以期获得延缓旋翼后行桨叶不同剖面处动态失速的综合控制策略。

考虑到后行桨叶所处的较低马赫数来流环境，不同来流条件下的优化权重系数由表 7-4 给出，着重体现了典型后行桨叶的马赫数情况 (Ma=0.4)。通过多状态的综合优化获得翼型下垂前缘的参数为：δ_0 =7.56°，δ_m=8.78°。由此可知，相对于表 7-3 的优化结果，多目标综合优化的 δ_0 和 δ_m 值在单一状态优化值之间，并且 δ_m 仍大于 δ_0，这也体现出瞬时的前缘"上翘"在控制旋翼动态失速方面有很好的应用潜力。

表 7-4 多目标优化结果 ($\delta_0 = 7.56°, \delta_m = 8.78°$)

来流马赫数	权重系数	P_c	P_o
0.3	0.2	6.66	1.89
0.4	0.5	6.55	2.12
0.5	0.2	19.38	4.17
0.6	0.1	31.66	5.55

图 7-10 为 VR-12 翼型在基准状态的气动力分布与优化动态下垂前缘控制结果的对比。可以看出，在基准状态，随着来流马赫数的增大，翼型动态失速越明显，

(a) 基准状态的升力系数   (b) 优化后的升力系数
(c) 基准状态的阻力系数   (d) 优化后的阻力系数

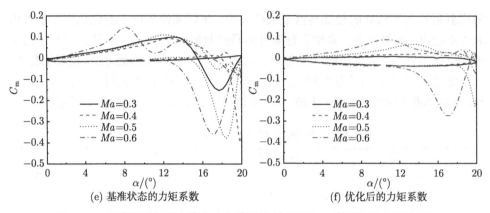

(e) 基准状态的力矩系数　　　　　　　　(f) 优化后的力矩系数

图 7-10　基准状态与综合优化动态前缘控制下 VR12 翼型气动力系数对比

阻力系数和低头力矩系数峰值越大,升力系数迟滞回线的包围面积也越大。在综合参数优化的动态下垂前缘控制下,旋翼翼型的动态失速现象在所有来流条件下均能得到显著的抑制,并且在较低的马赫数情况下,翼型的动态失速现象得以完全控制,仅表现出轻度失速的气动特性变化。

7.1.5　旋翼动态下垂前缘控制

1) 动态下垂前缘对旋翼气动特性的控制效果 (Bain et al., 2009)

以 UH-60A 直升机旋翼作为研究对象,分析动态下垂前缘对旋翼气动特性的控制效果。旋翼计算状态为前进比 0.237,桨叶拉力系数 $C_T/\sigma=0.1325$,该状态桨叶在 270° 方位角附近由于迎角过大发生动态失速,因此在该方位角附近开启动态下垂前缘控制。动态前缘设置于 $r/R=0.7 \sim 0.95$ 的展向位置,令动态前缘从 220° 方位角开始向下偏转,到 265° 方位角下垂角达最大值 15°,然后动态下垂前缘保持最大下垂角直至 305° 方位角,此后,前缘下垂角减小,直至 350° 方位角处恢复为 0°。

图 7-11 给出了桨叶 $r/R = 0.9$ 剖面的气动力对比。由图可以看出,旋翼前行侧在控制前后的气动力基本一致,仅因前行侧与后行侧的气动力配平有微小

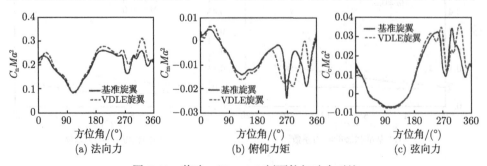

(a) 法向力　　　　　　　　(b) 俯仰力矩　　　　　　　　(c) 弦向力

图 7-11　桨叶 $r/R = 0.9$ 剖面的气动力对比

差距。在 220° 方位角处由于动态前缘开始下垂，桨叶剖面的力矩系数有所增大，但在 270° 方位角处动态失速发生时前缘的下垂大大减小了桨叶的力矩峰值。由图还可发现，动态下垂前缘的控制使旋翼拉力略微减小，而动态下垂前缘控制后旋翼反扭矩降低了 3.3%。控制前 UH-60A 直升机旋翼的升阻比为 3.39，动态下垂前缘控制后的升阻比为 3.49，提高了 2.9%。

2) 动态下垂前缘参数影响 (赵国庆，2015)

针对动态下垂前缘对旋翼非定常气动特性的控制效果进行分析，所研究的矩形桨叶旋翼由 VR-12 翼型构成，展弦比为 10，无负扭转，含 2 片桨叶，在 $r/R=0.5\sim0.8$ 桨叶段含有 $0.25c$ 的动态下垂前缘。图 7-12 给出了旋翼贴体网格示意图。

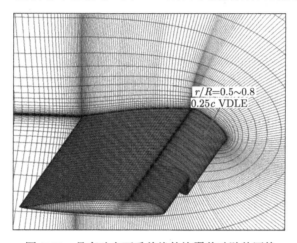

图 7-12 具有动态下垂前缘的旋翼桨叶贴体网格

(1) 动态下垂前缘偏转幅值的影响。

首先，针对动态下垂前缘的基准下垂角 δ_0 和偏转幅值 δ_m 对旋翼非定常气动特性改善效果的影响开展数值研究。计算状态为：桨尖马赫数 $Ma_{tip}=0.62$，旋翼前进比 $\mu=0.2$，旋翼桨叶在旋转一周的变距规律为 $\theta=10°-7°\sin\psi+4°\cos\psi$。动态下垂前缘的偏转幅值分别设置为 5°、10° 和 15°，基准下垂角与偏转幅值相等，参考二维情况下的分析结果，将动态下垂前缘的无量纲频率固定为 $k^*=1.0$。

图 7-13 给出了不同基准下垂角和偏转幅值的动态下垂前缘控制下旋翼气动特性对比。随着动态下垂前缘基准下垂角 δ_0 和偏转幅值 δ_m 的增大，旋翼前行侧桨叶拉力系数有所减小，而后行桨叶的拉力系数逐渐增大。前行侧桨叶扭矩系数受前缘下垂的影响较小，而在后行侧桨叶扭矩系数随 δ_0 和 δ_m 的增大而减小，这非常有利于缓解旋翼动态失速引起的大扭矩响应，进一步有助于提高直升机的前飞速度。

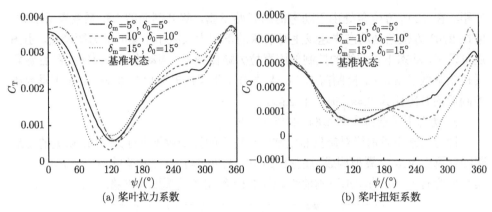

(a) 桨叶拉力系数　　　　　　　　　　　　(b) 桨叶扭矩系数

图 7-13　不同基准下垂角和偏转幅值的动态下垂前缘控制下旋翼气动特性对比

　　图 7-14 给出了在不同动态下垂前缘控制下桨叶剖面的法向力 $(C_n Ma^2)$ 分布情况对比。可以看出，在具有前缘下垂的桨叶剖面 (图 7-14(a)~(c))，前缘下垂对剖面法向力有显著影响：在桨叶前行侧，动态下垂前缘控制下桨叶剖面法向力比基准状态有所降低；在桨叶后行侧，剖面法向力比基准状态有所增大。随着 δ_0 和 δ_m 的增大，动态下垂前缘控制对法向力的这种影响更为明显。在靠近桨尖的桨叶剖面 (无前缘下垂段，如图 7-14(d) 和 (e))，尽管动态下垂前缘对剖面法向力的影响明显减弱，但是由于在 r/R =0.5~0.8 桨叶段动态下垂前缘对桨叶表面三维流动的控制作用，r/R =0.85 和 r/R =0.95 剖面的法向力相对于基准状态仍有一定改善，但不同 δ_0 和 δ_m 对控制效果的影响减弱。

　　(2) 动态下垂前缘无量纲频率的影响。

　　动态下垂前缘的基准下垂角和偏转幅值分别设置为　δ_0 =10° 和 δ_m=10°。图 7-15 给出了不同无量纲频率的动态下垂前缘控制下旋翼气动特性对比。可以看出，动态下垂前缘无量纲频率的增大会引起旋翼气动特性参数的振荡。随着无量纲

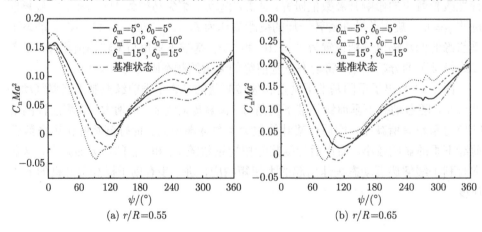

(a) r/R=0.55　　　　　　　　　　　　　(b) r/R=0.65

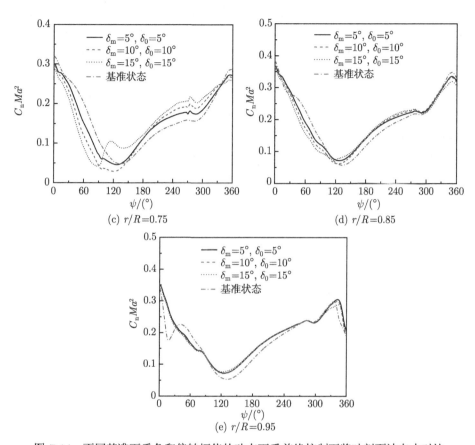

图 7-14 不同基准下垂角和偏转幅值的动态下垂前缘控制下桨叶剖面法向力对比

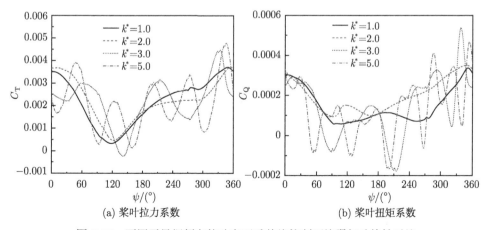

图 7-15 不同无量纲频率的动态下垂前缘控制下旋翼气动特性对比

频率的增大, 前行侧桨叶的拉力系数略有增大, 而后行侧桨叶的拉力系数有所减小, 这一效应类似于减小了动态下垂前缘的基准下垂角和偏转幅值 (图 7-13(a))。随着 k^* 的增大, 前行侧桨叶的扭矩系数稍有减小, 而后行侧桨叶扭矩系数有所增大。

图 7-16 给出了不同无量纲频率的动态下垂前缘控制下桨叶剖面法向力对比。可以看出, 在含有动态下垂前缘的桨叶段, 桨叶剖面法向力受动态下垂前缘无量纲频率的影响十分明显。而在更靠近桨尖部位的 r/R =0.85 和 0.95 剖面, 由于桨叶段无动态下垂前缘控制, 剖面法向力所受影响减小。

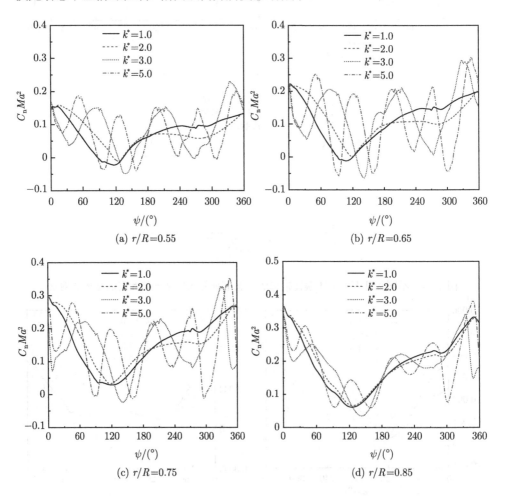

(a) r/R=0.55

(b) r/R=0.65

(c) r/R=0.75

(d) r/R=0.85

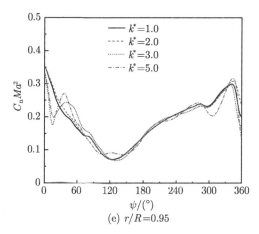

图 7-16 不同无量纲频率的动态下垂前缘控制下桨叶剖面法向力对比

7.2 后缘小翼方法

主动控制后缘小翼技术通过控制小翼合理的偏转,产生附加的气动力/力矩,影响旋翼的流场与气动弹性响应,可以实现多样化的控制目标,如抑制振动及噪声、提高旋翼性能及增加旋翼的动力学稳定性。相比于前缘,旋翼桨叶后缘部分的结构较为简单,有较大的操作空间,并且由于其结构紧凑、重量轻、需用功率小、带宽高的特点 (Viswamurthy and Ganguli, 2006),可以根据不同的需求,在每片桨叶后缘设置一片或多片后缘小翼,从而增加控制的自由度。因此,旋翼 (翼型) 后缘小翼 (trailing edge flap, TEF) 是一种很有潜力的主动流动控制方法 (Chandrasekhara, 2004)。

2000 年,Boeing 公司、NASA 等机构组成的团队针对 SMART (smart material actuated rotor technology) 旋翼 (Lau et al., 2010),开展了全尺寸的带后缘小翼智能旋翼风洞试验,验证了后缘小翼在降低旋翼振动、噪声,提高气动性能等方面的能力。2004 年,Feszty 等通过离散涡方法基于 NACA0012 翼型研究了后缘小翼对翼型力矩的影响,初步结果表明,当翼型迎角较大时,通过脉冲形式的小翼控制可以降低动态失速过程中翼型附加的低头力矩峰值。随后,Hassan 等 (2005) 开展了带后缘小翼的 HH-06 和 HH-10 两个翼型的风洞试验,研究结果表明,小翼偏置的尺寸对翼型力矩和阻力影响显著。

Eurocopter 的 ADASYS 旋翼项目于 2005 年 9 月 8 日在德国实现了后缘小翼智能旋翼直升机的首次试飞 (Dieterich et al., 2006;Roth et al., 2006),标志着旋翼后缘小翼技术研究达到了一个新高度。2006 年,Krzysiak 和 Narkiewicz 对带有后缘小翼的 NACA0012 翼型进行了低缩减频率状态下的风洞试验,研究了后缘小翼的不同运动频率和相位差对翼型非定常气动载荷的影响。2009~2011 年,Eurocopter 进行了名为 Blue Pulse 的新一轮带后缘小翼智能旋翼的直升机飞行试验 (Rabourdin et al., 2014), 试验验证机以 EC145 直升机为原型。与 ADASYS 验证机相比, 可以选择使用单片小翼或者多片小翼, 在抑制振动和噪声的同时, 提高直升机 "地面共振" 和 "空中共振" 的稳定性。

2011 年, Lee 和 Su 对低速状态下带后缘小翼的 NACA0015 翼型进行了风洞试验, 后缘小翼按正弦规律偏转。试验结果进一步说明后缘小翼对动态载荷迟滞回线有很大影响, 且情况较为复杂, 尚未有定性的结论; 但是通过试验研究, 发现正弦运动形式的后缘小翼可以有效地抑制翼型阻力和力矩系数发散。2012 年, Gerontakos 和 Lee 对带有脉冲形式后缘小翼运动的 NACA0015 翼型在动态失速情况下的气动力进行了测量, 发现脉冲形式的后缘小翼相对于翼型振荡规律作用越晚, 对力矩系数的控制效果越好。

国内通过后缘小翼控制旋翼动态失速的研究较少。王进等 (2011) 利用 Fluent 软件针对后缘襟翼 (小翼) 参数对翼型气动特性的影响进行了仿真, 获得了一些计算结果, 但尚未对动态失速控制进行研究。刘洋和向锦武 (2013) 研究了脉冲形式的后缘襟翼 (小翼) 激励幅值、时长等参数对翼型升力系数和力矩系数的影响。王荣和夏品奇 (2013) 采用经验模型进行了后缘小翼对桨叶动态失速特性控制的研究, 表明后缘小翼的合理偏转可延迟动态失速的发生。马奕扬等 (2017, 2018) 采用基于运动嵌套网格与变形网格技术的高精度 CFD 方法, 分析了后缘小翼对翼型及旋翼非定常气动特性的控制机理, 表明后缘小翼可以充分发挥旋翼在前行侧的升力潜能, 同时降低后行侧动态失速过程中旋翼的阻力和扭矩, 进而提高旋翼升阻比。

7.2.1　后缘小翼对旋翼翼型动态失速的控制机理

后缘小翼的运动规律为

$$\delta = \delta_0 + \delta_m \sin(2k^* kt - \varphi_0) \tag{7.3}$$

式中, δ 为翼型后缘小翼瞬时偏转角; δ_0 和 δ_m 分别为基准偏转角和偏转幅值, 当 δ 为正数时, 表示后缘小翼向下偏转; k 为翼型振荡的缩减频率; k^* 为相对于 k 的无量纲频率; φ_0 为后缘小翼偏转与翼型振荡之间的相位差。

以 SC1095 翼型为对象, 分析后缘小翼对旋翼翼型动态失速特性的控制机理 (马奕扬等, 2017), 后缘小翼参数包括无量纲频率 k^*、相位差 φ_0 以及偏转幅值 δ_m。仍以式 (7.2) 的综合气动特性参数作为分析对象, 式中的权重系数设定为 $a_1=0.4$、$a_2=0.6$、$b_1=0.8$、$b_2=0.2$、$\sigma=10$。翼型的振荡规律为 $\alpha=10°+10° \sin(2kt)$, 缩减频率 $k=0.1$, 来流马赫数为 $Ma=0.3$。

1) 无量纲频率的影响

在一系列无量纲频率下分析后缘小翼对 SC1095 翼型动态失速特性控制效果的影响。图 7-17 给出了 P_o 和 P_c 随后缘小翼无量纲频率的变化情况。从图中可以明显看出，无量纲频率 k^* 对动态失速过程中翼型气动特性的影响并非线性关系。整体来看，当 k^*=1.0 时，体现翼型阻力和力矩综合特性的 P_o 有一个最小值，表明当后缘小翼的偏转频率与翼型的振荡频率相同时，后缘小翼对翼型阻力和力矩发散的控制效果最好；当 $k^* > 4.0$ 时，随着 k^* 的增大，P_o 的变化幅度很小。与 P_o 的变化情况不同，代表动态失速过程中翼型升力特性的 P_c 变化情况更为复杂，P_c 在 k^*=1.0 时也有一个最小值；从整体趋势来看，当 $k^* < 5.0$ 时，P_c 随着无量纲频率的增大而增大，这表明翼型升力系数偏离线性段的幅度越大，即动态失速现象越明显；当 $k^* > 5.0$ 时，P_c 略有下降并趋于平缓。

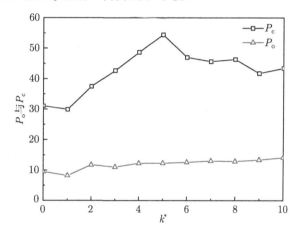

图 7-17　P_o 和 P_c 随后缘小翼无量纲频率 k^* 的变化情况

图 7-18 给出了不同无量纲频率的后缘小翼控制下翼型阻力系数和力矩系数迟滞回线对比。可以看出，当 $k^* < 5$ 时，随着无量纲频率的增大，后缘小翼对翼型阻力系数和力矩系数发散的抑制效果逐渐减弱，这与前面 P_o 和 P_c 的分析结果一致。

2) 相位差的影响

以后缘小翼与翼型迎角的相位差 φ_0 作为研究对象，设置后缘小翼的无量纲频率 k^*=1.0，小翼基准偏转角与偏转幅值为 δ_0=0°、δ_m=10°，分别在一系列相位差下分析后缘小翼对 SC1095 翼型动态失速特性控制效果的影响。

图 7-19 给出了 P_o 和 P_c 随后缘小翼相位差的变化情况。从图中可以明显看出，相位差 φ_0 对动态失速过程中翼型气动特性的影响并非线性关系。整体来看，随着相位差的增大，P_o 呈现先增大后减小的趋势。当 φ_0=180° 时，体现翼型阻力和

力矩综合特性的 P_o 有一个峰值，即后缘小翼对翼型阻力和力矩发散的控制效果较差。当 $\varphi_0=0°$ 时，后缘小翼对翼型阻力和力矩发散的控制效果最好。与 P_o 的变化情况不同，P_c 受相位差 φ_0 的影响较大，这与 Krzysiak 和 Narkiewicz(2006) 的试验结论 "动态气动载荷回线取决于翼型运动与后缘运动的相位差" 一致。当 $\varphi_0 < 90°$ 时，P_c 随着相位差的增大而快速增大，这表明翼型升力系数偏离线性段的幅度越大，即动态失速现象越明显；当 $\varphi_0=90°$ 时，P_c 值最大，即动态失速现象最突出；当 $\varphi_0 > 90°$ 时，P_c 随着相位差的增大而快速减小，直到 $\varphi_0 > 180°$ 后，P_c 基本保持不变。

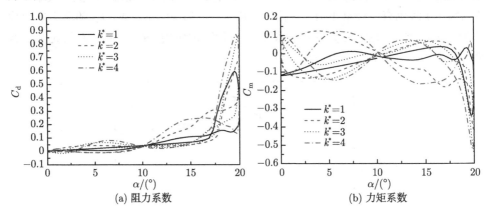

图 7-18　不同无量纲频率的后缘小翼控制下翼型阻力系数和力矩系数迟滞回线对比

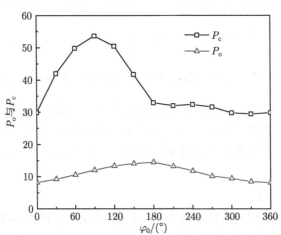

图 7-19　P_o 和 P_c 随后缘小翼相位差 φ_0 的变化情况

图 7-20 给出了不同相位差的后缘小翼控制下翼型阻力系数和力矩系数迟滞回线对比。可以看出，随着相位差的增大，后缘小翼对翼型阻力和力矩发散的抑制效果先变弱再增强。当 $\varphi_0=0°$ 时，后缘小翼对翼型阻力和力矩发散的控制效果最好，

这与前面通过 P_o 和 P_c 值分析得到的结果一致。

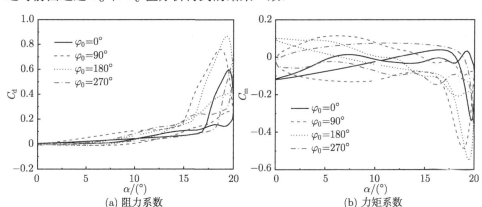

图 7-20 不同相位差的后缘小翼控制下翼型阻力系数和力矩系数迟滞回线对比

3) 偏转幅值的影响

进一步分析后缘小翼偏转幅值 δ_m 对翼型动态失速控制效果的影响。设置后缘小翼的无量纲频率为 $k^*=1.0$,基准偏转角为 $\delta_0=0°$。需要指出的是,正的幅值 δ_m 表示 $\varphi_0=0°$,负的幅值 δ_m 表示 $\varphi_0=180°$。

图 7-21 给出了 P_o 和 P_c 随后缘小翼偏转幅值的变化情况。由图可以看出,当 δ_m 为负值时,后缘小翼可能会加剧翼型动态失速现象。随着后缘小翼负幅值的增大,翼型动态失速下的气动特性会迅速恶化。当 δ_m 为正值时,后缘小翼能够抑制动态失速过程中翼型阻力和力矩的发散,并能够减少升力系数在低头过程中的损失。随着后缘小翼偏转幅值的增大,P_o 会很快减小然后呈现逐渐平稳的趋势,在 $\delta_m > 5°$ 时,P_o 趋于稳定。P_c 也随着 δ_m 的增大而减小,并逐渐趋于平稳。总体而言,后缘小翼对翼型动态失速的整体控制在 $\delta_m > 0°$ 时有较优的效果。

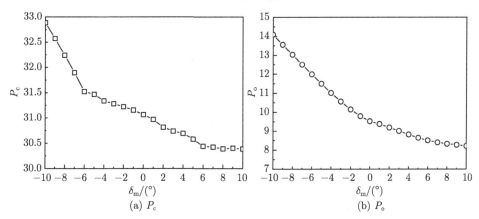

图 7-21 P_c 和 P_o 随后缘小翼偏转幅值 δ_m 的变化情况

为进一步揭示后缘小翼对翼型动态失速特性的影响规律，图 7-22 给出了不同偏转幅值的后缘小翼控制下 SC1095 翼型在一个周期内的平均升力系数和最大阻力系数、最大力矩系数的变化曲线。随着后缘小翼偏转幅值从 −10° 增大到 10°，翼型在一个周期内的平均升力系数增大，而最大阻力系数和最大力矩系数均逐渐降低。

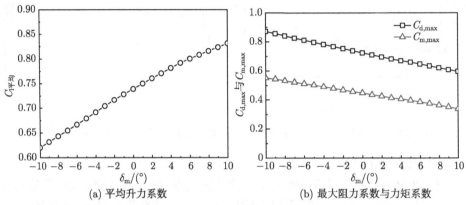

(a) 平均升力系数　　　　　　　　　　　(b) 最大阻力系数与力矩系数

图 7-22　不同偏转幅值的后缘小翼控制下翼型气动力系数随偏转幅值的变化情况

图 7-23 给出了不同偏转幅值的后缘小翼控制下 SC1095 翼型阻力系数和力矩系数迟滞回线对比。随着后缘小翼偏转幅值从 1° 增大到 10°，阻力系数和力矩系数的峰值降低。但在小迎角状态下，翼型的低头力矩系数有所增加；而在大迎角状态下，翼型的力矩系数大幅减小。

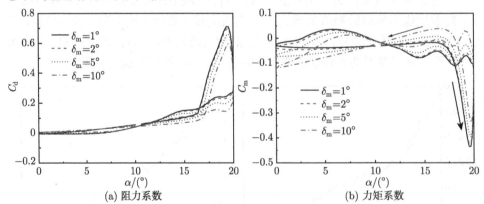

(a) 阻力系数　　　　　　　　　　　　(b) 力矩系数

图 7-23　不同偏转幅值的后缘小翼控制下翼型阻力系数和力矩系数迟滞回线对比

7.2.2　旋翼气动性能的后缘小翼控制

Boeing 公司以及由 NASA、Army、DARPA、Air Force、MIT、UCLA 和马里兰大学组成的研究小组在 NASA-NFAC(National Full-Scale Aerodynamics Complex)

的 12.19m×24.38m 风洞中进行了含后缘小翼智能旋翼连续时间高阶谐波控制试验 (Lau et al.，2010)，试验模型采用 MD900"探索者" 直升机的全尺寸无轴承旋翼改进型，如图 7-24 所示。试验结果很好地验证了后缘小翼在降低旋翼振动、噪声，提高气动性能等方面的能力。

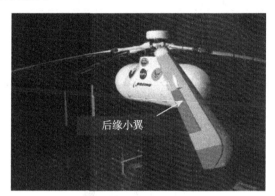

后缘小翼

图 7-24　智能旋翼后缘小翼的试验模型

　　鉴于后缘小翼在改善旋翼气动特性、提高结构动力学特性及降低旋翼气动噪声方面的应用潜力，近年来有一些学者开始重视后缘小翼对旋翼气动性能控制的研究，本节将介绍几个典型旋翼后缘小翼的研究工作。

　　1) 小翼高频偏转对旋翼气动性能的改善效果 (Kody et al.，2016)

　　在 UH-60A 直升机旋翼上设置后缘小翼，并对小翼参数进行优化设计。优化参数的边界设置为：小翼起始位置范围为 $r/R = 0.1 \sim 0.78$，终止位置为 $r/R = 0.45 \sim 0.9$，如图 7-25 所示。后缘小翼偏转幅值与作用方位角范围的边界设计为：小翼偏转角范围为 ±10°，前行侧启动位置范围为 0° ～ 120°，终止位置范围为 45° ～ 180°；后行侧启动位置范围为 180° ～ 280°，终止位置范围为 220° ～ 360°，具体如表 7-5 所示。

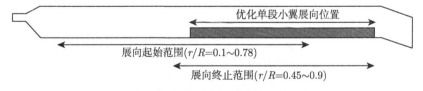

优化单段小翼展向位置

展向起始范围(r/R=0.1～0.78)

展向终止范围(r/R=0.45～0.9)

图 7-25　后缘小翼优化范围示意图

　　优化设计状态为 μ=0.3，优化目标为需用功率最小，最终的后缘小翼展向位置的优化展向跨度为 r/R =0.5 ～ 0.894，后缘小翼的偏转规律优化结果如图 7-26 所示。采用 RCAS 软件 (Jain et al.，2014) 与自由尾迹方法针对优化后缘小翼控制的旋翼需用功率的计算值分别比基准旋翼降低了 9.51% 和 7%。

表 7-5　后缘小翼参数优化设计边界

	参数	下边界	上边界
前行侧	偏转角/(°)	−10	10
	起始方位角/(°)	0	120
	终止方位角/(°)	45	180
后行侧	偏转角/(°)	−10	10
	起始方位角/(°)	180	280
	终止方位角/(°)	220	360
	展向起始位置 (r/R)	0.1	0.78
	展向终止位置 (r/R)	0.45	0.9

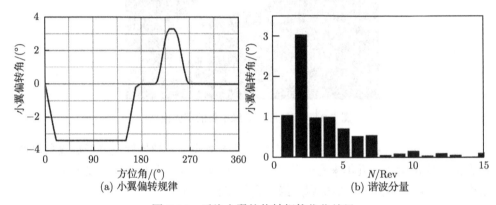

(a) 小翼偏转规律　　　　　　　　(b) 谐波分量

图 7-26　后缘小翼的偏转规律优化结果

图 7-27 给出了优化后缘小翼控制下旋翼需用功率在桨盘平面内的分布与基准旋翼的对比情况。可以看出,需用功率降低最为明显的部位主要在前行侧桨尖位置 (桨叶 $r/R = 0.85$ 以外段) 附近。这是因为在此位置附近由于小翼控制,桨叶剖面的阻力大幅减小。

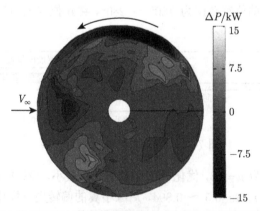

图 7-27　优化后缘小翼控制下旋翼需用功率分布与基准状态比较

($\mu = 0.3$, 自由尾迹计算结果)

图 7-28 进一步给出了后缘小翼优化前后旋翼需用功率与前进比的关系。由图可知,当前进比大于 0.2 时,后缘小翼的控制效果趋于明显;当前进比大于 0.3 时,后缘小翼控制产生的旋翼需用功率减小量保持在一定的范围内,表明优化后缘小翼控制规律能在较大的前飞速度范围内降低旋翼需用功率。

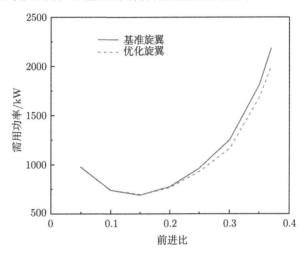

图 7-28 后缘小翼优化前后旋翼需用功率与前进比的关系

2) 小翼间隙对控制效果的影响 (Jain et al., 2013)

针对 UH-60A 旋翼分别设置两组后缘小翼,第一组后缘小翼的展向跨度为 $0.1R$ (r/R =0.72 ~ 0.82),第二组后缘小翼的展向跨度为 $0.2R(r/R$=0.67 ~ 0.87),弦向宽度均为 $0.15c$。为了研究后缘小翼与桨叶间隙对控制效果的影响,每组后缘小翼设置了五种展向与弦向间隙组合方式,分别为:①无间隙小翼 Blend-A;②无间隙小翼 Blend-B;③仅展向有 $0.00077R$ 的间隙;④展向间隙为 $0.00077R$,弦向间隙为 $0.006c$;⑤展向间隙为 $0.00077R$,弦向间隙为 $0.012c$。其中,以 $0.1R$ 后缘小翼为例,Blend-A 与 Blend-B 情形的小翼偏转规律对比如图 7-29 所示,图中的小翼调和因子为小翼及附近桨叶段的偏转角所占小翼偏转角的比例,为 1 表示随小翼完全偏转,为 0 表示不偏转。

表 7-6 给出了高速前飞状态后缘小翼不启动时旋翼升阻比的对比情况,计算状态为:前进比 0.368(前飞马赫数 0.236),桨叶载荷 C_T/σ=0.084。从表中可以看出,后缘小翼在展向的间隙对旋翼气动性能的影响很小,由于展向间隙的存在,仅令旋翼升阻比下降了 0.2%,并且间隙在展向的位置影响也不大。相对而言,小翼弦向间隙对旋翼气动性能有更大影响,间隙越大 (包括展向和弦向),旋翼升阻比的下降越多。这主要是因为弦向间隙的存在使桨叶上下表面气流贯通,减小了上下表面压力差,弦向间隙越大,上下表面气流的连通更明显,并且展向跨度越大,影响

范围也越大。

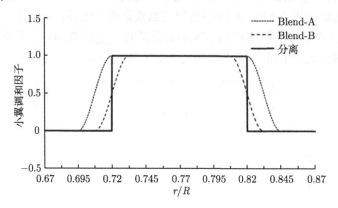

图 7-29　Blend-A 与 Blend-B 情形的 0.1R 小翼偏转规律对比

表 7-6　高速前飞时后缘小翼不偏转状态旋翼升阻比对比

小翼类型	展向间距 /mm	弦向间距 /mm	L/D升阻比增量/%	
			0.1R 展长	0.2R 展长
整体 (Blend-A)	0	0	6.81/0	6.81/0
整体 (Blend-B)	0	0	6.81/0	6.81/0
分离	6.35	0	6.80/−0.2	6.79/−0.2
分离	6.35	3.175	6.75/−0.9	6.73/−1.1
分离	6.35	6.35	6.68/−1.9	6.39/−6.0

表 7-7 给出了后缘小翼开启后不同间隙的小翼对旋翼气动性能控制效果的对比，小翼的偏转规律均为 $\delta=4°\cos(\psi+90°)$。可以看出，无间隙的后缘小翼 (Blend-A) 对旋翼升阻比的提升效果更好，并且展向跨度越大，控制效果越好。展向间隙的存在对小翼的控制效果影响较小，而弦向间隙会明显削弱后缘小翼的控制效果。

表 7-7　高速前飞时后缘小翼控制状态旋翼升阻比对比

小翼类型	展向间距 /mm	弦向间距 /mm	L/D升阻比增量/%	
			0.1R 展长	0.2R 展长
整体 (Blend-A)	0	0	7.27/6.7	7.38/8.4
整体 (Blend-B)	0	0	7.19/5.6	7.35/8.0
分离	6.35	0	7.17/5.2	7.34/7.9
分离	6.35	3.175	7.06/3.6	7.24/6.4
分离	6.35	6.35	6.87/0.8	6.81/0.1

7.2.3 后缘小翼对旋翼气动性能控制的参数影响

Boeing 公司使用两种方法对 SMART 旋翼进行了分析 (Lau et al., 2010)，方法 1 为自由尾迹/UMARC 耦合计算方法，方法 2 为 CFD/UMARC 耦合计算方法。马奕扬和招启军 (2018) 采用 CLORNS 软件针对 Lau 等 (2010) 研究的 case 2 状态进行了计算分析，图 7-30 给出了两个典型剖面 (小翼中部 r/R =0.828 和小翼外部 r/R =0.92) 的法向力对比。可以看出，CLORNS 软件计算获得的桨叶剖面法向力与 Boeing 公司的计算结果基本一致。

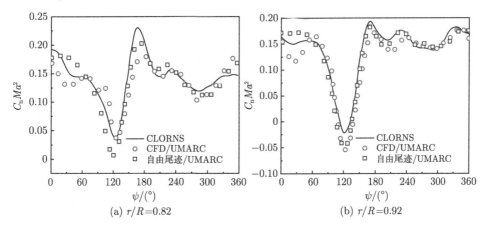

图 7-30 带后缘小翼桨叶剖面的法向力对比

为了避免因为旋翼总距和周期变距操纵引起的旋翼气动力的变化，首先在操纵量不变的情况下，分别分析后缘小翼偏转幅值、无量纲频率、安装位置及宽度等参数对前飞状态旋翼气动特性的影响。所研究的旋翼由两片矩形桨叶构成，桨叶剖面翼型为 VR-12，展弦比为 15，无负扭转，在 r/R=0.5~0.8 桨叶段含有 $0.25c$ 的后缘小翼。

1) 偏转幅值的影响

首先，分析后缘小翼的偏转幅值 δ_{m} 对旋翼非定常气动特性改善效果的影响。计算状态为：桨尖马赫数 Ma_{tip}=0.62，旋翼前进比 μ=0.2；旋翼变距规律为：θ=10°−7°sin ψ+4°cos ψ。后缘小翼的偏转幅值分别设置为 5° 和 10°，参考后缘小翼无量纲频率对翼型动态失速特性的影响规律，将后缘小翼的无量纲频率固定为 k^*=1.0。

图 7-31 给出了后缘小翼偏转幅值对旋翼气动特性的影响。可以看出，随着后缘小翼偏转幅值的增大，旋翼拉力系数显著增大，扭矩系数逐渐减小，这非常有利于缓解旋翼动态失速引起的大扭矩响应，有助于提高直升机的前飞速度。

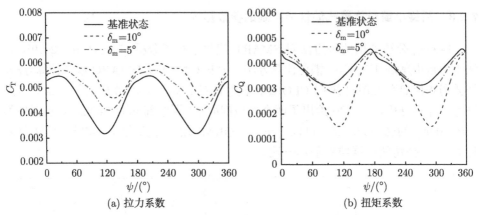

图 7-31　后缘小翼偏转幅值对旋翼气动特性的影响

2) 无量纲频率的影响

从二维旋翼翼型动态失速的后缘小翼控制规律中可以看出,当后缘小翼偏转的无量纲频率 $k^*=1.0$ 时,后缘小翼对翼型动态失速控制的效果最好。本节将进一步介绍后缘小翼的无量纲频率对旋翼气动特性控制的影响。在进行数值计算时,旋翼运动参数与前面相同,后缘小翼的偏转幅值设置为 $\delta_m=10°$。

图 7-32 给出了后缘小翼无量纲频率对旋翼气动特性的影响。可以看出,后缘小翼无量纲频率的增大会引起旋翼气动特性参数的振荡。表 7-8 进一步给出了不同无量纲频率的后缘小翼控制下旋翼平均气动力系数的对比。从表中可以看出,当 $k^*=1.0$ 时,旋翼平均拉力的提升最为明显 (旋翼拉力系数平均值最大,力矩系数最小)。

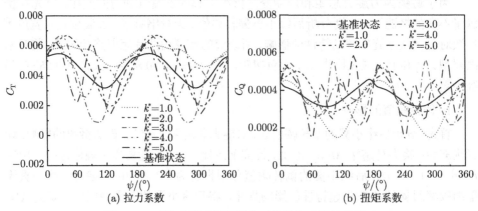

图 7-32　后缘小翼无量纲频率对旋翼气动特性的影响

3) 小翼展向位置的影响

后缘小翼的展向位置会明显影响其产生的气动力,对旋翼气动特性有重要影响,因此进一步介绍后缘小翼的安装位置对旋翼非定常气动特性的影响。旋翼运动参数与前面相同，小翼的偏转幅值和无量纲频率分别设置为 $\delta_{\mathrm{m}}=10°$ 和 $k^*=1.0$，后缘小翼的宽度设置为 $0.3R$。

表 7-8　不同无量纲频率的后缘小翼控制下旋翼平均气动力系数对比

气动力系数	基准状态	$k^*=1$	$k^*=2$	$k^*=3$	$k^*=4$	$k^*=5$
C_{T}平均$/10^{-3}$	4.45	5.45	4.53	3.94	4.42	4.14
C_{Q}平均$/10^{-4}$	3.76	3.16	3.87	3.74	3.86	3.81

图 7-33 给出了后缘小翼安装位置对旋翼气动特性的影响。可以看出，后缘小翼在桨叶不同展向位置时对旋翼拉力都有较好的提升效果。随着后缘小翼位置更接近桨尖，旋翼扭矩系数显著降低，这是因为安装位置越靠近桨尖，后缘小翼所处的位置相对法向来流速度越大，抑制分离效果越明显，从而有利于降低桨叶剖面阻力和旋翼扭矩。

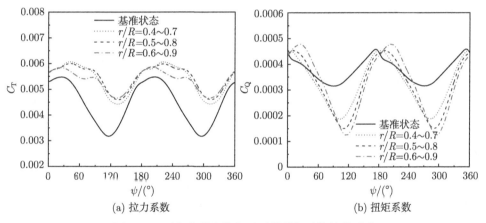

(a) 拉力系数　　(b) 扭矩系数

图 7-33　后缘小翼安装位置对旋翼气动特性的影响

4) 小翼展向跨度的影响

以后缘小翼的展向跨度作为研究对象，进一步分析后缘小翼对旋翼非定常气动特性的影响。旋翼运动参数与前面一致，后缘小翼的偏转幅值和无量纲频率分别设置为 $\delta_{\mathrm{m}}=10°$ 和 $k^*=1.0$，后缘小翼的中心位置位于展向 $r/R=0.65$ 处，宽度分别设置为 $0.1R$、$0.2R$ 和 $0.3R$。

图 7-34 给出了后缘小翼展向跨度对旋翼气动特性的影响。从图中可以看出，随着后缘小翼展向跨度的增加，旋翼拉力系数增加，旋翼的扭矩系数显著降低。

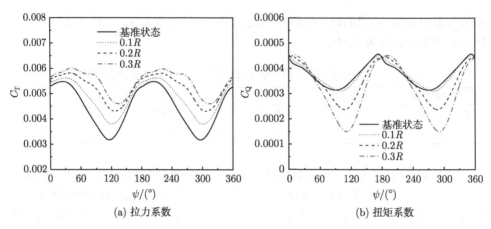

图 7-34 后缘小翼展向跨度对旋翼气动特性的影响

7.3 自适应旋翼

自适应旋翼 (adaptive rotor) 也称为主动旋翼或智能旋翼，从广义上来说，可将其归为主动控制范畴。本书所介绍的自适应旋翼主要包括气动外形改变的变体旋翼 (morphing rotor) 与变转速旋翼，本节主要介绍旋翼变转速、变直径、智能扭转和桨叶剖面翼型外形改变等变体技术对旋翼性能的影响特性。

7.3.1 变转速旋翼

Karem(1999) 提出了旋翼变转速技术，并针对不同状态的最优旋翼转速开展了研究，指出通过旋翼转速的优化可以显著提高直升机在低速前飞状态与小载重飞行时的旋翼性能，如降低旋翼需用功率、增大航程等。

Prouty(2004) 考虑发动机特性对旋翼转速优化的影响，分析了旋翼变转速对直升机气动性能的改善效果，研究结果表明，旋翼变转速有利于综合提升悬停效率、航程、航时及最大飞行速度等性能。Steiner 等 (2008) 通过研究指出，旋翼变转速可以有效降低旋翼的型阻功率，从而有利于减小旋翼需用功率。

Garavello 和 Benini(2012) 以 UH-60A 直升机旋翼为基准，分析了旋翼变转速技术在提升直升机气动性能方面的作用。旋翼气动效率的改善是通过提升前飞升阻比进而减小需用功率实现的，而桨叶载荷 (C_T/σ) 是旋翼升阻比的重要体现，因此将桨叶载荷作为优化目标，通过调整旋翼转速获得在指定前进比、总重与空气密度情况下桨叶载荷的最优值。在进行不同状态旋翼转速优化时，采用了典型直升机桨叶载荷的优化范围，如图 7-35 所示。

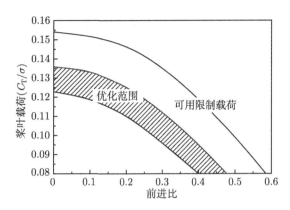

图 7-35 典型直升机桨叶载荷优化范围与前进比的关系

图 7-36 和图 7-37 分别给出了三种直升机总重情况下优化旋翼相对于常规 UH-60A 直升机旋翼的转速 (角速度为 27 rad/s) 及功率下降幅度与前飞速度的关系。可以看出,悬停状态旋翼角速度下降最大 (转速降低),这主要是因为最优桨叶载荷随前飞速度的增大而减小,使前飞速度大于 0 时的旋翼转速提高以保证垂直方向力的平衡。对于大前进比、大载重飞行状态,旋翼转速逐渐接近于常规值。随前飞速度的增大,旋翼转速优化产生的功率降低也呈现出先增大后减小的趋势,并且在前飞速度为 35m/s 左右功率降幅最大。

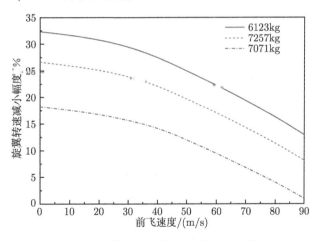

图 7-36 旋翼转速减小幅度与前飞速度的关系

Misté等 (2012, 2015) 进一步以 UH-60A 直升机为例,分析了优化转速旋翼与常规定转速旋翼的功率差异。图 7-38 给出了不同海拔与总重情况下优化转速与常规定转速旋翼的总功率消耗对比。在低海拔与小起飞总重情况下,优化转速在降低旋翼总功率方面的优势更为明显。值得注意的是,在海拔 4200m 以 65m/s 速度前飞和总重 9071kg 以 75m/s 速度前飞时，常规定转速旋翼的总功率有突增现象，这可能是由后行桨叶失速引起的，而优化转速后，功率突增现象消失，从而表明转速优化可以拓展直升机的飞行包线。

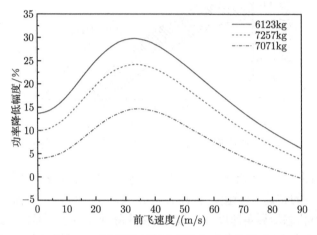

图 7-37　功率降低幅度与前飞速度的关系

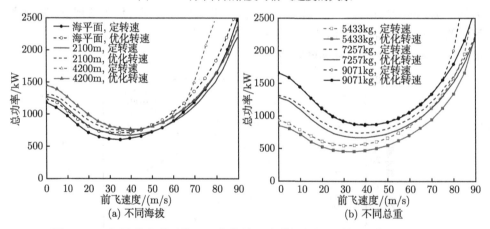

(a) 不同海拔　　　　　　　　　(b) 不同总重

图 7-38　不同海拔与总重情况下优化转速旋翼与常规定转速旋翼总功率对比

7.3.2　变直径旋翼

20 世纪 60 年代，西科斯基公司的 Segel 和 Fradenbrugh(1969) 提出了旋翼变直径概念，以兼顾直升机的悬停与前飞性能。悬停和小速度前飞时采用较大的旋翼直径，以减小桨盘载荷进而提高旋翼性能；在高速前飞时减小旋翼直径，从而提升前飞性能。

对于固定飞行速度的直升机，改变旋翼直径需要改变桨叶变距以对气动力配平，由此带来桨叶剖面迎角的改变，从而引起旋翼型阻功率的变化。同时，改变旋翼

直径使桨叶载荷 (C_T/σ) 与平均诱导速度发生改变，进而影响旋翼诱导功率。Kang 等 (2010) 分析了旋翼直径对需用功率的影响，如图 7-39 所示。可以看出，旋翼诱导功率随着旋翼直径的减小而增大，在悬停和低速前飞状态下，旋翼直径的减小使型阻功率减小，但此时旋翼总功率中诱导功率占很大比例，因此旋翼直径的减小引起总功率的增加。在高速前飞状态下，型阻功率增大而诱导功率减小，两者量值相当，此时减小旋翼直径可以减小旋翼总功率。

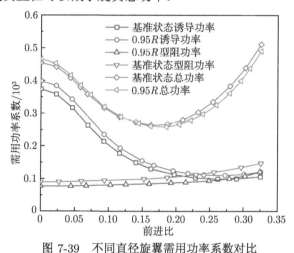

图 7-39　不同直径旋翼需用功率系数对比

Mistry 和 Gandhi(2014) 针对 UH-60A 直升机旋翼的改型设置 $-16\% \sim 17\%$ 的直径变化，研究了直径变化对旋翼气动性能的影响。图 7-40 给出了旋翼直径变化示意图。图 7-41 给出了不同总重情况下旋翼直径变化引起的需用功率下降情况。可以发现，增大桨叶直径有利于在大总重与小前飞速度情况下降低旋翼的需用功率。

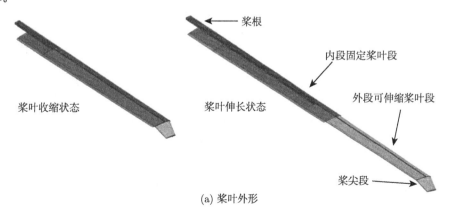

(a) 桨叶外形

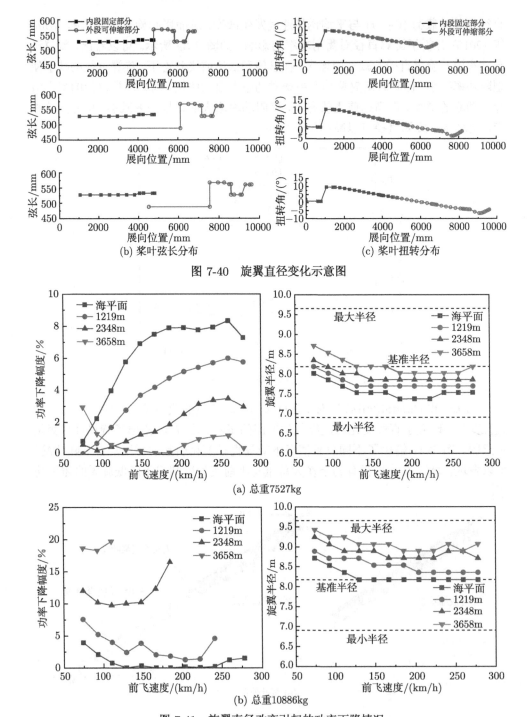

(b) 桨叶弦长分布　　　　　　　　(c) 桨叶扭转分布

图 7-40　旋翼直径变化示意图

(a) 总重7527kg

(b) 总重10886kg

图 7-41　旋翼直径改变引起的功率下降情况

7.3.3 智能扭转旋翼

旋翼桨叶扭转可以直接改变桨叶剖面来流迎角沿展向的分布，进而改变旋翼升力分布，通过智能扭转可以增大桨叶内侧载荷，降低旋翼需用功率，提升旋翼气动性能；此外，高速飞行时，桨叶负扭转的智能变化也可推迟桨叶失速并缓解桨尖压缩性效应。因此，通过智能的桨叶扭转可以有效降低旋翼需用功率。

Kang 等 (2010) 针对中等升力直升机旋翼变扭转对旋翼气动性能的影响开展了研究，基准桨叶具有 16° 的线性负扭转。图 7-42 给出了基准旋翼在巡航速度 (μ=0.186，C_T=0.0061) 下不同桨叶剖面迎角与来流马赫数的关系。当桨叶迎角接近于翼型最大 $L^{3/2}/D$ 且不超过阻力限制边界时，可以有效降低型阻功率。从图中可以看出，虽然桨叶外段的迎角在阻力限制边界内，但远小于最大 $L^{3/2}/D$ 的迎角值，而桨叶内段剖面在大部分方位角处的迎角超过了阻力限制边界，因此可以通过将迎角调整至贴近最大 $L^{3/2}/D$ 的迎角附近 (减小内段迎角，增大外段迎角) 来提高旋翼性能。

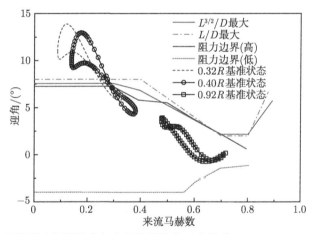

图 7-42　不同展向剖面迎角与来流马赫数的对应关系 ($\mu = 0.186, C_T = 0.0061$)

为此，Kang 开展了一系列具有不同负扭转的桨叶对旋翼需用功率影响的分析，图 7-43 给出了不同扭转角对旋翼诱导功率、型阻功率与总功率的影响。悬停和低速前飞时，采用较大扭转角可有效降低旋翼需用功率，随着前飞速度的增大，减小负扭转角有助于降低巡航和大速度前飞时旋翼的需用功率，但负扭转不宜太大。很明显，采用适当负扭转角，如 −9° 与 −12°，可兼顾较好的低速和高速飞行性能。

图 7-44 给出了桨叶扭转角分别为 −3° 与 −21° 时桨叶剖面迎角与来流马赫数的关系。可以发现，小的负扭转虽然可以减小桨叶内段迎角，但可能使桨叶外段迎角超过阻力限制；而大的负扭转使桨叶内段迎角超过最大阻力限制边界上限，同时可能使桨叶外段迎角低于阻力边界下限。

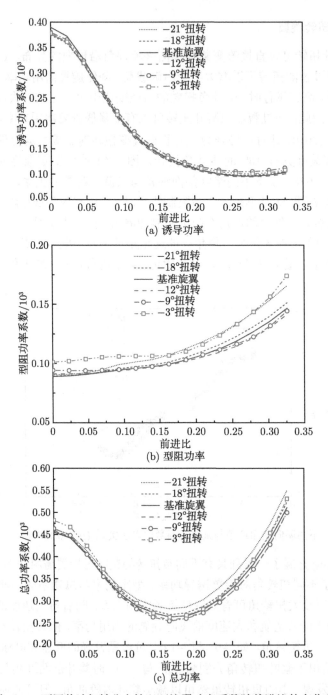

图 7-43　不同桨叶扭转分布情况下旋翼功率系数随前进比的变化曲线

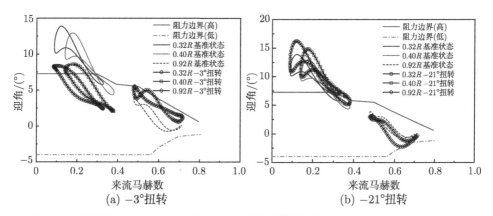

图 7-44 不同扭转角时桨叶剖面迎角与来流马赫数的关系 ($\mu = 0.186, C_T = 0.0061$)

Han 等 (2016) 将旋翼变转速技术与变扭转技术结合, 研究了两种技术及其组合方法对直升机旋翼气动性能的综合提升能力。图 7-45 给出了不同智能旋翼策略对旋翼需用功率降低效果对比。综合而言, 在低速前飞状态下, 桨叶变扭转策略对旋翼需用功率降低的效果不明显, 其降低作用明显弱于旋翼变转速策略, 两者结合可以更为显著地降低直升机旋翼的需用功率。

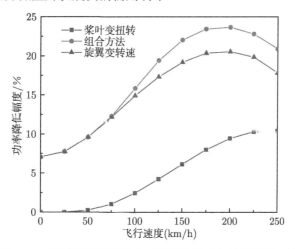

图 7-45 不同智能旋翼策略对旋翼需用功率降低效果对比

You 和 Jung(2017) 以 Bo-105 旋翼的缩比模型为研究对象, 分析智能扭转旋翼在减振与降低旋翼需用功率方面的作用, 桨叶变扭转原理如图 7-46 所示。图 7-47 给出了前进比为 0.15 时不同桨叶扭转激励规律及扭转控制规律 4 状态旋翼需用功率的改变情况。研究结果表明, 在扭转控制规律 4 的无谐波主动扭转控制下, 旋翼需用功率降低了 3.3%, 其中诱导功率的降低更为显著。

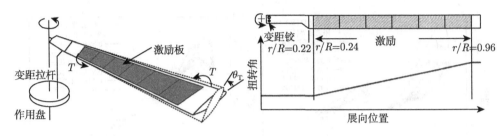

图 7-46　桨叶变扭转原理

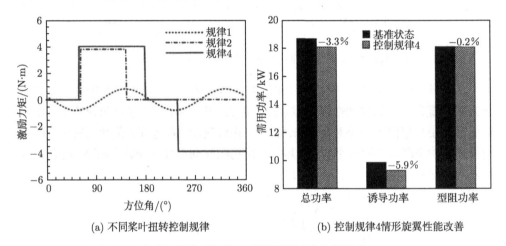

(a) 不同桨叶扭转控制规律　　　　　　(b) 控制规律4情形旋翼性能改善

图 7-47　主动扭转激励规律及对旋翼需用功率的影响 $(\mu = 0.15)$

图 7-48 进一步给出了扭转控制规律 4 情况下桨叶法向力分布与基准状态的对比。从图中可以看出，相对于基准状态，后行侧 270° 与 360° 方位角处的法向力峰值减小，而前行侧 90° ～ 180° 方位角处的法向力峰值略微增大。

7.3.4　变翼型旋翼

1) 桨叶变弦长

由于旋翼在巡航状态的拉力是固定的，改变桨叶的弦长即改变了旋翼实度与桨叶载荷，若要保持旋翼拉力不变，必须调整旋翼桨距。因此，通过桨叶变弦长控制可以调整桨叶剖面迎角，使桨叶剖面迎角向最大 $L^{3/2}/D$ 时的迎角靠近，如图 7-42 所示，进而降低旋翼需用功率，提升旋翼性能。

Léon 等 (2009) 开展了可变弦长桨叶在拓展直升机飞行包线方面作用的研究，结果表明，增大桨叶剖面翼型弦长可明显提高直升机最大飞行速度并降低需用功率。

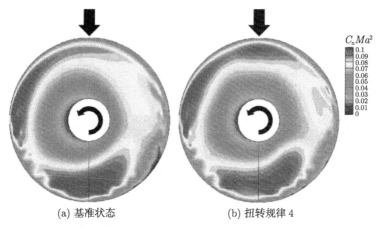

(a) 基准状态   (b) 扭转规律 4

图 7-48 有无扭转控制时旋翼桨盘内的法向力分布 ($\mu = 0.15$)

Kang 等 (2010) 研究了桨叶弦长变化对旋翼需用功率的影响。图 7-49 给出了

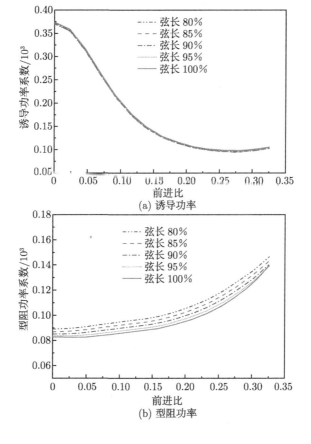

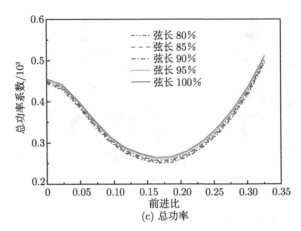

图 7-49　桨叶 r/R=0.45 ～ 0.93 段变弦长对旋翼功率的影响

不同前进比时桨叶弦长对旋翼功率的影响，其中可变弦长部分为桨叶展向 r/R = 0.45 ～ 0.93 段。由图可以发现，减小桨叶弦长可以有效降低旋翼型阻功率与总功率，但对诱导功率的影响较小。当桨叶弦长减小 20% 时，在较大前进比范围内 (悬停至 μ=0.33)，旋翼总功率降低了 5%～ 6%。

Khoshlahjeh 和 Gandhi(2014) 以 UH-60A 直升机旋翼为研究对象，通过桨叶展向 r/R=0.63 ～ 0.83 段后缘可伸缩平板实现桨叶剖面弦长的调节 (弦长可增大 20%)，研究弦长变化对旋翼气动性能的影响，并与固定大弦长桨叶气动性能进行对比，基准旋翼、可变弦长及固定大弦长桨叶模型如图 7-50 所示。

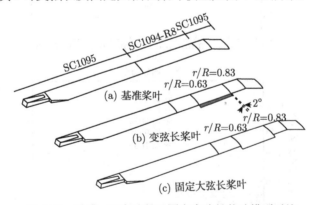

图 7-50　基准、可变弦长及固定大弦长桨叶模型对比

图 7-51 给出了前飞速度为 167km/h 时不同海拔下旋翼需用功率随总重的变化关系。可以看出，在海平面，桨叶弦长的增大使旋翼需用功率增大，但随着总重的增加，由于弦长变大，需用功率增量逐渐减小。在 2438.4m 高度下，在总重较小时 (<8845kg) 时，旋翼局部弦长的增大使旋翼需用功率略有增大，而当总重较大时

(>8845kg)，弦长的增大可以大幅降低旋翼需用功率，并且随总重的增大，旋翼需用功率降幅更明显。

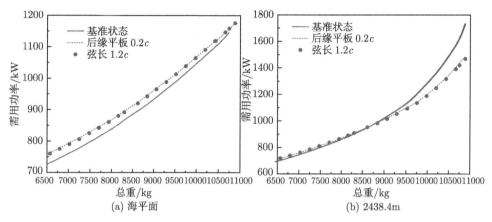

图 7-51 旋翼需用功率与直升机总重的关系 (前飞速度为 167km/h)

图 7-52 进一步给出了不同前飞速度、不同海拔下旋翼需用功率与总重的关系。从图中可以看出，随着海拔与总重的增加，改变旋翼弦长可以更为显著地降低旋翼需用功率，这主要是因为随着旋翼总重和飞行高度的增加，基准旋翼需要较大的变距，导致桨叶剖面迎角增大而发生失速，增大桨叶弦长可以降低剖面迎角，从而避免失速使旋翼需用功率明显降低。

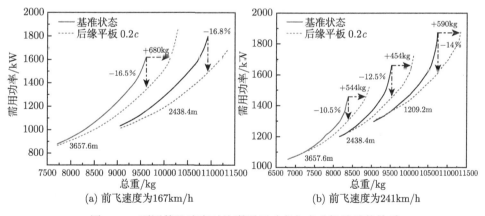

图 7-52 不同前飞速度时旋翼需用功率与直升机总重的关系

2) 翼型变弯度

在相同来流条件下，翼型弯度的增大有利于增大翼型升力 (详见第 4 章)，同时翼型弯度的增加使翼型上表面的压力分布更平缓，从而减小逆压梯度，有利于延缓大总距 (大拉力) 状态下桨叶的失速，抑制悬停效率下降过快的特征，这有利于提高旋翼气动性能。因此，旋翼桨叶翼型变弯度是一种有效提升旋翼气动性能的控制方法。

Bilgen 等 (2010) 针对最大厚度 $0.126c$、弦长 127mm 的翼型开展了变弯度对翼型气动特性影响的风洞试验研究。通过电激励翼型表面布置的双压电晶片元件的变形实现翼型弯度变化，试验中激励电压与翼型弯度变化成正比，1000V 电压产生的弯度变化量为 2.86%，原理如图 7-53 所示。图 7-54 给出了不同激励电压下翼型升力系数、阻力系数随前缘局部迎角的变化情况。从图中可以看出，增大翼型弯度可以显著增大翼型升力系数，但同时翼型的失速迎角减小；与此同时，随着弯度的增大，翼型的阻力系数也增大。

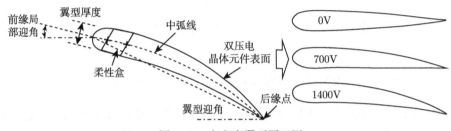

图 7-53   变弯度翼型原理图

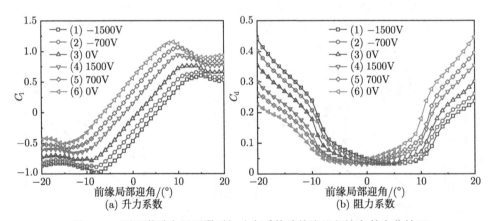

图 7-54   不同激励电压下翼型气动力系数随前缘局部迎角的变化情况

Kumar 和 Cesnik(2015) 以 Bo-105 旋翼为基准，开展了桨叶变弯度优化研究，优化目标分别为桨毂垂向力变化幅值 F_{Z4}、桨毂扭矩 M_{Z0} 及桨毂 4 倍频振动载荷幅值 F_{H4}。图 7-55 分别给出了单目标优化状态下桨叶弯度变化情况，其中 F_{Z4}、M_{Z0}、F_{H4} 最优值分别相对于基准旋翼降低了 99.6%、3.7% 和 51.6%。可以看出，在单目标优化状态下，桨叶弯度优化可以大幅降低旋翼桨毂振动载荷，并能有效降低旋翼需用功率。

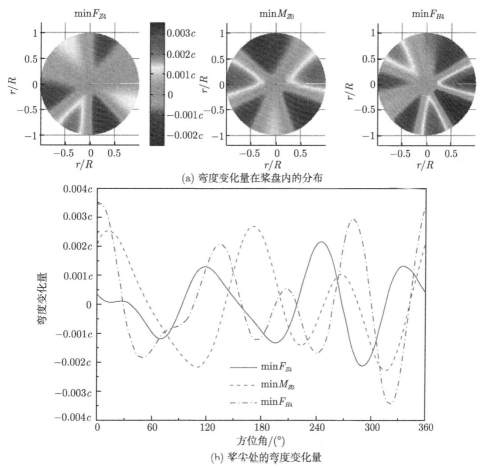

(a) 弯度变化量在桨盘内的分布

(b) 桨尖处的弯度变化量

图 7-55 单目标优化状态下弯度变化情况

表 7-9 进一步给出了优化状态下各气动力相对于基准状态的增量。明显地，针对振动载荷的优化会略微增大旋翼需用功率，而单独针对功率的优化会明显增大桨毂振动载荷。由此可见，需要开展多目标的优化，并需要折中考虑振动载荷与旋翼需用功率的优化目标。

表 7-9 优化状态下各气动力相对于基准状态的增量 （单位：%）

算例	M_{Z0}	F_{Z4}	F_{H4}
$\min F_{Z4}$	1.1	−99.6	−18.9
$\min M_{Z0}$	−3.7	34.9	14.7
$\min F_{H4}$	0.2	−62.7	−51.6

参 考 文 献

韩东, 董晨, 魏武雷, 等. 2018. 自适应旋翼性能研究进展. 航空学报, 39(4): 27-46.

刘洋, 向锦武. 2013. 后缘襟翼对直升机旋翼翼型动态失速特性的影响. 航空学报, 34(5):
　　1028-1035.

马奕扬, 招启军. 2018. 后缘小翼对旋翼气动特性的控制机理及参数分析. 航空学报, 39(5):19-
　　32.

马奕扬, 招启军, 赵国庆. 2017. 基于后缘小翼的旋翼翼型动态失速控制分析. 航空学报,
　　38(3):132-142.

王进, 杨茂, 陈凤明. 2011. 带后缘襟翼翼型的非定常气动特性数值仿真. 计算机仿真,
　　28(2):88-92.

王荣, 夏品奇. 2013. 多片后缘小翼对直升机旋翼桨叶动态失速及桨毂振动载荷的控制. 航空
　　学报, 34(5):1083-1091.

招启军, 徐国华. 2016. 直升机计算流体动力学基础. 北京: 科学出版社.

赵国庆. 2015. 直升机旋翼非定常动态失速的 CFD 模拟及其主动流动控制研究. 南京: 南京
　　航空航天大学.

Bain J J, Sankar L N, Prasad J V R, et al. 2009. Computational modeling of variable-droop
　　leading edge in forward flight. Journal of Aircraft, 46(2): 617-626.

Bilgen O, Kochersberger K B, Inmana D J. 2010. Novel, bidirectional, variable-camber
　　airfoil via macro-fiber composite actuators. Journal of Aircraft, 47(1): 303-314.

Chandrasekhara M S. 2004. A review of compressible dynamic stall control principles and
　　methods//Proceedings of the 10th Asian Congress of Fluid Mechanics, Peradeniya: 1-6.

Chandrasekhara M S, Martin P B, Tung C. 2004. Compressible dynamic stall control using
　　a variable droop leading edge airfoil. Journal of Aircraft, 41(4): 862-869.

Dieterich O, Enenkl B, Roth D. 2006. Trailing edge flaps for active rotor control aeroe-
　　lastic characteristics of the ADASYS rotor system//American Helicopter Society 62nd
　　Annual Forum Proceedings, Phoenix: 965-986.

Feszty D, Gillies E A, Vezza M. 2004. Alleviation of airfoil dynamic stall moments via
　　trailing-edge flap flow control. AIAA Journal, 42(1): 17-25.

Garavello A, Benini E. 2012. Preliminary study on a wide-speed-range helicopter ro-
　　tor/turboshaft system. Journal of Aircraft, 49(4): 1032-1038.

Geissler W, Raffel M, Dietz G, et al. 2007. Helicopter aerodynamics with emphasis placed
　　on dynamic stall//Peinke J, Schaumann P, Barth S. Wind Energy. Berlin: Springer,
　　199-204.

Gerontakos P, Lee T. 2012. Trailing-edge flap control of dynamic pitching moment. AIAA
　　Journal, 45(7): 1688-1694.

Han D, Pastrikakis V, Barakos G N. 2016. Helicopter performance improvement by variable rotor speed and variable blade twist. Aerospace Science and Technology, 54(1): 164-173.

Hassan A, Straub F, Noonan K. 2005. Experimental/numerical evaluation of integral trailing edge flaps for helicopter rotor applications. Journal of the American Helicopter Society, 50(1): 3-17.

Jain R, Yeo H, Chopra I. 2013. Investigation of trailing-edge flap gap effects on rotor performance using high-fidelity analysis. Journal of Aircraft, 50(1): 140-151.

Jain R, Yeo H, Ho J, et al. 2014. An assessment of RCAS performance prediction for conventional and advanced rotor configurations//American Helicopter Society 70th Annual Forum Proceedings, AHS International Montreal, 2222-2243.

Kang H, Saberi H, Grandhi F. 2010. Dynamic blade shape for improved helicopter rotor performance. Journal of the American Helicopter Society, 59(1): 032008.

Karem A E. 1999. Optimum speed rotor. US: 6007298.

Khoshlahjeh M, Gandhi F. 2014. Extendable chord rotors for helicopter envelope expansion and performance improvement. Journal of the American Helicopter Society, 59(1): 012007.

Kody F, Corle E, Maughmer M D, et al. 2016. Higher-harmonic deployment of trailing-edge flaps for rotor-performance enhancement and vibration reduction. Journal of Aircraft, 53(2): 333-342.

Krzysiak A, Narkiewicz J. 2006. Aerodynamic loads on airfoil with trailing-edge flap pitching with different frequencies. Journal of Aircraft, 43(2): 407-418.

Kumar D, Cesnik C E S. 2015. Performance enhancement and vibration reduction in dynamic stall condition using active camber deformation. Journal of the American Helicopter Society, 60(2): 022001.

Lau B H, Obriecht N, Gasown T, et al. 2010. Boeing-SMART rotor wind tunnel test data report for DARPA helicopter quieting program (HQP) Phase 1B. NASA/TM-2010-216404.

Lee B S, Yee K. 2005. Passive control of dynamic stall via nose droop with gurney flap. AIAA Paper, 2005-1364.

Lee T, Su Y Y. 2011. Unsteady airfoil with a harmonically deflected trailing-edge flap. Journal of Fluids and Structures, 27(8): 1411-1424.

Léon O, Hayden E, Gandhi F. 2009. Rotorcraft operating envelope expansion using extendable chord sections//The American Helicopter Society 65th Annual Forum, Fairfax: 1940-1953.

Martin P B, Mcalister K W, Chandrasekhara M S. 2003. Dynamic stall measurements and computations for a VR-12 airfoil with a variable droop leading edge//American Helicopter Society 59th Annual Forum Proceedings, Phoenix.

Misté G A, Benini E. 2012. Performance of a turboshaft engine for helicopter applications operating at variable shaft speed//Proceedings of the ASME 2012 Gas Turbine India Conference. New York: American Society of Mechanical Engineers, 701-715.

Misté G A, Benini E, Garavello A, et al. 2015. A methodology for determining the optimal rotational speed of a variable RPM main rotor/turboshaft engine system. Journal of the American Helicopter Society, 60(3): 032009.

Mistry M, Gandhi F. 2014. Helicopter performance improvement with variable rotor radius and RPM. Journal of the American Helicopter Society, 59(4): 13-35.

Perry M L, Mueller T J. 1987. Leading-and trailing-edge flaps on a low Reynolds number airfoil. Journal of Aircraft, 24(9): 653-659.

Prouty R W. 2004. Should we consider variable rotor speeds? Vertiflite, 50(4): 24-27.

Rabourdin A, Maurich J, Dieterich O, et al. 2014. Blue Pulse active rotor control at airbus helicopters-new EC145 demonstrator and flight test results//American Helicopter Society 70th Annual Forum Proceedings, Montreal: 679-702.

Roth D, Enekl B, Dieterich O. 2006. Active rotor control by flaps for vibration reduction-full scale demonstrator and first flight test results//Proceedings of 32nd European Rotorcraft Forum, Maastricht: 801-814.

Segel R M, Fradenbrugh E A. 1969. Development of the trac variable diameter rotor concept//AIAA/AHS VTOL Research, Design, and Operations Meeting, Reston: 1201-1209.

Steiner J, Gandhi F, Yoshizaki Y. 2008. An investigation of variable rotor RPM on performance and trim//The American Helicopter Society 64th Annual Forum, Fairfax: 697-505.

Viswamurthy S R, Ganguli R. 2006. Effect of piezoelectric hysteresis on helicopter vibration control using trailing-edge flaps. Journal of Guidance, Control, and Dynamics, 29(5): 1201-1209.

You Y, Jung S N. 2017. Optimum active twist input scenario for performance improvement and vibration reduction of a helicopter rotor. Aerospace and Technology, 63: 18-32.

Yu Y H, Lee S, McAlister K W, et al. 1995. Dynamic stall control for advanced rotorcraft application. AIAA Journal, 33(2): 289-295.

Zhao G Q, Zhao Q J. 2015. Dynamic stall control optimization of rotor airfoil via variable droop leading edge. Aerospace Science and Tecnology, 43: 406-414.

索　引

彩　　图

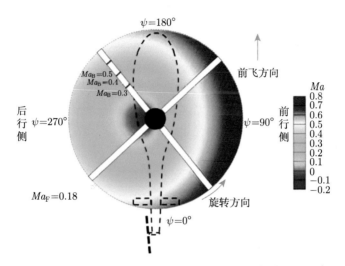

图 2-26　前飞状态下直升机旋翼桨盘相对来流马赫数分布示意图

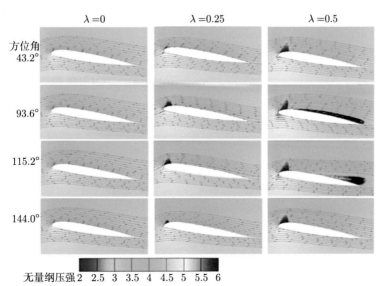

图 2-27　不同无量纲脉动马赫数下 OA-209 翼型的流线及压强云图 (变来流–定迎角状态)

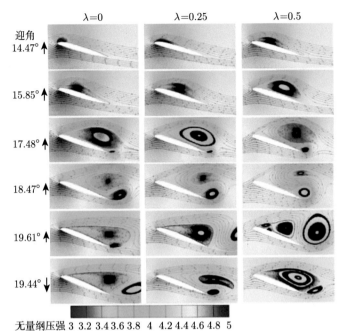

图 2-31 不同无量纲脉动马赫数下 OA-209 翼型流线及压强云图 (变来流–变迎角耦合状态)

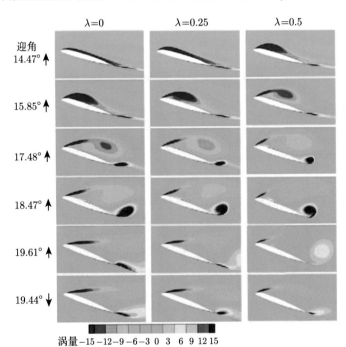

图 2-32 不同无量纲脉动马赫数下 OA-209 翼型涡量云图对比

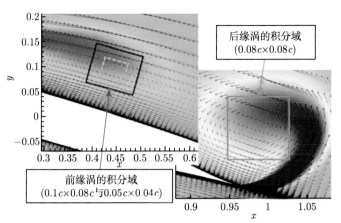

图 2-38 固定积分域示意图

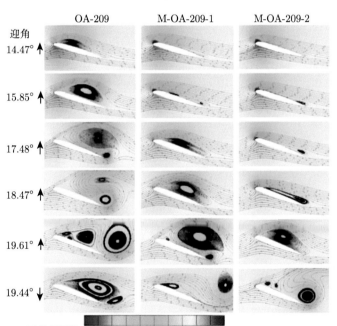

图 2-45 具有不同外形的翼型流线及压强云图对比

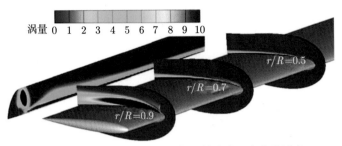

图 2-46　旋翼桨叶不同剖面的涡量分布 (定来流速度)

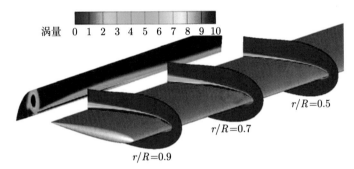

图 2-52　旋翼桨叶不同剖面的涡量分布 (变来流速度)

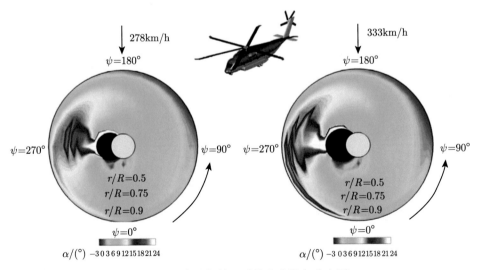

图 3-29　直升机前飞时桨盘内迎角分布图

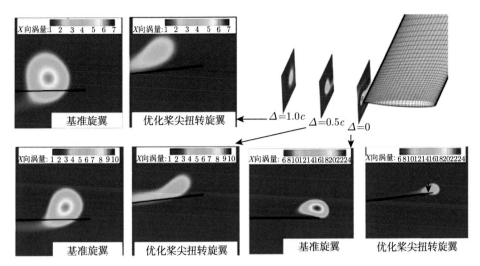

图 4-34 桨叶后方不同位置涡量分布对比 $(\theta_{0.7} = 7°)$

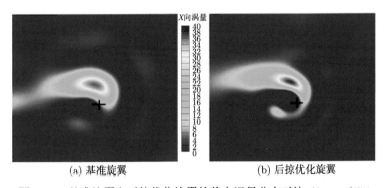

(a) 基准旋翼　　　　　　　　(b) 后掠优化旋翼

图 4-40 基准旋翼和后掠优化旋翼的桨尖涡量分布对比 $(\theta_{0.7} = 12°)$

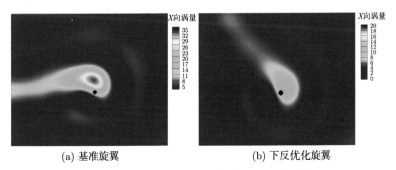

(a) 基准旋翼　　　　　　　　(b) 下反优化旋翼

图 4-42 基准旋翼与下反优化旋翼的桨尖涡量分布对比 $(\theta_{0.7} = 9°)$

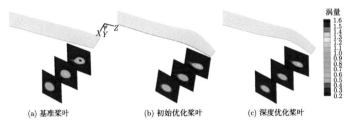

(a) 基准桨叶   (b) 初始优化桨叶   (c) 深度优化桨叶

图 4-54   不同桨叶桨尖涡量对比 ($C_T = 0.0071$)

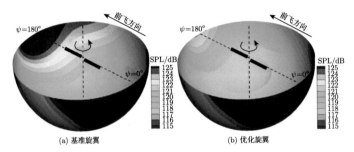

(a) 基准旋翼   (b) 优化旋翼

图 4-65   优化旋翼和基准旋翼下半球面噪声声压级云图对比

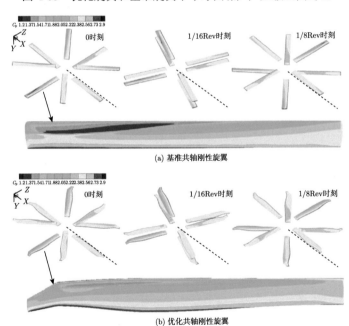

(a) 基准共轴刚性旋翼

(b) 优化共轴刚性旋翼

图 4-73   优化共轴刚性旋翼和基准共轴刚性旋翼桨叶表面压强系数分布对比

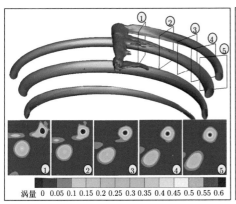
(a) 基准旋翼

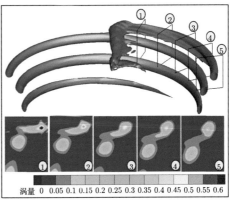
(b) CLOR-HL 旋翼

图 5-76 不同旋翼的桨尖涡对比

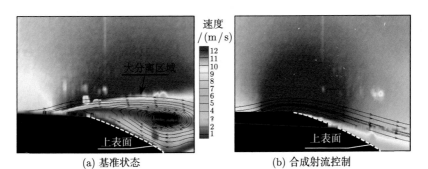

(a) 基准状态   (b) 合成射流控制

图 6-75 控制前后桨叶 $r/R = 0.75$ 剖面速度分布和流线图

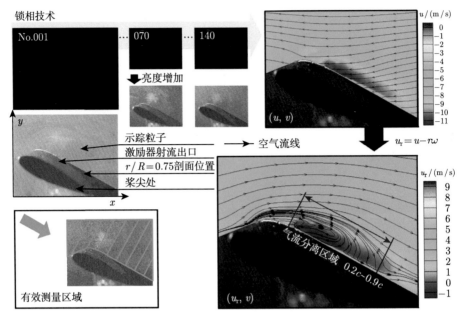

图 6-80　270° 方位角处桨叶 $r/R = 0.75$ 剖面的水平方向速度

图 6-81　合成射流控制下桨叶剖面流线图